Selbst wenn Sie das Erkrankungsrisiko Ihres Tieres zu Recht als sehr hoch ansehen und eine Impfung deshalb möglicherweise notwendig erscheint, macht dies einen Impfstoff nicht automatisch wirksam und sicher!

Impfungen sind massive Eingriffe in das Immunsystem Ihres Tieres und enthalten bedenkliche Stoffe. Bitte lassen Sie sich deshalb von niemandem über Ihre Liebe zu Ihrem Tier und Ihre Angst um sein Leben dazu verleiten, auf eine eigene Plausibilitätsprüfung von Wirksamkeit und Sicherheit zu verzichten.

Das ist auch für Laien viel einfacher, als es auf dem ersten Blick erscheinen mag.

Worauf es dabei ankommt, erfahren Sie in diesem Buch.

Die in diesem Buch enthaltenen Informationen wurden vom Autor sorgfältig recherchiert und werden von ihm nach bestem Wissen und Gewissen wiedergegeben. Trotz aller Sorgfalt erhebt er jedoch keinen Anspruch auf absolute Richtigkeit und auf Vollständigkeit. Er ist sich sehr wohl bewusst, dass er irren kann und deshalb keine Garantie für die Inhalte und Schlussfolgerungen zu geben vermag. Im Zweifelsfalle ist zu empfehlen, die angegebenen Quellen selbst zu prüfen. Hierbei ist der Autor auf Anfrage gerne behilflich. Irrtum und Druckfehler vorbehalten. Bitte konsultieren Sie vor jeder wichtigen gesundheitlichen Entscheidung einen Heilberufler Ihres Vertrauens – und natürlich vor allem anderen: Ihren eigenen gesunden Menschenverstand.

1. Auflage Dezember 2018
2. ergänzte und korrigierte Auflage April 2019

Tolzin Verlag
Widdersteinstraße 8
D-71083 Herrenberg

https://tolzin-verlag.com
https://www.impf-report.de
https://www.impfkritik.de
Email: redaktion@impf-report.de

ISBN: 978-3-9814887-2-2

Hans U. P. Tolzin

Machen Tierimpfungen Sinn?

Ein kritischer Ratgeber für Tierfreunde

Tolzin Verlag
Edition impf-report

Inhaltsverzeichnis .... Seite

Teil 3: Zulassungsanforderungen im Europäischen Arzneibuch

Teil 4: Liste aller zugelassenen Impfstoffe mit ihren Inhaltsstoffen

Teil 6: Das Meldesystem für Impfkomplikationen

Teil 7: Beispiel Pferdeseuche

Einkommens. Der Tierarzt steht somit Ihnen gegenüber in einem Interessenkonflikt, wenn es ums Impfen Ihrer Tiere geht.

Jeder Zulassung, jeder öffentlichen Empfehlung und auch jeder Impfung geht – so zumindest der Anspruch – eine objektive Abwägung von Nutzen und Risiken voraus. Doch abwägen können Sie nur Daten, die Sie kennen und die Sie nachvollziehen können, nach klaren und Ihnen auch bewussten Kriterien.

Ist Ihnen z. B. bewusst, dass Ihr Tierarzt Ihre Entscheidung maßgeblich beeinflussen kann, wenn er im Beratungsgespräch hier eine kleine Information auslässt und dort eine kleine Information hinzufügt?

Im Grunde ist es ein Verkaufsgespräch: Wenn Sie seine Leistung zurückweisen, macht er keinen Umsatz.

In einer idealen Welt mit idealen Menschen hätte dies möglicherweise keinen Einfluss auf sein Handeln. Ich sehe es als gravierenden Systemfehler einer nicht idealen Welt an, dass derjenige, der Sie neutral zu Nutzen und Risiken einer medizinischen Maßnahme beraten soll, gleichzeitig finanziell von einer bestimmten Entscheidung profitiert.

Es wäre viel sinnvoller, wenn die Bezahlung von Tierärzten nicht davon abhängt, dass ihre Klienten möglichst vielen und möglichst häufigen Impfungen zustimmen. Das gilt übrigens nicht nur für die Veterinärmedizin.

Es ist also im Interesse Ihres Tieres – und Ihres Geldbeutels – wichtig, dass Sie und Ihr Tierarzt sich auf Augenhöhe begegnen. Dies ist nur möglich, wenn Sie sich vorab unabhängig von ihm informiert haben, denn nur dann können Sie ihm gezielt all die Fragen stellen, die Ihnen wichtig sind.

Nicht nur die Antworten Ihres Tierarztes, sondern auch die Bereitwilligkeit, mit der er auf Ihre Fragen eingeht, können Ihnen als Orientierung dienen, wie vertrauenswürdig Ihr Tierarzt wirklich ist – im Sinne der Gesundheit Ihrer Tiere.

Ich bin kein Tierarzt, sondern ein medizinischer Laie, der sich sein Wissen durch eigenständige Recherchen angeeignet hat. Dies hat Nachteile und Vorteile. Der Nachteil für Sie als Leser besteht in dem Risiko, Ihre Zeit mit nicht wirklich relevanten Informationen zu verschwenden. Doch andererseits ist auch ein akademischer Grad nicht automatisch eine Garantie für korrekte und nützliche Informationen. Wenn Sie mir durch dieses Buch folgen, werden Sie sehen, dass nicht jede offizielle Behauptung zu Tierimpfungen automatisch wahr ist.

Was für manche Leser als Nachteil erscheinen mag, könnten Sie aber auch als Vorteil ansehen, nämlich die Möglichkeit, den Recherchen, Gedanken und Schlussfolgerungen eines unabhängigen Geistes zu folgen, der kritisch hinterfragt. So wie Sie es möglicherweise selbst tun würden, wenn Sie die Zeit für ausgiebige Recherchen hätten. Diese Zeit hat man selten oder doch zumindest nicht für alle Themen, so dass es sehr hilfreich ist, wenn man auf den Arbeiten anderer aufbauen kann.

Wenn Sie die Herausforderung dieses Buches annehmen, kann es Ihre Fähigkeit, sich eine eigene Meinung zu bilden, stärken. Das muss allerdings geübt werden, so wie man seine Muskeln trainieren muss, wenn man einen sportlichen Wettkampf bestreiten oder einfach nur fit sein will.

Ich möchte Sie ermuntern, dies zu üben. Lesen Sie auch dieses Buch nicht unkritisch, sondern notieren Sie sich bei der Lektüre aufkommende Fragen und Erkenntnisse. Sie können mich auch direkt über meine Email-Adresse redaktion@impf-report.de anschreiben. Ich werde versuchen, alle Ihre Fragen zu beantworten.

Warum dieses Buch lesen, wenn es doch die StIKo Vet gibt?

Über die StIKo Vet lesen wir in der aktuellen „Leitlinie zu Impfung von Kleintieren“: [1]

> *„Die Ständige Impfkommission Veterinärmedizin (StIKo Vet) wurde ursprünglich vom Bundesverband praktizierender Tierärzte e. V. ins Leben gerufen, um Tierärzten fachlich unabhängig und wissenschaftlich fundiert Leitlinien zur Impfung von Tieren an die Hand zu geben. In einer ursprünglichen und zwei weiteren, aktualisierten Auflagen erschienen so bisher die Impfleitlinien für Kleintiere. (...) Mit der Novellierung des Tiergesundheitsgesetzes wurde beschlossen, das Gremium gesetzlich zu verankern und*

1 *StIKo Vet.: „Leitlinie zur Impfung von Kleintieren“, 4. Auflage, Stand 3. März 2017, http://www.dgk-dvg.de/download/Leilinie_zur_Impfung_von_Kleintieren.pdf*

am Friedrich-Löffler-Institut, Bundesforschungsinstitut für Tiergesundheit (FLI), anzusiedeln.

Mit der konstituierenden Sitzung der neuen StIKo Vet am 01.12.2015 auf der Insel Riems ging die Verantwortung für die Aktualisierung und Herausgabe der Impfleitlinien einvernehmlich auf das neue Gremium über. Die hiermit vorgelegte vierte aktualisierte Auflage der Impfleitlinien baut wesentlich auf den früheren Leitlinien auf."

Die Tierärzte sind eine Berufsgruppe, die an Tierimpfungen nicht nur direkt verdient, sondern für sie stellen Impfungen sogar eine der Haupteinnahmequellen dar.

In einer idealen Welt könnte man sich vielleicht darauf verlassen, dass dies keinen Einfluss auf öffentliche Empfehlungen dieser Berufsgruppe bezüglich Impfungen hat. Wir leben jedoch nicht in einer idealen Welt!

Kann ich meinem gesunden Menschenverstand vertrauen?

Das Impfen ist nicht die einzige Entscheidung für oder gegen eine spezielle Maßnahme oder ein Produkt, die wir im Alltag zu treffen haben.

Nehmen wir einmal an, Sie haben zwei Kinder und einen Hund und benötigen eine neue „Familienkutsche". Der Autohändler in Ihrer unmittelbaren Nachbarschaft ist wegen seiner Nähe Ihre erste Anlaufstelle. Die Nähe der Werkstatt könnte ja durchaus ein wichtiges Entscheidungskriterium sein. Dieses Autohaus ist jedoch zufällig ein Porschehändler, der sich auf reine Sportwagen spezialisiert hat, aber auch viele Gebrauchtwagen anbietet.

Der Verkäufer ist Ihnen sofort sympathisch, hat hervorragende Umgangsformen und herrlich blaue Augen. Er führt Sie zu einem Spyder Sportwagen von Porsche und beginnt, die vielen Vorteile dieses Fahrzeugs wortreich vor Ihnen auszubreiten.

Sie und Ihr Ehepartner schauen sich den Zweisitzer-Sportwagen an, schauen dann sich gegenseitig an, dann Ihre zwei Kinder und Ihren Hund und schließlich wieder den Verkäufer an. Sie unterbrechen seinen

Redestrom und weisen ihn höflich darauf hin, dass Sie eine vierköpfige Familie sind sowie einen großen Hund haben, und dass Sie ein Familien-Auto benötigen, das Platz für wenigstens vier Personen plus einen Hundekäfig bietet.

Der Verkäufer lässt sich jedoch nicht beirren, und in seiner unglaublich sympathischen Art versucht er, Ihnen den Spyder schmackhaft zu machen. Als er schließlich merkt, dass Sie nicht darauf anspringen, ändert er ein wenig seine Taktik. Er versucht nun, Ihnen bewusst zu machen, welche Verantwortung Sie dafür tragen, dass die Wirtschaft in Deutschland wieder in Gang kommt, und wie viele Arbeitsplätze bei Porsche, beim Händler, bei all den Zulieferer und den Werbeagenturen davon abhängen, dass Sie dieses Auto kaufen.

Als Sie sichtlich unruhig werden, beginnt er, Ihre Kinder ins Gespräch mit einzubeziehen: Die Väter ihrer besten Freunde könnten ihren Job verlieren, wenn der Papa aus egoistischen Gründen nicht den Porsche kauft.

Doch Ihre aufgeweckten Kinder sehen den Verkäufer an, sehen den Sportwagen-Zweisitzer an, sehen ihre Eltern an, sehen sich gegenseitig an – und beginnen zu kichern. Selbst Ihr Hund macht empört „Wuff!"

Nun fährt der Verkäufer seinen anscheinend letzten Trumpf auf, indem er Sie – in höflichen Umschreibungen – darauf hinweist, dass Sie ja kein Fachmann. Er selbst sei nicht nur Kfz-Meister, sondern besuche seit vielen Jahren sämtliche Fortbildungen von Porsche. Sie seien also bestens beraten, seinem fachlichen Urteil zu vertrauen.

Wie würden Sie auf ein derartiges Verhalten reagieren? Vielleicht würde es von Ihrer momentanen Stimmung abhängen, ob Sie empört das Gelände des Händlers verlassen, sich beim Chef über den Verkäufer beschweren oder aber den Mann ganz einfach auslachen.

Müssen Sie Kfz-Meister sein, um beurteilen zu können, was für ein Auto Sie als hundebesitzende Familie benötigen? Müssen Sie gelernter Koch sein, um zu wissen, was Sie von Ihrer neuen Küche erwarten? Müssen Sie Maurer, Bauingenieur oder Architekt sein, um die wichtigsten Anforderungen an Ihr neues Heim zu definieren?

Was ich damit sagen will: Ständig treffen wir Entscheidungen in unserem Leben, auch solche mit enormer Tragweite, indem wir

a) eben nicht blind den Versprechungen von Außenstehenden vertrauen, insbesondere solchen, die von unserer Entscheidung profitieren
b) uns eben nicht zuerst eine komplette Expertise in den Fachgebieten aneignen, die mit unserer Entscheidung zu tun hat,

sondern stattdessen

1. unsere Bedürfnisse klar definieren
2. Entscheidungskriterien festlegen
3. unabhängige Fachkundige aus unserem Umfeld, denen wir vertrauen und die kein Eigeninteresse haben, um Rat fragen
4. unserem eigenen gesunden Menschenverstand vertrauen
5. und schließlich nach Abwägung aller Für und Wider die für uns in diesem Moment richtige Entscheidung treffen

Warum sollten wir es bei der Impfentscheidung für unsere Tiere anders handhaben? Warum sollten wir die Behauptung der Impfexperten einfach ungeprüft hinnehmen, sie wüssten am besten, was für unsere Tiere gut ist und dass wir als Laien ihrem Rat blind zu folgen hätten?

Schließlich werden an Impfstoffen Milliarden verdient. Immer wieder erfahren wir in den Medien von Korruption und wissenschaftlichem Betrug – gerade im Pharmasektor! Dieses Buch handelt jedoch nicht von der Korruption der Pharmabranche.

Diese existiert natürlich, denn wir leben nicht in einer idealen Welt mit idealen Menschen. Das bedingt die Notwendigkeit einer persönlichen Plausibilitätsprüfung vor jeder gesundheitlichen Entscheidung für Ihre Familie – und Ihre Tiere. Wie viel Zeit und Energie Sie dafür investieren, ist natürlich Ihre Entscheidung und hängt unter anderem davon ab, wie viel Ihnen diese Tiere bedeuten.

Warum sollten wir bei einer Impfentscheidung nicht genauso vorgehen wie bei allen anderen wichtigen Entscheidungen im Leben? Wir klären unsere Bedürfnisse und Entscheidungskriterien, legen diese als Messlatte an die empfohlene Impfung an – und vertrauen unserem gesunden Menschenverstand.

Die Herausforderung besteht darin, dass wir es bei m Impfthema einfach nicht gewohnt sind, unserem gesunden Menschenverstand zu vertrauen und eine Prüfung der wichtigsten Fakten vorzunehmen.

Das ist auch verständlich, denn die große Mehrheit der Menschen reagiert bei dem Thema irrational oder gar aggressiv – und es gab bisher auch kaum Hilfestellung in Form einer objektiven und nachvollziehbaren Aufarbeitung der wesentlichen Fakten, die für eine Entscheidung eine Rolle spielen.

Lassen Sie sich von „Experten" keinen Zweisitzer andrehen, wenn Sie ein Familienauto benötigen – und keine Impfung, von deren Notwendigkeit, Wirksamkeit und Sicherheit Sie nicht überzeugt sind.

Wer hat die Beweislast?

Humanimpfung: Menschenrecht oder Körperverletzung?

Wer – egal ob beim Menschen oder beim Tier – vor der Impfentscheidung steht, sieht sich mit den unterschiedlichsten und völlig widersprüchlichen Aussagen konfrontiert. Wie kann man da als Laie zu einer klaren Entscheidung gelangen?

Wenn Sie nicht wie ein Punchingball hilflos den Pro- und Kontra-Argumenten ausgesetzt sein wollen, könnten Sie stattdessen zuallererst die Frage der Beweislast klären.

Wer sich mit der Impffrage beschäftigt und z. B. im Internet nach der Meinung der führenden „Experten" in der Impffrage sucht, findet unter anderem folgendes Zitat von Prof. Kurth, dem früheren Präsidenten des Robert-Koch-Instituts (RKI), der Bundesseuchenbehörde: [2]

> *„Impfschutz ist aber ein Menschenrecht – diese Eltern [die nicht impfen, d. Red.] verletzen also die Menschenrechte ihrer Kinder."*

Eine ähnliche Auffassung vertrat Prof. Heinz-Josef Schmitt, der bis September 2007 Vorsitzender der Ständigen Impfkommission (STIKO) am RKI war: [3]

2 *Süddeutsche Zeitung vom 5. April 2007*

3 *ÖKOTEST vom 22. Juni 2006*

„Deutschland hat sich im Jahr 2005 gegenüber den Vereinten Nationen dem Ziel verpflichtet, die Masern bis zum Jahr 2010 zu eliminieren und damit auch festgehalten, dass man das Menschenrecht des Kindes auf Routine-Impfungen endlich umsetzen will – das ist machbar, aber eben nur, wenn alle mitmachen."

Wir sind beeindruckt: Wer sonst, wenn nicht diese Herren, sollten die Expertise haben, den Stellenwert der Impfungen beurteilen zu können? Doch es gibt auch Aussagen, die dem völlig widersprechen: Das Bundesfamilienministerium schreibt z. B. auf Anfrage der Elterngruppe EFI Dresden im Jahr 2005: [4]

„Schutzimpfungen sind in Deutschland grundsätzlich freiwillig. Impfungen stellen einen Eingriff in die körperliche Unversehrtheit im Sinne des Artikels 2 Grundgesetz dar, zu dem der Geimpfte bzw. seine Erziehungs- oder Sorgeberechtigten vorher die Zustimmung erteilen müssen."

Und im Kommentar zum Infektionsschutzgesetz (IfSG) von Prof. Helmut Erdle, der maßgeblich an der Formulierung des Gesetzestextes mitgewirkt hat, heißt es: [5]

„Die Impfung ist eine Körperverletzung (§ 223 StGB). Sie setzt die Einwilligung des Impflings (bzw. des/der Sorgeberechtigten oder Betreuers) voraus (§ 228 StGB)."

Hier Menschenrecht, dort Körperverletzung? Sie werden schon bemerkt haben: Beide Aussagen stehen in völligem Widerspruch zueinander! Da hilft es auch nicht viel zu wissen, dass sowohl Herr Kurth als auch Herr Schmitt unmittelbar nach dem Ausscheiden aus ihrer Position führende Posten bei Impfstoffherstellern besetzt haben.

Hilfreich ist dieses Wissen schon deshalb nicht, weil ja die überwältigende Mehrheit der Bevölkerung und der zuständigen Kreise die Ansicht dieser beiden Herren mehr oder weniger teilt.[6]

4 *Originalschreiben siehe https://www.impfkritik.de/koerperverletzung*

5 *Erdle, Helmut: „Infektionsschutzgesetz. Kommentar", Ecomed Verlag, 4. Aufl. 2013, S. 66*

6 *Prof. Kurth wurde Aufsichtsratsvorsitzender der zum BAYER-Konzern gehörenden Schering-Stiftung und Prof. Schmitt übernahm nach seinem plötzlichen Ausscheiden aus der STIKO eine leitende Position in der Impfsparte von NOVARTIS*

Kläre die Beweislast – und die Verwirrung löst sich auf!

Als ich im Jahr 1999 damit begann, mich intensiv mit der Impffrage zu beschäftigen, fühlte ich mich zeitweise von diesen gegensätzlichen Meinungen und Argumenten wie ein Punchingball hin und her geschleudert. Je nachdem, wem ich gerade zuhörte, sah ich mich – im übertragenen Sinne – in die eine oder andere Richtung geschlagen.

Ich wollte unbedingt rational und objektiv vorgehen. Und so ging ich allen Spuren nach und las mir z. B. alle verfügbaren Studien durch, die mir von Impfbefürwortern in den einschlägigen Internetforen genannt wurden, um deren Aussagekraft zu bewerten.

Das führte dazu, dass ich über viele Monate hinweg praktisch Tag und Nacht in meinen eigenen und anderen Diskussionsforen im Internet unterwegs war, um jedes Argument, das auftauchte, zu prüfen und zu parieren.

Trotz all dieser Bemühungen löste sich meine Verwirrung, das Gefühl, in einer Art Nebel gefangen zu sein, nicht wirklich auf. Gleichzeitig stellte ich diese Verwirrung auch bei sehr vielen Menschen in meiner Umgebung fest. Sie scheint mir typisch für die ganze öffentliche Impfdiskussion zu sein.

Ich hatte bereits 1999 damit begonnen, Fragen an die Gesundheitsbehörden zu richten. Aus Sicht vieler Impfbefürworter, mit denen ich diskutierte, war das natürlich ausgemachter Blödsinn. Aus ihrer Sicht war ja alles klar, und wer – zumal als Laie – die medizinische Mehrheitsmeinung in Frage stellte, war entweder unbelehrbar oder aber ganz einfach „Aluhutträger".

An einer derart niveaulosen Auseinandersetzung hatte ich kein Interesse. Ich war fest entschlossen, Klarheit über die Impffrage zu gewinnen und so stellte ich immer präzisere Fragen an die entscheidenden staatlichen Stellen.

Mit der Zeit legte sich meine Verwirrung. Ich fand schließlich auch heraus, woran das lag: An der Klärung der Beweislast. Gehen wir nämlich bei unserer Impfentscheidung von vornherein davon aus, dass Impfen ein Menschenrecht ist, dann hat das natürlich zur Folge, dass wir grundsätzlich sämtliche von der STIKO empfohlenen Impfungen bei unseren

Kindern vornehmen lassen, denn wir wollen natürlich nicht ihre Menschenrechte verletzen, sondern vielmehr schützen.

Wir würden in diesem Fall nur dann auf eine Impfung verzichten, wenn der Impfgegner schlagende Argumente für uns hat, weswegen wir eine Impfung unterlassen sollten. Die Meinung von Impfgegnern ist jedoch von vornherein irrelevant, wenn wir es nicht für notwendig erachten, ihnen zuzuhören. Und warum sollten wir dies auch tun? Schließlich ist Impfen ein Menschenrecht! Bei dieser Haltung ist die Entscheidung im Prinzip schon gefallen.

Folgen wir allerdings der rechtlichen Interpretation des Bundesfamilienministeriums und von Rechtsexperten, stellen Impfungen – beim Menschen – zunächst eine Körperverletzung dar, die der mündigen Einwilligung des Impflings bzw. seiner Eltern bedarf.

Damit stellt sich jedoch die Frage anders und auch der Adressat unserer Frage ist nicht mehr der Impfgegner, sondern der Arzt, der unser Kind impfen will, die STIKO, die die Impfung im Auftrag des Staates empfiehlt, das RKI, das die Impfung als notwendig ansieht und das Paul-Ehrlich-Institut (PEI), das die Impfung als wirksam und sicher zugelassen hat.

Deren Standpunkt ist alles andere als irrelevant, denn wenn irgendwo in Deutschland die Expertise bezüglich der Impfungen vorhanden sein muss, dann in diesen Institutionen!

Genau diese müssten uns eigentlich sowohl Notwendigkeit als auch Wirksamkeit und Sicherheit nachvollziehbar darlegen können, damit wir eine mündige Einwilligung in die Impfung geben können.

Wir treffen also bereits eine sehr wichtige Vorentscheidung, *bevor* wir mit dem Meinungsbildungsprozess überhaupt beginnen. Und auch der Ausgang dieses Entscheidungsprozesses wird damit – tendenziell – beeinflusst.

Entscheiden wir uns dafür, dass Impfen Menschenrecht ist, geben wir bereits einen Teil unserer Eigenverantwortung ab und liefern uns in einer sehr wichtigen gesundheitlichen Frage der Meinung – und eventuell auch den Eigeninteressen – Anderer aus.

Im Grunde ist es die Frage, ob uns das Wohlergehen unserer Kinder derart am Herzen liegt, dass wir uns bei einem vorsorglichen medizinischen Eingriff die Mühe machen, nicht einfach einer Mehrheitsmeinung

– und damit dem vermeintlich einfachsten Weg – zu folgen, sondern unserem eigenen besten Wissen und Gewissen, indem wir das Für und Wider im Rahmen einer Plausibilitätsprüfung abwägen.

Und wenn Notwendigkeit, Wirksamkeit und Sicherheit der öffentlich empfohlenen Impfungen tatsächlich so eindeutig belegt sind wie behauptet, dann sollte es für die zuständigen Stellen auch kein Problem sein, unsere zentralen Fragen dazu ohne Umstände zu beantworten, indem man z. B. überzeugende wissenschaftliche Publikationen aus der Schublade zieht.

Nachdem ich für mich geklärt hatte, dass eine Impfung grundsätzlich eine Körperverletzung darstellt und deshalb der Impfbefürworter derjenige ist, der mir überzeugende Argumente nennen muss, um einer Impfung zustimmen zu können, legte sich die Verwirrung.

Seither achte ich in Diskussionen immer darauf, nicht in einen Rechtfertigungszwang abzugleiten. Nicht ich muss mich rechtfertigen, sondern derjenige, der meine Einwilligung in die Körperverletzung meines Kindes von mir verlangt!

Der nächste Schritt war, sich auf die wesentlichen Behörden, nämlich das PEI und das RKI, zu konzentrieren. Denn ich musste immer wieder feststellen, dass sowohl die Impfärzte als auch die lokalen und überregionalen Gesundheitsbehörden nicht in der Lage waren, meine Fragen befriedigend zu beantworten. Regelmäßig wurde auf die nächsthöhere Stelle verwiesen.

Doch die letzten Stellen, die aus meiner Sicht nicht mehr ausweichen konnten, die definitiv am besten über die grundlegenden wissenschaftlichen Beweise informiert sein mussten, waren aus meiner Sicht die nationale Zulassungsbehörde und die nationale Seuchenbehörde, also das PEI und das RKI.

Denn das PEI kann einen Impfstoff ja nur dann zulassen, wenn Wirksamkeit und Sicherheit nachvollziehbar wissenschaftlich bewiesen wurde. Und das RKI kann nur dann zu Massenimpfungen aufrufen, wenn ihre Notwendigkeit ebenfalls nachvollziehbar wissenschaftlich dargelegt wurde.

Was bedeutet das übertragen auf Tierimpfungen?

Die Impfung eines Tieres ist im rechtlichen Sinne keine Körperverletzung wie beim Menschen. Hier greifen zwei relevante gesetzliche Regelungen. Zum einen stellt sie – bei fehlendem Einverständnis des Tierhalters – eine Sachbeschädigung dar, denn das Tier ist rechtlich gesehen eine Sache und Eigentum seines Halters. Zuständig ist hier laut meinen Recherchen das Strafgesetzbuch (StGB) § 303:

> *„Wer rechtswidrig eine fremde Sache beschädigt oder zerstört, wird mit Freiheitsstrafe bis zu zwei Jahren oder mit Geldstrafe bestraft."*

Doch darüber hinaus ist Ihr Tier über das Tierschutzgesetz (TierSchG) vor unerwünschter Fremdeinwirkung geschützt. Da heißt es in § 17:

> *„Mit Freiheitsstrafe bis zu drei Jahren oder mit Geldstrafe wird bestraft, wer*
>
> *1. ein Wirbeltier ohne vernünftigen Grund tötet oder*
>
> *2. einem Wirbeltier*
>
> *a) aus Rohheit erhebliche Schmerzen oder Leiden oder*
>
> *b) länger anhaltende oder sich wiederholende erhebliche Schmerzen oder Leiden zufügt."*

Angenommen, Ihr Tierarzt würde eines Ihrer Tiere ohne Ihr Einverständnis impfen, so läge aus Sicht des TierSchG dafür möglicherweise ein „vernünftiger Grund" vor, aber im Sinne des StGB wäre es auf jeden Fall eine Sachbeschädigung.

Ich bin kein Rechtsexperte, und wie ein Gericht hier tatsächlich entscheiden würde, weiß ich nicht. Die meisten Richter werden vermutlich eine Ablehnung von Impfungen als fahrlässig ansehen und sich auf Gutachter der offiziellen Institutionen und Behörden verlassen. Und diese reden erfahrungsgemäß in der Regel einer maximalen Durchimpfungspolitik das Wort.

Wie auch immer vor Gericht entschieden würde: Auch ein Tierarzt darf nicht ohne Ihr Einverständnis Ihr Grundstück betreten und eines Ihrer Tiere impfen.

Wie bei der Humanimpfung ist also Ihr Einverständnis die Voraussetzung für die Impfung. Und um Ihr Einverständnis geben zu können, müssen Sie von Notwendigkeit, Wirksamkeit und Sicherheit überzeugt sein. Damit haben Sie „den Ball" und müssen überlegen, wie Sie ihn spielen.

Sie können sich dafür entscheiden, dem Rat des Tierarztes und seinen Erklärungen blind zu vertrauen. Oder aber, wie unsere Familie, die ein Auto kaufen will, sich die entscheidenden Kriterien überlegen, die für sie relevant sind. Das dürfte eine Mindestanzahl an Sitzplätzen sein, Platz für den Hundekäfig, der Preis und die langfristigen Wartungs- und Verschleißkosten, der Benzinverbrauch, die Umweltfreundlichkeit und verschiedene Komfortmerkmale.

Um welche Kriterien es bei der Impfung Ihres Tieres gehen könnte, davon handelt dieses Buch. Es kann Ihnen bei Ihrer Entscheidung eine Hilfe sein, aber die eigentliche Entscheidung nicht abnehmen.

Welche Bundesbehörden sind zuständig?

Welche Behörden sind bei Tierimpfungen entscheidend? Da ist zum einen, wie bei den Humanimpfstoffen auch, das PEI als Zulassungsbehörde und als Erfassungsstelle für Nebenwirkungen und Impfschäden.

Zum anderen ist das Friedrich-Löffler-Institut (FLI) als die zuständige nationale Tierseuchenbehörde zu nennen. Fragen, die ein Tierarzt nicht beantworten kann, müssten also entweder der Hersteller oder eine dieser beiden Bundesbehörden beantworten können.

Am FLI ist darüber hinaus die StIKo Vet angesiedelt, die „Ständige Impfkommission Veterinärmedizin". Deren Veröffentlichungen sind Leitlinien für Tierärzte, an denen diese sich orientieren müssen, wenn sie Sie als Tierhalter beraten.

Die im Europäischen Arzneibuch (EAB) festgeschriebenen Zulassungsanforderungen werden vom Europarat festgelegt. Deutschland ist 1973 einem Übereinkommen beigetreten, die Texte des EAB in geltendes Recht zu überführen. Für die Zulassungsbedingungen ist also der Europarat in Straßburg zuständig. Das EAB gilt auch in Österreich und der Schweiz.

Wirkung, Wirksamkeit oder Nutzen?

Wie viele Missverständnisse auf dieser Welt haben schon für Konflikte oder gar Kriege gesorgt? Wenn wir nicht aneinander vorbeireden wollen, müssen wir Begriffe klären. Es ist in der Psychologie und Therapie ein wohlbekanntes Phänomen, dass wir Menschen allzu oft gleiche Begriffe verwenden und dabei etwas ganz anderes darunter verstehen.

Stellen Sie sich z. B. vor, während des „Kalten Krieges" sitzen sich die Delegationen von Ost und West gegenüber und verhandeln über den „Frieden". Verstehen beide Seiten das Gleiche unter „Frieden"?

Im Marxismus, der grundlegenden Lehre der Sowjetunion, war unter „Frieden" die Auslöschung der Ausbeuterklasse zu verstehen, also aller Unternehmer, oder möglicherweise sogar die Auslöschung des ganzen kapitalistischen Westens. Wäre es für einen Diplomaten des Westens nicht angebracht, da mal die Bedeutung des Wortes „Frieden" zu klären, bevor man sich zu „Friedensverhandlungen" zusammensetzt? [7]

Mich wundert z. B. auch immer wieder, mit welcher Unbefangenheit Menschen die politische Einordnung „links" und „rechts" verwenden – und dabei jedes mal etwas Anderes darunter verstehen.

Im wissenschaftlichen Bereich war es für mich interessant, den sogenannten „Masern-Prozess" gegen den rebellischen Biologen Stefan Lanka zu verfolgen. Dort ging es unter anderem um die Frage, was genau denn unter einem „Virus" zu verstehen ist. Und die Antwort ist gar nicht so eindeutig, wie Sie vielleicht denken. [8]

Normalerweise und im Alltag machen wir uns selten Gedanken um die genaue Bedeutung von Wörtern. Doch Sie werden feststellen, dass genau ab dem Moment, an dem Sie mit Ihrem Gegenüber daran gehen, die Bedeutung eines Begriffes zu klären, ganz neue Perspektiven auftauchen.

Stellen Sie sich vor, Sie besprechen die nächste Impfung Ihres Hundes mit Ihrem Tierarzt und Sie stellen ganz unbefangen die eine Frage, die Sie ihm vielleicht bisher noch nie gestellt haben: *„Und der Impfstoff ist auch wirklich wirksam?"*

7 *Löw, Konrad: „Marxismus Quellenlexikon", Kölner Universitätsverlag 1985*

8 *Tolzin, Hans: „Die Masern-Lüge", Kopp-Verlag 2017, S. 211ff*

Welche Vorstellung von „Wirksamkeit“ haben Sie in dem Augenblick im Kopf?

Möglicherweise einen wissenschaftlichen Nachweis, dass geimpfte Tiere im Vergleich mit ungeimpften Tieren im Rahmen einer verblindeten Studie gesundheitlich besser abschneiden?

Vermutlich wird der Tierarzt in seiner Antwort bekräftigen: *„Ja klar, der Impfstoff ist hochwirksam!“*

Das wird er vielleicht allein schon aus dem Grund antworten, um Ihr Vertrauen in ihn aufrechtzuerhalten. Davon ist immerhin sein Einkommen abhängig.

Was aber versteht er ansonsten unter „Wirksamkeit“? Das Gleiche wie Sie als Tierhalter? Was, wenn er - wie bei Humanimpfungen – mit Wirksamkeit einfach nur die Veränderung eines Laborwertes, den Antikörpertiter, bei den geimpften Tieren meint, Sie aber den Nachweis der tatsächlichen Nichterkrankung in einem verblindeten Vergleich?

Wenn Sie ungeprüft davon ausgehen, dass der Tierarzt in seiner Antwort unter „Wirksamkeit“ genau das Gleiche versteht wie Sie, besteht die Gefahr, dass Sie und er aneinander vorbeireden.

Dass jeder unter dem Begriff „Wirksamkeit“ etwas anderes versteht, war eines der ersten und wichtigsten Erkenntnisse meiner Recherchen zum Impfthema.

Auch dem Münchner Kinderarzt und Impfexperten Dr. Martin Hirte ist dies aufgefallen. Er unterscheidet in einem Kapitel seines Buches „HPV-Impfung“ drei verschiedene Definitionen von „Wirksamkeit“:

- ***„Die Wirkung*** *einer Impfung bedeutet, dass sie eine nachweisbare Veränderung im Organismus bewirkt: Im Fall der HPV-Impfung etwa den Anstieg der Antikörper im Blut oder den selteneren Befall mit bestimmten HPV.*
- ***Die Wirksamkeit*** *bedeutet, dass sich bei den Geimpften gesundheitlich nachprüfbar etwas verbessert: Dass etwa nach der HPV-Impfung Krebserkrankungen seltener werden.*
- ***Wirkung und Wirksamkeit*** *geben noch keine Auskunft über den tatsächlichen Nutzen: Einen Nutzen hat eine Impfung nur dann, wenn sie mehr als andere Maßnahmen die Überlebensdauer oder zumindest die Lebensqualität verbessert. Um dies zu beurteilen, müssen*

die Zuverlässigkeit und Dauer der Wirksamkeit berücksichtigt werden, außerdem die Nebenwirkungen und nicht zuletzt andere Möglichkeiten der Krebsverhinderung."

Da Sie Ihre mündige Einwilligung in die Impfung Ihres Tieres geben müssen, könnte es hilfreich sein, wenn Sie zuerst für sich selbst definieren, was Sie vom Impfstoff erwarten.

Der zweite Schritt wäre dann die Abklärung Ihrer Anforderungen durch Lektüre der Fachinformation oder das Gespräch mit Ihrem Tierarzt.

Hier noch einmal die drei Definitionen nach Dr. Hirte:

„Wirkung"?

Reicht es Ihnen, wenn ein Labortest bei gesunden Tieren eine biochemische Veränderung nach einer Impfung nachweisen kann, also einen Anstieg des sogenannten Antikörpertiters oder einen auf Dauer negativ verlaufenden Virustest?

„Wirksamkeit"?

Oder erwarten Sie vielmehr einen Nachweis, dass geimpfte Tiere nachweislich deutlich seltener an der Krankheit, gegen die geimpft wird, erkranken als ungeimpfte Tiere?

Dann müsste man geimpfte und ungeimpfte Tiere miteinander vergleichen. Dazu sollte auch ein Placebo zum Einsatz kommen, so dass die Auswertung der auftretenden Symptome vom Studienpersonal völlig unvoreingenommen durchgeführt werden kann.

Es kommt also ganz auf Sie an, wie Sie „Wirksamkeit" definieren. So wie Sie als Familie entschieden haben, dass Sie mindestens einen Viersitzer-Kombi benötigen und keinen Zweisitzer-Sportwagen.

Je klarer Sie das für sich definiert haben, desto präzisere Fragen können Sie Ihrem Tierarzt stellen, um herauszufinden, ob der vorgeschlagene Impfstoff Ihre Anforderungen erfüllt.

Ja, es kommt letztlich auf *Ihre* Anforderungen an, nicht auf die des Herstellers, der Zulassungsbehörde oder des Tierarztes. Schließlich ist es *Ihr* Tier, mit dem Sie möglicherweise eine liebevolle Beziehung pflegen, und niemand anderes als Sie selbst muss letztlich die Behandlung und den Impfstoff bezahlen.

„Nutzen"?

Oder erwarten Sie drittens den Nachweis, dass geimpfte Tiere unter dem Strich und unter Einbeziehung aller Nebenwirkungen und alternativer Vorsorgemaßnahmen insgesamt einen deutlichen gesundheitlichen Vorteil haben? Dann dürfte man nicht nur die typischen Symptome der Krankheit, gegen die geimpft wird, auswerten, sondern sämtliche Symptome. Zudem sollten die Auswirkungen alternative Vorsorgemaßnahmen ebenso sorgfältig untersucht und mit den Ergebnissen der Impfstudien verglichen werden.

Erregerverschiebung oder Diagnoseverschiebung?

Den drei Unterscheidungen Hirtes möchte ich noch eine vierte hinzufügen, denn die Definition von „Wirksamkeit" könnte man noch einmal unterteilen.

Wir unterscheiden normalerweise nicht zwischen den Symptomen und der Diagnose. Identische oder ähnliche Symptome können zu unterschiedlichen Diagnosen führen. Oft hängt das von dem Ergebnis eines Labortests ab. Und was getestet wird, hängt in der Regel vom Erstverdacht des Tierarztes ab.

Wird der Erstverdacht durch das Labor bestätigt, wird nicht weitergesucht, obwohl im Prinzip noch andere Ursachen in Frage kommen.

Reicht es uns zum Beispiel, wenn bei den geimpften Tieren eine bestimmte Diagnose seltener vorkommt als bei den ungeimpften Tieren, obwohl die Gesamthäufigkeit ähnlicher Erkrankungen gleich hoch geblieben ist?

Oder erwarten wir, dass die Krankheitslast bezüglich der typischen Symptome *insgesamt* bei den geimpften Tieren sinkt, ungeachtet der Diagnose? Zur Verdeutlichung noch ein Beispiel:

Angenommen, in der geimpften Testgruppe sterben 3 Tiere an Tollwut und in der gleichgroßen Placebo-Gruppe sind es 20. Das scheint zunächst einmal eindeutig für den Impfstoff zu sprechen.

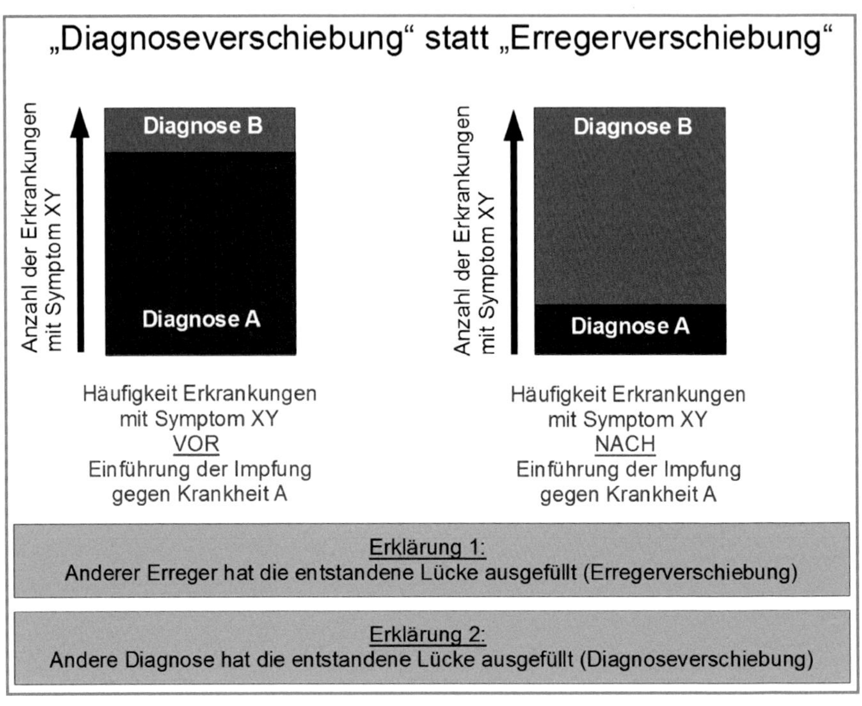

Wenn jedoch in beiden Testgruppen insgesamt 30 Tiere im Laufe der Studie an Krankheiten mit ähnlichen Symptomen gestorben sind, kann man dann wirklich von einer Reduzierung der Sterblichkeit reden?

Was wären denn z. B. beim Rind Krankheiten, die man mit der Tollwut verwechseln könnte? Als Differentialdiagnosen für Tollwut beim Rind kommen laut der Ludwig-Maximilian-Universität in München folgende alternative Ursachen in Frage:

> *„Listeriose, Holzzunge, Schlundverstopfung, Hirnbasisabszess, Vergiftung mit organischen Phosphorsäureestern, M. Aujeszky, Bleivergiftung, Sporadische Enzephalitiden, Tetanie, nervöse Ketose, BSE, Tobsuchtsanfall nach Transport. Bei kleinen Wiederkäuern u. a. auch Borna und Listeriose. After-Blasen-Schwanzlähmung, raumfordernder Prozess im Bereich des Rückenmarks (Abszess, Tumor, Dassellarven), Botulismus.“* [9]

9 *http://www.rinderskript.net/skripten/b8-3.html#Differentialdiagnosen (4.2.2018)*

Bevor man also die Diagnose „Tollwut“ stellt, wäre es vielleicht sinnvoll, z. B. Vergiftungen mit in die Differentialdiagnose einzubeziehen.

Sie könnten also beispielsweise nachfragen: *„Hat die Impfung im Rahmen der Zulassungsstudie auch die Gesamthäufigkeit der Todesfälle gesenkt?“* Wenn nicht, entspricht das dann immer noch Ihrer Definition von „Wirksamkeit“?

Wollen Sie „Wirksamkeit“ selbst definieren oder dies dem Tierarzt überlassen? Wenn Sie diesen Aspekt bei Ihren persönlichen Anforderungen an den Impfstoff berücksichtigen, hat dies Einfluss darauf, welche Art von Zulassungsstudie Ihren Ansprüchen genügt und welche durch das Raster fallen.

Dies kann später noch wichtig werden, wenn wir die im Europäischen Arzneibuch festgelegten Zulassungsanforderungen für Impfstoffe besprechen.

Wenn Sie mit der „Wirkung“ zufrieden sind, dann reicht möglicherweise die Erhebung eines Laborwertes aus, um Ihre Anforderungen zu erfüllen.

Wenn Sie stattdessen auf „Wirksamkeit“ bestehen, wird das schon schwieriger. Hier gilt es, sich die Fachinformationen oder gar die Zulassungsstudien genauer anzuschauen.

Das Placebo-Problem

Für den Nachweis einer „Wirkung“ ist der Vergleich mit ungeimpften Tieren bzw. mit einem wirkungsneutralen Scheinmedikament, Placebo genannt, nicht unbedingt notwendig.

Besteht man aber auf „Wirksamkeit“ oder „Nutzen“, muss man Geimpfte und Placebo-Geimpfte miteinander vergleichen. Nur unter Ausschaltung des Placebo-Effekts ist es möglich, eine einigermaßen objektive Aussage über die positiven und negativen Auswirkungen einer medizinischen Maßnahme treffen zu können.

Ein „Placebo“ ist laut dem Wahrig Wörterbuch ein *„unwirksames Scheinmedikament“* und laut Duden ein *„Medikament, das einem echten Medikament in Aussehen und Geschmack gleicht, ohne dessen Wirkstoffe zu enthalten“*.

Klar ist: Ein Placebo darf in einer Testperson oder einem Versuchstier weder Wirkungen noch Nebenwirkungen entfalten, es muss sich also gänzlich neutral verhalten, so dass man mit keiner Nachweismethode nachvollziehen kann, ob es nun gegeben wurde oder nicht.

Solche Placebostudien sind gewissermaßen der Goldstandard der Wissenschaft. Bei Humanimpfstoffen bedeutet dies gleichzeitig eine wenigstens doppelte „Verblindung". Davon spricht man, wenn weder das Studienpersonal noch die Testpersonen wissen, ob sie das echte Präparat oder das Placebo erhalten haben. Allein dieses Wissen könnte zu unterschiedlichen Interpretationen durch das Studienpersonal führen, welches die Gesundheit und das Verhalten von Testpersonen auswertet.

Bei Tierversuchen ist eine Verblindung gegenüber den Tieren natürlich nicht notwendig, da hier der auf psychischer Ebene wirkende Placebo-Effekt nicht greift und der Gesundheitszustand der Tiere kaum von ihrem subjektiven Glauben an die Wirkung eines Medikaments beeinflusst werden kann.

Jedoch kann durchaus das Studienpersonal, das mit der Erfassung, Bewertung und Auswertung von Symptomen beauftragt wird, durch das Wissen um den Impfstatus eines Tieres beeinflusst werden.

Das Studienpersonal besteht aus Menschen, die für ihre Arbeit bezahlt werden. Je nachdem, wer ihr Geldgeber ist, entstehen daraus Abhängigkeiten, die logischerweise dazu führen können, dass die Mitarbeiter eine gewisse Voreingenommenheit mitbringen.

Erwartet der Geldgeber, z. B. eine Behörde, in erster Linie nicht etwa ein bestimmtes Ergebnis, sondern korrektes wissenschaftliches Arbeiten und honoriert dies angemessen, fällt die Abhängigkeit von den Erwartungen des Geldgebers weg.

Allerdings könnten natürlich trotzdem persönliche Wertungen und Erfahrungen ins Spiel kommen. Hersteller könnten außerdem versuchen, einzelne Mitarbeiter der Studie durch Zuwendungen in ihrem Sinne zu beeinflussen. In einer idealen Welt würden Hersteller dies natürlich nicht tun – aber unsere Welt ist nun mal weit von „ideal" entfernt.

Handelt es sich beim Geld- und Auftraggeber um den Hersteller des Produktes, kann dies von vornherein massive Interessenkonflikte bei den Studienverantwortlichen bewirken. Schließlich will man nach Abschluss dieses Auftrags einen neuen Auftrag an Land ziehen.

Das kann natürlich Einfluss auf die Auswertung haben, wenn der Studienmitarbeiter z. B. entscheiden muss, ob das beobachtete Tier nur mal gehüstelt oder einen richtigen Husten hat, ob es nur unruhig aufgrund der äußeren Unruhe im Stall ist oder sich ganz speziell unruhig verhält.

Wenn der Mitarbeiter weiß, ob das Tier der Verum- oder der Placebo-Gruppe angehört, kann dies, ob bewusst oder nicht, Einfluss darauf nehmen, wo auf seinem Auswertungsbogen er sein Kreuzchen macht. Die Verwendung von Placebos kann also auch bei der Zulassung von Tierimpfstoffen Sinn machen.

Doch auch bei Placebos ist nicht alles Gold, was glänzt. Bei neueren Humanimpfstoffen, z. B. den HPV-Impfstoffen gegen Gebärmutterhalskrebs, hat sich bei den Herstellern eingebürgert, z. B. statt einer physiologischen Kochsalzlösung die gleichen Aluminiumverbindungen hineinzumischen, die auch in den Original-Impfstoffen als Wirkverstärker enthalten sind.

Oder es wird der neue Impfstoff mit anderen, bereits zugelassenen Impfstoffen verglichen. So war im „Placebo" der GARDASIL-Zulassungsstudie ein Aluminiumsalz enthalten – eine nervengiftige Substanz, die neben dem quecksilberhaltigen Konservierungsstoff Thiomersal derzeit der Hauptverdächtige für schwere Nebenwirkungen und Impfschäden ist. Der Hersteller GSK verglich seinen experimentellen HPV-Impfstoff CERVARIX mit einem anderen, bereits zugelassenen Impfstoff, der den gleichen aluminiumhaltigen Immunverstärker wie CERVARIX enthielt.

Bei einer Zulassungsstudie soll herausgefunden werden, was genau eine Impfung – verglichen mit der Unterlassung einer Impfung – bewirkt, und zwar im Guten wie im Schlechten. Enthält das „Placebo" nun toxische Substanzen, wird das Ergebnis logischerweise verfälscht.

Sind, wie viele Kritiker vermuten, aluminiumhaltige Verstärkerstoffe eine der Hauptursachen für schwere Nebenwirkungen und Impfschäden, dann wird die Studie zeigen, dass die Nebenwirkungsrate des Test-Impfstoffs nicht über der Nebenwirkungsrate des „Placebos" liegt.

„Kein großer Unterschied bei den Nebenwirkungen" führt dann zu der Schlussfolgerung: *„Der Impfstoff ist sicher"*. Und schon ist der Weg frei für die Zulassung...

Warum sich die europäische Zulassungsbehörde auf ein derartiges Spiel mit gezinkten Placebo-Karten einlässt, ist mir ein Rätsel. Möglicherweise liegt es am Einfluss der Pharma-Lobbyisten. Vernünftig ist dies – aus Sicht des gesunden Menschenverstands – nicht.

Die neue Definition der europäischen Zulassungsbehörde EMA für „Placebo" lautet jedenfalls spätestens seit 2006: [10]

> *„... nur das Adjuvans oder ein alternativer Impfstoff, der nicht gegen die Erkrankung schützt, aber den Testpersonen einen anderen potenziellen Vorteil bietet."*

Die Aufgabe des Placebos ist es also nicht mehr, das Medikament mit einem wirkungslosen Scheinmedikament zu vergleichen, sondern der Placebo-Gruppe einen Ersatznutzen zu bieten, da ihnen der Wirkstoff vorenthalten wird.

Hierbei handelt es sich um einen typischen Zirkelschluss, denn die Wirksamkeit eines Impfstoffs, die es zu bewerten gilt, wird von vornherein vorausgesetzt. Ein Zirkelschluss liegt vor, wenn das zu Beweisende bereits bei der Beweisführung vorausgesetzt wird.

In der gesamten Fachwelt widersprechen nur ganz wenige Experten dieser Wissenschaftsverzerrung, übrigens auch nicht das PEI als zuständige Zulassungsbehörde für Human- und Veterinärimpfstoffe.

Ganz im Gegenteil: Das PEI hat sich auf seiner Webseite dieser Neudefinition vollständig angeschlossen: [11]

> *„Ein Placebo ist ein Scheinmedikament, das einem echten Arzneimittel gleicht. Es wird z.B. als Kontrollmittel in klinischen Studien gegeben, um die echte Arzneiwirkung von den psychischen Wirkungen einer Heilmittelgabe auf den Patienten unterscheiden zu können. Bei einer placebokontrollierten Impfstoff-Studie gibt es zwei Möglichkeiten, wie das Placebo aufgebaut sein kann:*
>
> *Entweder erhält eine Teilnehmergruppe den zu testenden Impfstoff, die Vergleichsgruppe dagegen einen ‚Scheinimpfstoff', dem das Impfantigen (der Wirkstoff) fehlt, der ansonsten aber von der Zusammensetzung her mit dem Testimpfstoff identisch ist. Dies erfordert natürlich unter anderem auch die Verwendung von Adjuvanzsystemen wie zum Beispiel Aluminiumhydroxid (Al(OH)3),*

10 *„Guideline on clinical evaluation of new vaccines", ema.europa.eu, abgerufen am 18. Okt. 2006, S. 11*

11 *www.pei.de, abgerufen am 25. Dez. 2008, nur noch über archive.org abrufbar*

wenn diese im Testimpfstoff verwendet werden. Dies war bei Gardasil der Fall.

Oder eine Teilnehmergruppe erhält den zu testenden Impfstoff, die andere Gruppe einen bereits zugelassenen Impfstoff, der ein anderes Impfantigen enthält. Das hat den Vorteil, dass die Placebogruppe ebenfalls einen Nutzen von der Teilnahme an der Studie hat.

Beide Ansätze erlauben es, den Anteil an Nebenwirkungen, der auf das Impfantigen zurückzuführen ist, zu ermitteln, da das Impfantigen der einzige Unterschied in der Zusammensetzung von Testimpfstoff und Placebo ist."

Selbst die Online-Enzyklopädie Wikipedia macht inzwischen bei dieser Definition von „Placebo" mit.

Es gilt also, sich eine eigene Meinung darüber zu bilden, welche Definition von „Placebo" für uns akzeptabel ist oder nicht. Natürlich nur, wenn die Verwendung eines Placebos eine Ihrer Anforderungen an die Zulassung eines Impfstoffs darstellt.

Bei in Frage kommenden Impfstoffen können Sie darauf achten, ob ein echtes Placebo oder nur ein Scheinplacebo verwendet wurde. Natürlich nur dann, wenn ein Placebo tatsächlich zur Anwendung kam.

Die Front der Experten, die uns erzählen, ein Placebo muss sich „nur irgendwie" vom zu testenden Wirkstoff unterscheiden, egal wie es sich auf den Organismus auswirkt, ist gewaltig.

Es gibt Fachleute, welche die Verwendung von Scheinplacebos kritisieren. Sie gelten mehr oder weniger als Außenseiter. Das alles macht dem Tierhalter und medizinischen Laien die Impfentscheidung nicht unbedingt leichter.

Wenn die Zulassungsbehörden und etablierten Experten sogar bei Humanimpfstoffen, die unter anderem Säuglingen verabreicht werden, die Verwendung von Schein-Placebos nicht nur dulden, sondern sogar als die einzig richtige Vorgehensweise ansehen, wie mag das dann wohl erst bei Tierimpfstoffen aussehen?

Die drei Säulen einer mündigen Impfentscheidung

Ist die Frage nach der Wirksamkeit eines Impfstoffes zu Ihrer Zufriedenheit beantwortet, heißt dies nicht zwangsläufig, dass damit automatisch eine Zustimmung für die Impfung verbunden ist. Die mündige Einwilligung basiert vielmehr auf insgesamt drei Säulen: [12]

- Notwendigkeit
- Wirksamkeit
- Sicherheit

Wie bei einem Hocker oder Stuhl, der mindestens drei Beine benötigt, um stabil zu stehen, müssen sich bei einer Entscheidung für die Impfung alle drei Säulen als tragfähig erweisen.

Fällt auch nur eines dieser Standbeine weg, fällt auch die Impfung. Denn auf zwei Beinen kann weder ein Stuhl noch eine Entscheidung für die Impfung stehen.

Erste Säule: Notwendigkeit

Natürlich muss es gravierende Gründe dafür geben, wenn wir ein gesundes Tier, das sich in unserer Obhut befindet, einer invasiven medizinischen Maßnahme aussetzen, um sein Immunsystem massiv zu manipulieren.

Dieser Grund kann nur in einer realen Gefährdung der Gesundheit des Tieres bestehen. Da hinter der Durchimpfung von ganzen Tierpopulationen auch enorme finanzielle Interessen stehen, besteht die Möglichkeit, dass das Ausmaß der Gefährdung zu Marketingzwecken gezielt übertrieben wird. Eine kurze Plausibilitätsprüfung könnte hier also durchaus angebracht sein.

Doch selbst wenn die öffentlich behauptete Gefährdung realistisch ist, so gibt es Abstufungen, die zu berücksichtigen sind. Wenn wir uns z. B. sicher sein können, dass 50 % aller ungeimpften Hunde an Tollwut oder 50 % aller ungeimpften Rinder an der Blauzungenkrankheit sterben,

12 *Tolzin, Hans: „Macht Impfen Sinn? Band 1“, Tolzin Verlag 2012, S. 26ff*

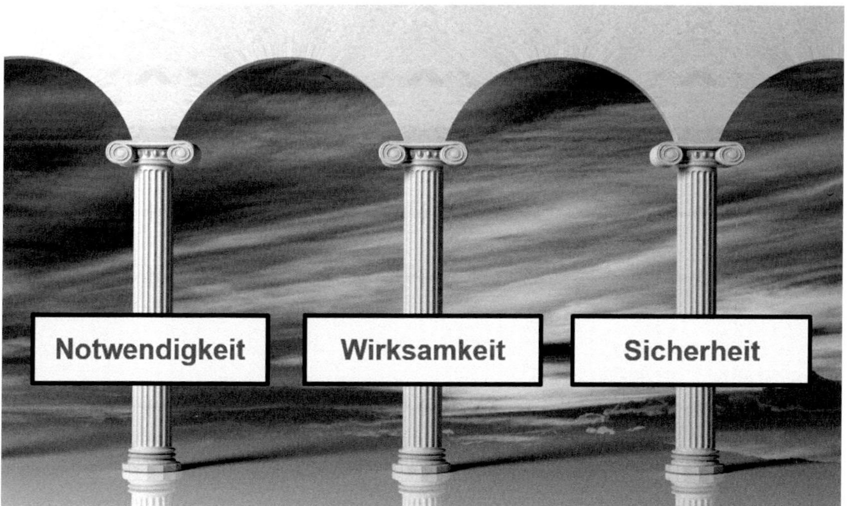

Die drei Säulen einer mündigen Impfentscheidung: Notwendigkeit, Wirksamkeit und Sicherheit. Ist eine dieser drei Säulen nicht gegeben, kann keine Einwilligung in eine Impfung gegeben werden.

sind massive Gegenmaßnahmen nicht nur naheliegend, sondern natürlich absolut zwingend. Aber insbesondere bei Zwangsmaßnahmen, mit denen unsere Grundrechte eingeschränkt werden, müssen wir uns absolut sicher sein, dass die Ursachen und Diagnosen korrekt bestimmt und alternative Maßnahmen ausreichend berücksichtigt wurden.

Aber was ist, wenn selbst in ungeimpften Tierpopulationen nur vereinzelt Erkrankungen und Todesfälle auftreten? Ist es dann wirklich sinnvoll, ganze Tierpopulationen durchzuimpfen?

Dies könnte durchaus der Fall sein, wenn wir feststellen, dass sich Infekte von einem Epizentrum ausgehend wellenförmig ausbreiten und die Zahl der Todesfälle exponentiell ansteigt.

Das war bisher aber weder bei der Tollwut noch bei der Blauzungenkrankheit, um bei diesen Beispielen zu bleiben, der Fall. Alle bisherigen Ausbrüche betrafen in der Regel nur einzelne Tiere.

Und selbst dort, wo Fälle gehäuft auftraten, waren die Ausbrüche selbstbegrenzend, d. h. die Ausbrüche bildeten keine Wellen, die sich in alle Richtungen ausbreiteten, sondern in der Regel erloschen sie von allein, so wie ein Feuer, dessen Brennmaterial sich verbraucht hat.

Sinnvoll wären deshalb auch Forschungen, in denen die Unterschiede zwischen erkrankten und nicht erkrankten Beständen systematisch untersucht werden. Warum erkrankten bestimmte Tiere oder Tierbestände und andere nicht?

Liegt es z. B. an den Haltebedingungen, am Futter, am Wasser, an der Enge der Ställe, an der artgerechten oder nicht artgerechten Behandlung? Unterscheiden sich z. B. Massentierhaltung und Einzeltierhaltung?

Wenn wir die Faktoren kennen, die Erkrankungen begünstigen, könnten wir diese Faktoren auch beeinflussen, ohne gleich ganze Bestände durchimpfen zu müssen.

Denn es muss uns klar sein, dass der Krankheitserreger allein in der Regel nicht krank machen kann. Unsere Tiere können durchaus diese oder jene als pathogen, also krankmachend, angesehenen Mikrobe haben, ohne zu erkranken.

Anders ausgedrückt: Eine Infektion bedeutet nicht automatisch Erkrankung und Erkrankung nicht automatisch einen schweren Verlauf. Die Erkrankung könnte sogar, was z. B. das Fieber angeht, als Teil einer – willkommenen – Heilungsreaktion angesehen werden. Dass das voreilige Senken von Fieber kontraproduktiv ist, zeigt eine zunehmende Anzahl von Studien.[13]

Die Feststellung der Krankheitsursache darf also nicht allein auf dem Nachweis eines Erregers durch einen Labortest beruhen: Selbst bei einem positiven Erregernachweis ist eine möglichst umfassende Differentialdiagnose durchzuführen, d. h. die Möglichkeit von anderen Ursachen abzuprüfen. Sollte sich beispielsweise herausstellen, dass nur gesundheitlich vorgeschädigte Tiere anfällig für bestimmte Erkrankungen und Komplikationen sind, bräuchten sich Besitzer von gesunden Tieren gar keine Sorgen zu machen. Und tritt dann doch einmal eine Erkrankung auf, muss das vordringliche Bemühen sowieso der Genesung gelten.

Haben dies die Veterinärbehörden bei der Beurteilung der Notwendigkeit von Tierimpfungen im Blick? Könnten einfache Maßnahmen in Richtung einer artgerechteren Tierhaltung sogar eine Alternative zur Impfung darstellen?

13 Einige Quellennachweise finden Sie online unter https://www.impfkritik.de/fieber

Das sind die Fragen, welche die Notwendigkeit einer Impfung beeinflussen. Ist eine Impfung aus Sicht des Tierhalters nicht wirklich notwendig, fällt eine der drei Säulen einer mündigen Impfentscheidung weg.

Ist eine Impfung nicht notwendig, entfällt auch eine Abwägung mit Wirkungsgrad und dem Risiko von Nebenwirkungen.

Zweite Säule: Wirksamkeit

Wenn wir jedoch zur Schlussfolgerung kommen, dass eine bestimmte Impfung tatsächlich notwendig ist, stellt sich als nächstes die Frage nach der Wirksamkeit und dem Wirkungsgrad.

Was unter „Wirksamkeit" verstanden werden kann, haben wir bereits besprochen. Entscheidend für Ihre Zustimmung ist Ihr Verständnis von „Wirksamkeit". Bei meinen Vorträgen und Seminaren (über Humanimpfungen) komme ich mit meinen Zuhörern in der Regel zu der Formel:

„Wirksamkeit bedeutet, dass Geimpfte unter dem Strich, also auch unter Berücksichtigung aller Nebenwirkungen, deutlich gesünder sind als Ungeimpfte."

Damit ist gemeint, dass eine möglichst große Gruppe geimpfter Menschen oder Tiere mit einer gleich großen Gruppe ungeimpfter Menschen oder Tiere verglichen wird und die Krankheitslast bei den Geimpften deutlich geringer auffällt als bei den Ungeimpften bzw. mit einem echten Placebo Geimpften.

In den entsprechenden vergleichenden Studien sollte natürlich der echte Impfstoff mit einem reinen Placebo verglichen werden, um – wenn es um Humanimpfungen geht – den sogenannten Placeboeffekt auszuschalten.

Es sollte sich aber auch bei Tierimpfstoffen um eine Blindstudie handeln. Das bedeutet, dass das Studienpersonal und, wenn vorhanden, auch die Tierhalter nicht wissen dürfen, ob im Einzelfall der Impfstoff oder das Placebo verabreicht wurde, um unvoreingenommen an die Versuchstiere herangehen zu können.

Darüber hinaus sollten der tatsächliche Gesundheitszustand, das tatsächliche allgemeine Wohlbefinden und die ggf. tatsächlich auftretenden Krankheitssymptome vollständig erfasst werden. Laborwerte reichen zur Beurteilung nicht aus, sondern können allenfalls als Ergänzung dienen. Es darf auch keine Auswahl der Symptome geben, die in die Auswertung einfließen oder nicht einfließen.

Um ein aussagefähiges Ergebnis zu erhalten, muss die Studie groß genug sein, also möglichst viele Teilnehmer haben und lange genug laufen, um auch langfristige Nebenwirkungen erfassen zu können. Z. B. wissen wir von aluminiumhaltigen Immunverstärkern, dass sie unter Umständen erst nach Monaten eine deutliche Nebenwirkung entfalten.

Darüber hinaus wäre es wichtig, dass wir bei Interesse Einblick in das sogenannte Design der Studie erhalten. Nur so können wir uns einen Eindruck verschaffen, ob die Studie wirklich ergebnisoffen angelegt wurde.

Zum Design gehören z. B. die Info- und Merkblätter, die den Testpersonen bzw. den Tierbesitzern vorgelegt wurden oder genauere Daten über Versuchsteilnehmer, die während der Studienlaufzeit ausschieden oder von der Auswertung ausgeschlossen wurden. Dies gilt insbesondere für Todesfälle.

Ist das Studiendesign geheim, so müssen wir uns damit auseinandersetzen, ob die Begründung dafür plausibel für uns ist. Oder ob es überhaupt eine plausible Begründung für die Geheimhaltung von Daten über die Zulassungsstudie eines Medikaments geben kann.

Und zu guter Letzt sollte so eine Zulassungsstudie natürlich sowohl personell als auch finanziell unabhängig vom jeweiligen Hersteller durchgeführt werden: Es ist eine Binsenweisheit, dass herstellerfinanzierte Studien tendenziell sind.

Dritte Säule: Sicherheit

Wie können wir die Sicherheit eines Impfstoffs als Anforderung genauer definieren? Im Grunde ist das Thema „Sicherheit“ bei seriös aufgesetzten vergleichenden Studien zwischen geimpften und ungeimpften Tieren ja schon enthalten, nämlich dann, wenn der gesamte Gesundheitszustand in die Auswertung mit einbezogen wird.

Es gibt jedoch noch einen weiteren Aspekt, den wir als Anforderung an den Impfstoff definieren können: Die Kalkulierbarkeit des Impfrisikos.

Dies bedeutet, dass z. B. das Paul-Ehrlich-Institut (PEI), als die in Deutschland zuständige Zulassungsbehörde für Human- und Tierimpfstoffe, die statistische Wahrscheinlichkeit von leichten und schweren Nebenwirkungen und von Impfschäden relativ genau beziffern kann.

Dies wäre eine wichtige Größe, um den behaupteten Nutzen der Impfung gegen das Risiko einer Erkrankung und das Risiko einer Nebenwirkung abwägen zu können.

Kann das PEI das Risiko von Nebenwirkungen statistisch nicht ausreichend bestimmen, wäre ein Abwägen gegenüber dem Nutzen nicht möglich.

Wenn damit Ihre persönlichen Anforderungen an den Impfstoff nicht erfüllt sind, kann dies dazu führen, dass Sie Ihre mündige Einwilligung für den medizinischen Eingriff nicht geben können.

Fällt eine Säule, fällt die Impfung

Können wir auch nur eine der drei Säulen bzw. Standbeine nicht mit einem klaren „Ja" belegen, kann die Entscheidung nicht für die Impfung ausfallen.

Wie wir gesehen haben, reicht die Furcht vor der Schwere der Krankheit nicht aus, wenn es Alternativen der Behandlung und/oder Vorsorge gibt oder wenn wir feststellen, dass Gesunde sowieso nicht anfällig sind. Dies gilt selbst dann, wenn wir die Wirksamkeit und auch Sicherheit als gegeben ansehen.

Ist jedoch das Impfrisiko (dritte Säule) nicht kalkulierbar, so kann auch keine Abwägung des statistischen Risikos mit dem Nutzen der Impfung und dem Risiko der Ansteckung und Erkrankung vorgenommen werden: Wir wissen ja nicht, welches Gewicht wir in die Waagschale legen müssen und ob wir nicht ein großes Übel gegen ein noch größeres Übel eintauschen.

Und fehlt stattdessen ein uns überzeugender Wirkungsnachweis, dann nützen uns weder eine gegebene Notwendigkeit noch eine Kalkulierbarkeit der Risiken. Fällt eine der Argumentationssäulen, fällt einer der drei Hockerbeine, fällt die Impfung.

Wie Sie, lieber Leser, die einzelnen Aspekte innerhalb der drei Säulen gewichten, bleibt Ihnen überlassen. Was ich Ihnen anbieten kann, sind in den folgenden Kapiteln wichtige Hintergrundinformationen, die Ihnen die Meinungsbildung hoffentlich erleichtern werden.

„Das genehmigt keine Ethik-Kommission"

Vergleichende Placebostudien (mit echten Placebos!) stellen den Goldstandard der Wissenschaft bei der Beurteilung von Pharmaprodukten dar. Werden sie korrekt aufgesetzt und durchgeführt, ermöglichen sie eine realistische Abbildung der gesundheitlichen Auswirkungen auf Menschen und Tiere. Doch wie ich bei meinen Recherchen feststellen musste, gibt es im Humanbereich keine echten Placebostudien. Die Begründung der Pressesprecherin des PEI: [14]

> *„... Studien, die dabei helfen, den Placebo-Effekt auszuschalten, hält Susanne Stöcker vom Paul-Ehrlich-Institut für unethisch: Man könne es nicht verantworten, nur um zu sehen, wie gut dieser Schutz wirkt."*

Was für Sie als Themen-Neuling vielleicht das Überraschende sein mag: Vergleichende Studien, die diese Bedingungen erfüllen, gibt es für keine einzige Humanimpfung! Fragt man nach, heißt es in der Regel: *„Das genehmigt keine Ethik-Kommission".*

An dieser Stelle ist es wichtig, dass Sie, lieber Leser, ein wenig innehalten und sich das Argument der Behörde auf der Zunge zergehen lassen:

Wie kann es denn unethisch sein, eine vergleichende Studie bei einem Impfstoff vorzunehmen, dessen Wirksamkeit und Sicherheit noch gar nicht ausreichend getestet wurde? Wo es doch das erklärte Ziel der Behörde sein muss, den Wirksamkeitsgrad eindeutig zu bestimmen? Schließlich sollen (bei Humanimpfungen) in der Regel gesunde Säuglinge und Kinder mit diesen unter Umständen riskanten Substanzen behandelt werden. Meiner Ansicht nach kann man eine derartige Ethik-Diskussion allenfalls nach der erfolgreichen Durchführung einer vergleichenden Blindstudie führen.

Denn erst nach genauer und zweifelsfreier Bestimmung des Wirkungsgrades und der Nebenwirkungen (durch eine vergleichende Placebostudie) könnte die Durchführung weiterer solcher Studien bedeuten, dass ein Teil der Placebo-Geimpften nicht vertretbaren Risiken ausgesetzt wird.

Erinnern Sie sich an die Lügengeschichten des Barons von Münchhausen? Bei einer davon hatte er sich angeblich an seinem eigenen

14 Kölnische Rundschau online vom 30. Oktober 2006

Haarschopf mitsamt seinem Pferd, auf dem er ritt, aus einem Sumpf gezogen.

Als Junge war ich ein Fan der Augsburger Puppenkiste. Wir hatten damals noch einen Schwarz-Weiß-Fernseher, was aber der Faszination der Geschichten, z. B. *„Jim Knopf und Lukas der Lokomotivführer“*, keinen Abbruch tat. In *„Jim Knopf und die Wilde Dreizehn“*, der Fortsetzung der ersten Geschichte, konnte die Lokomotive von Lukas sogar fliegen! Während ihrer ersten Reise hatten die beiden Helden nämlich einen sogenannten Magnetstein mit nach Hause gebracht. Diesen brachten sie an einer Stange oben an der Lokomotive an. Klappten die Helden die Stange an der Lokomotive nach oben, wurde die Lokomotive von dem Magnetstein „logischerweise“ nach oben gezogen – und konnte somit fliegen.

Dies funktioniert natürlich im realen Leben nicht. Bei beiden Beispielen handelt es sich um die bereits angesprochenen Zirkelschlüsse. Ein Zirkelschluss ist laut Wahrig Wörterbuch *„ein Beweis, in dem das zu Beweisende schon zur Beweisführung benutzt wird.“*

Ein paar Beispiele für Zirkelschlüsse:

> *„Der Kaffee regt an, da er eine anregende Wirkung hat.“*
>
> *„Die Bibel ist das Wort Gottes, denn es steht geschrieben: „Alle Schrift ist von Gott eingegeben““*
>
> *„Der Zeuge ist glaubwürdig, weil er die Wahrheit sagt.“*
>
> *„Der Zeuge ist glaubwürdig, denn er hat es ja selbst gesagt.“*
>
> *„Der Patient ist krank, weil es ihm an ausreichender Gesundheit mangelt.“*

Auf gleicher Ebene ist folgende Aussage des PEI einzuordnen:

> *„Man kann es nicht verantworten, jemandem im Rahmen einer Wirksamkeitsstudie den Schutz vorzuenthalten, nur um zu sehen, wie gut dieser Schutz wirkt.“*

Diese Aussage ist aus meiner Sicht so unfassbar unsinnig, dass ich mich einmal mehr an die Geschichte von „des Kaisers neue Kleider“ erinnert fühle:

Wieso erkennt keiner der Erwachsenen, in unserem Falle der Impfexperten, Medizin-Journalisten und Politiker, dass das Ethik-Argument „nackt“ ist?

Vielleicht haben Sie es bemerkt: Mit dieser Wertung verletze ich natürlich meine ursprüngliche Absicht, das Thema völlig neutral und wertfrei abzuhandeln. Ich möchte Sie deshalb ausdrücklich auffordern, sich eine eigene Meinung zu diesem zentralen Argument gegen die Durchführung von Placebostudien zu bilden.

Diskutieren Sie das Thema mit Ihren Freunden und mit Fachleuten. Oder schreiben Sie die zuständigen Behörden an und bitten Sie um eine Stellungnahme.

Ist das Ethik-Argument möglicherweise nur eine Ausrede? Dafür spricht, dass z. B. bei den Zulassungsstudien für die HPV-Impfstoffe (gegen Gebärmutterhalskrebs bei jungen Frauen) Schein-Placebos verwendet wurden, die Placebo-Gruppe also nicht in den Genuss des Wirkstoffs kam.

Um die offizielle Argumentation aufzugreifen: Wie konnte dies von einer Ethik-Kommission genehmigt werden?

Wenn bereits bei Humanimpfungen derart dehnbar mit der Ethikfrage umgegangen wird, wie mag es dann wohl erst bei Tierimpfungen aussehen?

Teil 2

Die Inhalte der Produktinformation (Fachinfo)

Selbst wenn Sie sich grundsätzlich bereits entschieden haben, Ihr Tier impfen zu lassen und sich mit Ihrem Tierarzt auf einen bestimmten zeitlichen Impfrhythmus geeignet haben, gibt es doch einige Aspekte, die Sie beachten sollten. Diese Aspekte finden Sie in der Regel in der offiziellen Fachinformation des Produktes, mit dem Ihr Tier geimpft werden soll.

Sie werden sich vielleicht schon gefragt haben, was genau diese „Fachinformationen" sind. Den Begriff „Beipackzettel" oder „Produktinformation" kennen Sie sicherlich. Der Beipackzettel ist im Grunde eine abgespeckte Version der Fachinformation und beide gehören zu den Produktinformationen, die der Hersteller – in Absprache mit der Zulassungsbehörde – der Fachwelt und den Anwendern bereitstellen muss.

Ich ziehe grundsätzlich die Fachinformationen den Beipackzetteln vor, weil sie vollständiger sind. Beispielsweise werden in der Fachinformation manchmal Inhaltsstoffe aufgeführt, die im Beipackzettel nicht enthalten sind.

Nachfolgend die festgelegten Rubriken, die jede Fachinformation enthalten muss und die auch für Ihre aktuelle Impfentscheidung von Bedeutung sein können.

1. Bezeichnung des Tierarztmittels:

Enthält den Namen des Impfstoffs und evtl. Besonderheiten. Es ist schon vorgekommen, dass ein Tierarzt aus Versehen Impfstoffe verwechselt hat. Vergleichen Sie u. U. die Bezeichnung auf der Verpackung des Impfstoffs mit dem Produktnamen, den Ihnen Ihr Tierarzt zuvor genannt hat.

2. Qualitative und quantitative Zusammensetzung

Enthält Angaben über die Größe der Dosis, Angaben zum Wirkstoff (der Impferreger oder einzelne seiner Bestandteile) und ggf. Angaben über Adjuvantien, also Verstärkerstoffe.

3. Darreichungsform

Enthält Angaben über Beschaffenheit und Aussehen eines Impfstoffs und die Art der Verabreichung. Sieht der Impfstoff anders aus als angegeben, könnte dies auf einen Fehler in der Produktion oder Verpackung oder auf abgelaufene Haltbarkeit hindeuten.

4. Klinische Angaben

4.1 Zieltierarten

Enthält Angaben über die Tierarten, für die dieser Impfstoff vorgesehen ist und für die er geprüft und zugelassen wurde. Passt das zu impfende Tier nicht in diese Sparte, sollten Sie unbedingt Ihren Tierarzt darauf ansprechen, warum er Ihrem Tier trotzdem genau diesen Impfstoff verabreichen will.

Für Sie als Tierhalter könnte interessant sein, welche Datengrundlage für Wirksamkeit und Sicherheit Ihr Tierarzt Ihnen nennen kann. Falls Sie keine übereilte Entscheidung treffen möchten, können Sie darauf bestehen, dass Sie sich weiteren Rat holen, bevor Sie dieser Impfung zustimmen.

4.2 Anwendungsgebiete unter Angabe der Zieltierarten

Enthält Angaben, wozu genau der Impfstoff dienen soll und mit welcher Immunitätsdauer zu rechnen ist. Dies könnte dann relevant werden, wenn Ihr Tier sich trotz Impfung die entsprechende Erkrankung zuzog oder wenn Ihr Tierarzt kürzere Impftermine empfiehlt als in der Fachinformation angegeben.

4.3 Gegenanzeigen

Enthält Angaben über Gründe, die momentan gegen eine Impfung sprechen können, z. B. eine akut vorliegende Infektion, andere Erkrankungen, bestimmte medikamentöse Behandlungen oder Trächtigkeit. Die in der Fachinfo angegebenen Gegenanzeigen sollten zur Sicherheit Ihres Tieres unbedingt beachtet werden.

4.4 Besondere Warnhinweise für jede Zieltierart

Hier könnte angegeben sein, keinesfalls in bestimmte Körperteile zu impfen oder den Impfstoff nicht in Kombination mit anderen Impfstoffen zu verwenden.

4.5 Besondere Vorsichtsmaßnahmen für die Anwendung

Hier könnte angegeben sein, welche genaue Vorgehensweise bei der Impfung zu beachten ist, z. B. die Beachtung der Temperatur oder das Schütteln des Impfstoffs, damit sich die Bestandteile gut durchmischen. Weiterhin können hier Hinweise stehen, was bei Kontakt eines Menschen (oder eines Tieres einer anderen Tierart) mit dem Impfstoff zu tun ist. Bitte unbedingt beachten!

4.6 Nebenwirkungen

Hier werden alle Nebenwirkungen aufgeführt, die entweder während der Zulassungsstudie, über das Meldesystem oder Nachmarktstudien erfasst wurden. Inwieweit der Umfang der angegebenen Nebenwirkungen und die angegebenen Häufigkeiten realistisch sind, hängt von der Qualität der Studien und des Meldesystems ab. Dazu kommen wir noch in späteren Kapiteln.

4.7 Anwendung während der Trächtigkeit oder Laktation

Sofern die Anwendung des Impfstoffs während der Trächtigkeit oder (z. B. bei Kühen) während der Milchabgabe untersucht wurde, wird hier angegeben, ob Probleme festgestellt wurden oder nicht.

Auch hier ist die Qualität der entsprechenden Studien entscheidend, ob die entsprechenden Informationen belastbar sind. Teilweise gibt es solche Studien gar nicht, so dass eine Impfung aus Sicherheitsgründen unterbleiben sollte, da man ja nicht weiß, wie sich die Impfung auswirken wird.

4.8 Wechselwirkungen mit anderen Arzneimitteln und andere Wechselwirkungen

Wenn Wechselwirkungen des Impfstoffs mit anderen Impfstoffen und Medikamenten nicht untersucht wurden, sollte eine Impfung sicherheitshalber unterbleiben. Quecksilberhaltige Konservierungsstoffe und aluminiumhaltige Verstärkerstoffe verstärken z. B. ihre Einzelwirkung durch Wechselwirkung oder einfach nur durch die Überschreitung von Grenzwerten.

Ob die hier getätigte Aussage über die Sicherheit bei der gleichzeitigen Anwendung mehrerer Medikamente belastbar ist, hängt von der Qualität der entsprechenden Studien ab.

4.9 Dosierung und Art der Anwendung

Hier gibt es Angaben darüber, welche Tierart welche Menge des Impfstoffs über welchen Weg (oral oder Injektion) für die Grundimmunisierung erhalten soll und in welchen zeitlichen Abständen die Wiederholungsimpfungen verabreicht werden sollen. Eventuell finden sich hier Hinweise für die geforderte Mindesthöhe des Antikörpertiters bei Einreise in bestimmte Länder.

4.10 Überdosierung (Symptome, Notfallmaßnahmen, Gegenmittel), falls erforderlich

Falls Versuche mit erhöhten Impfstoffdosierungen gemacht wurden, wird hier das Ergebnis aufgeführt. Die Aussagekraft einer Entwarnung bis zu einer bestimmten Überdosierung hängt von der Qualität der durchgeführten Studie ab.

Werden bestimmte Symptome, Notfallmaßnahmen oder Gegenmittel aufgeführt, sind diese unbedingt ernst zu nehmen.

4.11 Wartezeiten

Falls nach der Impfung ein zeitlicher Abstand zu anderen Medikamentengaben gehalten werden sollte, ist dies hier aufgeführt.

5. Immunologische Eigenschaften

Hier werden nähere Angaben über die Wirkungsweise des Impfstoffs aus Sicht des Herstellers aufgeführt. Diese Details sind für den normalen Tierhalter eher uninteressant, es sei denn, es werden konkrete Angaben zu praxisnahen Feldstudien gemacht und der Gesundheitszustand geimpfter und placebogeimpfter Tiere ergebnisoffen miteinander verglichen. Dies ist jedoch in der Regel nicht der Fall.

6. Pharmazeutische Angaben

6.1 Verzeichnis der sonstigen Bestandteile

Diese Rubrik ist für den Tierhalter von größter Bedeutung, denn hier werden die gesundheitlich oft sehr bedenklichen Inhaltsstoffe angegeben.

Falls eine Empfindlichkeit des Tieres gegenüber einem der Inhaltsstoffe bereits bekannt ist, sollte eine Impfung unbedingt unterbleiben, da sie zu einem anaphylaktischen Schock oder gar zum Tod führen könnte.

Es ist sehr zu empfehlen, unbekannte Inhaltsstoffe im Internet nachzuschlagen, um sich einen Eindruck von ihrem krankmachenden Potenzial zu verschaffen.

6.2 Wesentliche Inkompatibilitäten

Hier steht zum Beispiel oft der Hinweis: *„Nicht mit anderen Impfstoffen, immunologischen Produkten oder Tierarzneimitteln mischen."*

6.3 Dauer der Haltbarkeit

Hier ist angegeben, wie lange der Impfstoff im ungeöffneten Zustand und unter Beachtung der Lagerungshinweise verwendet werden darf.

6.4 Besondere Lagerungshinweise

Hier steht zum Beispiel unter Temperaturangabe *„gekühlt lagern und transportieren"*, *„nicht einfrieren"* oder *„vor Licht schützen"*.

6.5 Art und Beschaffenheit des Behältnisses

Hier finden Sie Angaben über die Art der Verpackung und wie viele Impfdosen eine Verpackungseinheit enthält.

6.6 Besondere Vorsichtsmaßnahmen für die Entsorgung nicht verwendeter Tierarzneimittel oder bei der Anwendung entstehender Abfälle

In der Regel sind nicht verwendete Tierimpfstoffe und Abfälle „entsprechend den nationalen Vorschriften" zu entsorgen.

7. Zulassungsinhaber

Hier sind Name und Anschrift der Firma angegeben, die den Impfstoff in Deutschland in den Verkehr bringt. Dies muss nicht unbedingt der Hersteller selbst sein. Das Verzeichnis der in Deutschland zugelassenen Impfstoffe und der Zulassungsinhaber ist auf der Webseite des Paul-Ehrlich-Instituts zu finden (www.pei.de).

8. Zulassungsnummer

Zu jedem in Deutschland zugelassenen Impfstoff gibt es auch eine spezielle Zulassungsnummer.

9. Datum der Erteilung der Erstzulassung / Verlängerung der Zulassung

Dies gibt Ihnen einen Hinweis, wie lange dieser Impfstoff schon auf dem Markt ist. Je länger ein Impfstoff bereits angewendet wird, desto mehr Erfahrungen liegen – zumindest theoretisch - über seine tatsächliche Effektivität und seine Sicherheit vor.

10. Stand der Informationen

Da Fachinformationen ständig überarbeitet werden, ist es wichtig, dass Ihre Fachinformation so aktuell wie möglich ist.

Teil 3

Zulassungsanforderungen im Europäischen Arzneibuch

Prüfung der Wirksamkeit

Das Europäische Arzneibuch hat für die Zulassungsanforderungen einen allgemeinen Teil (Kapitel 5.2.7) und erregerspezifische Teile. Einzelne Kapitel zu bestimmten Infektionskrankheiten werden Monografien genannt. Die erregerspezifischen Teile können vom allgemeinen Teil abweichen.

Gibt es keine Einzelmonografien für eine bestimmte Infektionskrankheit, gilt auf jeden Fall der allgemeine Teil. Deshalb müssen wir uns diesen auch zuerst anschauen. Nachfolgend einige wichtige Zitate aus dem Kapitel 5.2.7 „Bewertung der Wirksamkeit von Impfstoffen und Immunsera für Tiere“:

> *(1) „Die Methodik der Bestimmung der Wirksamkeit kann, abhängig vom einzelnen Produkttyp, beträchtlich variieren.“*
>
> *(2) „Für alle Indikationen, die in Anspruch genommen werden, muss die Bestimmung der Wirksamkeit belegt sein. Zum Beispiel muss für die Indikation für den Schutz gegen Atemwegserkrankungen zumindest belegt sein, dass ein Schutz vor klinischen Symptomen von Atemwegserkrankungen erreicht wird, oder der Schutz vor Infektionen muss durch Reisolationstechniken nachgewiesen werden.“*
>
> *(3) „Grundsätzlich ist der Nachweis der Wirksamkeit unter gut kontrollierten Laboratoriumsbedingungen durchzuführen, wobei*

die Zieltierspezies unter den für die Anwendung empfohlenen Bedingungen einer Belastung unterzogen wird. Soweit wie möglich sollen die Bedingungen, unter denen die Belastung durchgeführt wird, die natürlichen Infektionsbedingungen nachahmen."

(4) „Im Allgemeinen werden die Ergebnisse der Laboratoriumsprüfungen durch Daten aus Feldversuchen ergänzt. Abgesehen von begründeten Fällen werden diese mit unbehandelten Kontrolltieren durchgeführt."

(5) „Geben die Laboratoriumsprüfungen keinen ausreichenden Beleg für die Wirksamkeit, kann diese ausschließlich über Feldversuche belegt werden."

(6) „Immunsera: Wenn geeignete, veröffentlichte Daten über schützende Antikörperspiegel vorhanden sind, muss darauf Bezug genommen werden, wodurch Belastungsstudien vermieden werden."

Kommentar zu Zitat 1: Das EAB teilt uns mit, dass kein eindeutiger Weg zum Nachweis der Wirksamkeit vorgegeben wird. Die Methode des Nachweises hänge vielmehr vom „Produkttyp" ab. Damit gibt der europäische Gesetzgeber den Herstellern einen großen Spielraum bei der Erstellung des Wirkungsnachweises.

Kommentar zu Zitat 2: Hier wird festgelegt, dass für eine Zulassung eines Tierimpfstoffs mindestens ein Schutz vor klinischen Symptomen belegt werden muss. Dieses „muss" wird aber im zweiten Teil des Absatzes sofort wieder relativiert: Es reicht demnach auch aus, wenn man den Erreger in geimpften Tieren nicht nachweisen kann.

Da eine Infektion bzw. ein positiver Erregertest nicht automatisch Erkrankung bedeutet (Stichwort „symptomlose Überträger"), stellt sich die Frage, was ein negativ verlaufender Erregertest über einen Schutz vor künftigen Erkrankungen aussagen kann. Für den Tierhalter ist ja der tatsächliche Gesundheitszustand seines Tieres relevant, unabhängig davon, welche Bakterien und Viren gerade nachweisbar sind oder nicht.

Kommentar zu Zitat 3: Geimpfte Tiere müssen einer Belastungsprobe unterzogen werden. Dies bedeutet, dass man sie dem Krankheitserreger aussetzt, also infiziert. Dies soll unter gut kontrollierten Laboratoriumsbedingungen geschehen, gleichzeitig soll aber auch der natürliche Infektionsweg abgebildet werden.

Doch inwieweit können „Laboratoriumsbedingungen“ den natürlichen Infektionsweg überhaupt abbilden? Wird der Erreger über ein Aerosol in die Atemluft des Versuchsstalles zerstäubt?

Und: Ist es nur der reine Erreger, dem die Tiere ausgesetzt werden und sonst nichts (z. B. keine Verstärkerstoffe, keine Desinfektionsmittel, Reste des Kulturmediums etc.), was Einfluss auf die Tiere nehmen könnte?

Kommentar zu Zitat 4: Dieses Zitat könnte man so verstehen, dass die Ergänzung der Laborversuche durch Feldversuche zwingend ist. Dazu müssen ungeimpfte Kontrolltiere verwendet werden.

Das „müssen“ wird auch hier im gleichen Satz durch „abgesehen von begründeten Fällen“ wieder relativiert. Ob dies bedeutet, dass ganz auf die Kontrollgruppe verzichtet werden kann oder auch geimpfte Kontrolltiere verwendet werden können, geht aus dem Zitat nicht hervor.

Kommentar zu Zitat 5: Bringt der Laborversuch keinen Erfolg, kann der Hersteller einen Feldtest vornehmen. Auch hier stellt sich die Frage, was genau dies bedeutet. Geht der Hersteller z. B. zu einem Hundezüchter und infiziert seine Tiere durch Versprühen des Erregers im Zwinger?

Oder geht der Hersteller davon aus, dass die Tiere unter üblichen Haltebedingungen automatisch mit dem Erreger in Kontakt kommen?

Kommentar zu Zitat 6: Bei der sogenannten Passiv-Impfung (Immunsera) kann der Hersteller auf den Belastungstest verzichten, wenn der Antikörperspiegel im Blut der geimpften Versuchstiere ausreichend angestiegen ist.

Damit kann der Nachweis einer tatsächlichen Nichterkrankung zumindest bei Passiv-Impfstoffen gänzlich entfallen.

Vielleicht merken Sie, lieber Leser, wie hilfreich es sein kann, wenn Sie bereits für sich selbst definiert haben, was Sie unter „Wirksamkeit“ verstehen. Denn das Europäische Arzneibuch ist bei den Anforderungen für den Wirksamkeitsnachweis offensichtlich keineswegs so eindeutig, wie wir es vielleicht gedacht haben – oder es uns wünschen würden.

Prüfung der Sicherheit

Im Kapitel 5.2.6 des EAB geht es um die allgemeinen Anforderungen an den Nachweis der Unschädlichkeit bei der Zulassung von Tierimpfstoffen. Auch hier gilt, dass Einzelmonografien, soweit vorhanden, von den allgemeinen Anforderungen abweichen können:

(1) „Abgesehen von begründeten oder in einer Einzelmonografie festgelegten Fällen werden Impfstoffe für Säugetiere im Allgemeinen mit 8 Tieren je Gruppe geprüft.“

(2) „Die Tiere werden mindestens 1-mal täglich auf Anzeichen anomaler lokaler und systemischer Reaktionen beobachtet und untersucht.“

(3) „Falls erforderlich beinhaltet dies auch eine genaue makroskopische und mikroskopische Post-mortem-Untersuchung der Injektionsstelle.“

(4) „Auch andere objektive Merkmale werden aufgezeichnet, zum Beispiel die Körpertemperatur (bei Säugetieren) und Messwerte für die Leistung. Die Körpertemperatur wird mindestens am Tag vor Verabreichen des Produkts, zum Zeitpunkt des Verabreichens, 4 h danach und täglich an den 4 nachfolgenden Tagen aufgezeichnet.“

(5) „Die Tiere werden mindestens 1-mal täglich beobachtet und untersucht, bis keine Auswirkungen mehr zu erwarten sind, auf jeden Fall aber bis mindestens 14 Tage nach der Verabreichung.“

(6) „Falls in einer Einzelmonografie nicht anders vorgeschrieben oder, falls keine Einzelmonografie existiert, abgesehen von begründeten und zugelassenen Fällen, entspricht der Impfstoff der Prüfung, wenn kein Tier anomale lokale oder systemische Reaktionen zeigt oder Symptome der spezifischen Erkrankung aufweist noch aus Gründen stirbt, die auf den Impfstoff zurückzuführen sind.“

Kommentar zu Zitat 1: Die Aussagefähigkeit einer Zulassungsstudie hängt insbesondere von der Größe der Stichprobe ab: Je größer die Stichprobe, desto genauer und verlässlicher ist die Aussage über die Häufigkeit unerwünschter Nebenwirkungen, Impfschäden und Todesfälle.

Die allgemeine Mindestgröße einer Stichprobe liegt laut dem europäischen Gesetzgeber bei 8 Versuchstieren. Welche Aussagekraft hat das, wenn z. B. von 8 Hundewelpen keines der Tiere eine unerwünschte Nebenwirkung zeigt?

Die heftigste Nebenwirkung wäre der Tod des Tieres. Was bedeutet es also für den breiten Feldeinsatz, wenn von 8 experimentell geimpften Hundewelpen keines gestorben ist? Bedeutet dies, dass von 100.000 geimpften Hundewelpen ebenfalls kein einziges Tier sterben wird?

Wenn keines der 8 Versuchstiere während der Studie stirbt, kann dies bedeuten, dass auch bei weiteren Impfungen kein einziges Tier stirbt. Es kann aber auch reiner Zufall sein, dass keines der Versuchstiere starb. Wenn wir die Irrtumswahrscheinlichkeit zahlenmäßig erfassen wollen, benötigen wir die Hilfe der Mathematik, genauer gesagt, der Statistik:

Bei einer Stichprobengröße von 8 Tieren können mathematisch gesehen bei einer – in der Statistik üblicherweise verwendeten – Irrtumswahrscheinlichkeit von 5 % bis zu 31 % der geimpften Tiere trotzdem als Folge der Impfung sterben, ohne dass man von einem Betrug im Rahmen der Studie sprechen könnte.

Die Wahrscheinlichkeit, dass noch mehr als 31 % der geimpften Tiere sterben, liegt bei weniger als 5 Prozent. Oder mathematisch korrekt ausgedrückt: p=0,05.

Oder anders ausgedrückt:

Für den europäischen Gesetzgeber gilt ein Tierimpfstoff solange als sicher, solange nicht mehr als 31 % aller geimpften Tiere als Folge der Impfung sterben.

Um die Prozentzahl der nicht auszuschließenden schweren Nebenwirkungen zu senken, müsste die Stichprobengröße logischerweise erhöht werden. Um beispielsweise ausschließen zu können, dass von 1.000 geimpften Tieren eines oder mehr sterben, wird eine etwa dreifache Stichprobengröße bei der Zulassung benötigt, also etwa 3.000 Tiere. Es dürfte dann also keines von 3.000 Versuchstieren durch die Impfung sterben, um mit ausreichender statistischer Sicherheit (p=0,05) voraussagen zu können, dass auch bei einem breiten Feldeinsatz weniger als eines von 1.000 geimpften Tieren durch die Impfung sterben wird.

Kommentar zu Zitat 2: Die Versuchstiere müssen nicht etwa ständig, sondern nur einmal täglich auf mögliche Nebenwirkungen hin untersucht werden. Zu welcher Tages- und Nachtzeit, kann sich der Hersteller offenbar aussuchen. Dies könnte tagsüber während der Aktivphase des Tieres oder nachts während der Ruheperiode sein. Zeigen einzelne Tiere nur schub- oder anfallsartig Nebenwirkungen, könnte dies also übersehen werden.

Bei nur 8 Versuchstieren könnte also schon die Auswahl der Beobachtungs-Uhrzeit das Ergebnis maßgeblich beeinflussen.

Kommentar zu Zitat 3: Die Injektionsstelle wird nicht in jedem Fall untersucht, sondern nur „falls erforderlich“. Die Kriterien für die notwendige Erfordernis werden nicht genannt. Auch dies bedeutet Spielraum für den Hersteller.

Kommentar zu Zitat 4: Die Körpertemperatur und ggf. die Leistungswerte (z. B. die Milchmenge und -qualität bei der Kuh) werden fünf Tage lang einmal täglich aufgezeichnet. Fieber oder Veränderungen bei den Milchwerten, die nach fünf Tagen eintreten, werden damit nicht erfasst.

Offenbar geht der europäische Gesetzgeber davon aus, dass diese unerwünschten Folgen nur innerhalb von fünf Tagen nach der Impfung eintreten können und nach Ablauf dieser Frist grundsätzlich nichts mit einer Impfung zu tun haben. Hier wäre die wissenschaftliche Grundlage für diese Annahme interessant:

Es ist bekannt, dass die Nerven- und Zellgifte Thiomersal und Aluminiumhydroxid, die in vielen Impfstoffen enthalten sind, unter Umständen erst nach Wochen oder Monaten zu wahrnehmbaren gesundheitlichen Störungen führen (siehe auch Kapitel über Zusatzstoffe).

Kommentar zu Zitat 5: Die einmal tägliche Erfassung des Gesundheitszustandes der Versuchstiere muss mindestens 14 Tage lang fortgeführt werden.

Der europäische Gesetzgeber geht also davon aus, dass unerwünschte Impffolgen nur innerhalb von 14 Tagen auftreten können und Erkrankungen nach Ablauf dieser Frist grundsätzlich nichts mit der Impfung zu tun haben. Auch hier wäre die wissenschaftliche Grundlage für diese Annahme interessant, denn diese Annahme macht nur wenig Sinn.

Kommentar zu Zitat 6: Der Impfstoff gilt als sicher, wenn keines der Tiere eine mit der Impfung zusammenhängende unerwünschte Reaktion zeigt.

Hier könnte man fragen, woher der Hersteller, der die Studie durchführt, wissen kann, ob eine Reaktion mit der Impfung zusammenhängt oder nicht. Wie kann er sich sicher sein? Und wie sicher kann sich die zulassende Behörde sein?

Spätestens an diesem Punkt kommen wir wieder zu der Notwendigkeit placebokontrollierte Blindstudien mit möglichst großen Stichproben, um mit möglichst großer Wahrscheinlichkeit den Zusammenhang bestimmte Krankheitssymptome mit der Impfung bestätigen oder ausschließen zu können.

Wenn z. B. in der Placebo-Gruppe bestimmte Symptome in vergleichbarer Häufigkeit wie in der Verum-Gruppe auftreten, ist ein Zusammenhang mit der Impfung eher unwahrscheinlich. Je größer der Unterschied der Erkrankungshäufigkeit zwischen Placebo und Verum, desto wahrscheinlicher ist der Zusammenhang mit dem Verum, also dem experimentellen Impfstoff.

Der europäische Gesetzgeber gibt also dem Hersteller einen Spielraum dafür, durch geschickte Argumentation Erkrankungen oder Todesfälle während der Unschädlichkeitsprüfung anderen Ursachen als der Impfung zuzuweisen.

Ein persönliches Fazit

Ich weiß nicht, wie es Ihnen geht, lieber Leser, aber ich habe beim Versuch, herauszufinden, welche Anforderungen letzten Endes wirklich verbindlich und zwingend sind, so meine Schwierigkeiten. Mein persönliches Fazit:

Der europäische Gesetzgeber hat ganz offensichtlich ein völlig anderes Verständnis von evidenzbasierter Medizin als ich. Aus meiner Sicht sind große und längerfristig laufende Placebo-Vergleiche zwischen geimpften und ungeimpften Tieren die einzige wirklich aussagekräftige Methode zur Feststellung von Wirksamkeit und Sicherheit eines Tierimpfstoffs.

Woher kommt diese Diskrepanz? Liegt es vielleicht daran, dass ich nur ein medizinischer Laie bin, der sich sein Wissen selbst angeeignet hat?

Können unsere Vertreter im Europarat, die vermutlich von ausgewiesenen Experten beraten werden, wirklich so falsch liegen? Zumal auch die

Leitmedien offensichtlich kein Problem in den Zulassungsregelungen sehen...

Oder ist diese Gesetzgebung die Folge grenzenloser Naivität der zuständigen Politiker? Oder ist sie vielleicht die Folge einer jahrzehntelangen intensiven Lobbyarbeit der Industrie?

Ob Ihnen das, was an tatsächlichen Zulassungsanforderungen für Wirksamkeit und Sicherheit übrig bleibt, für Ihre Einwilligung in die Impfung Ihrer Tiere ausreicht, können letztlich nur Sie selbst entscheiden. Was sagt Ihr gesunder Menschenverstand also dazu?

Es ist unter Umständen ratsam, einen Beratungstermin mit dem Tierarzt Ihres Vertrauens zu vereinbaren, bei dem von vornherein feststeht, dass zu diesem Zeitpunkt nicht geimpft wird. So können Sie mit ihm in Ruhe und ohne Entscheidungsdruck alle offenen Fragen besprechen.

Falls Sie die Originaltexte im EAB selbst nachlesen möchten, können Sie das EAB über den Buchhandel bestellen. Die von mir verwendete Ausgabe 8.8 von 2014 kostet in gedruckter Form derzeit (Nov. 2018) etwa 170 Euro, auf CD etwa 50 Euro.

Die in diesem Buch zitierten Auszüge finden Sie im Originalzusammenhang als PDF-Datei auch im Anhang des „Digitalen Impfassistenten für Hundefreunde“. [1]

1 *https://tolzin-verlag.com/dia100*

Teil 4

Liste aller zugelassenen Impfstoffe mit ihren Inhaltsstoffen

Nachfolgend finden Sie sämtliche in Deutschland zugelassenen Impfstoffe für nicht wild lebende Säugetiere. Quelle: PEI.de

Alle Angaben ohne Gewähr. Irrtum und Druckfehler vorbehalten!

Frettchen

Insgesamt sind in Deutschland vier Impfstoffe für marderähnliche Frettchen zugelassen: Ein Impfstoff gegen Staupe und drei Impfstoffe gegen Tollwut.

Die Tollwut-Impfstoffe enthalten sowohl das quecksilberhaltige Konservierungsmittel Thiomersal als auch Aluminium als Wirkverstärker und sind aufgrund der Synergiewirkung beider hochgiftiger Substanzen als besonders bedenklich einzustufen.

Der Staupe-Impfstoff enthält zwar weder Thiomersal noch Aluminium, dafür aber einen schwer einzuschätzenden Zusatzstoff-Cocktail.

Die jeweils angegebene Mindest-Wirkungsdauer liegt bei einem Jahr, bei Versiguard Rabies nach der Grundimmunisierung zwei Jahre.

Falls Ihnen die Wirksamkeitsdauer von besonderer Wichtigkeit ist, empfehle ich, die nachfolgende Tabelle (Spalte ganz rechts) nur zur Orientierung zu verwenden und ansonsten die Original-Fachinfos durchzulesen:

Impfstoff Frettchen	Krankheit	Her-steller	Zulassung	Fachinfo	Thiomersal	Aluminium	Sonstige Inhaltsstoffe (Wasser für Injektionszwecke ist nicht gesondert aufgeführt)	Injekt. / oral	Dosis (ml)	Wirkdauer
Febrivac DIST	Staupe	IDT	1995	2010	-	-	Medium auf Hank's Leibovitz L 15 Medium Gelatine Saccharose Kaliumdihydrogenphosphat Di-Natriumhydrogenphosphat-Dihydrat Neomycinsulfat Trometamol Glycerol Natriumchlorid Salzsäure WFI	i	1,0	1 J.
Nobivac T	Tollwut	Intervet	1997	2015	0,10	0,66	Phosphatpuffer	i	1,0	1 J.
Rabisin	Tollwut	Boeh-ringer	2005	2017	ja	1,70	GMEM-Medium Thiomersal (nur in 10ml-Behältern) Spuren von Gentamicin	i	1,0	1 J.
Versiguard Rabies	Tollwut	Zoetis	2006	2017	0,1	2,00	-	i	1,0	1|2 J.

Die Wirksamkeitsdauer kann bei einzelnen Komponenten eines Impfstoffs unterschiedlich ausgewiesen sein und die Beweislage für die angegebene Wirkdauer ist je nach Nachweismethode unterschiedlich.

Damit sind die angegebenen Wirksamkeitsdaten leider oft nicht so eindeutig, wie ein Tierhalter sich das wünschen würde.

Hunde

Nachstehende Liste enthält insgesamt 69 in Deutschland zugelassene. Hundeimpfstoffe. Davon sind bei zwei Impfstoffen kürzlich (2018) die Zulassungen erloschen. Diese Impfstoffe sind entsprechend hervorgehoben.

Fast die Hälfte sind Einzelimpfstoffe, der Rest sind Mehrfachimpfstoffe.

Zylexis wurde ursprünglich vom PEI bei den Tierimpfstoffen aufgelistete, ist aber ist laut Auskunft der Behörde kein echter Impfstoff, sondern ein unspezifischer Immunstimulator. Ich habe das Produkt jedoch in der Liste belassen, da es wie ein Impfstoff das Immunsystem eines Tieres manipulieren soll.

Feliserin Plus und *Virbagen Omega* sind für Katzen und Hunde zugelassen, erscheinen aber nicht in der PEI-Liste der Hunde-Impfstoffe. Eine Begründung des PEI liegt mir (noch) nicht vor.

10 Impfstoffe enthalten das umstrittene quecksilberhaltige Konservierungsmittel Thiomersal. 24 Impfstoffe enthalten nicht minder bedenkliche Aluminiumsalze. 5 Impfstoffe enthalten sogar beide toxischen Substanzen, die ihre Giftwirkung bekanntermaßen gegenseitig verstärken können und sind deshalb mit besonderem Vorbehalt zu betrachten.

Falls Ihnen die Wirksamkeitsdauer von besonderer Wichtigkeit ist, empfehle ich, die nachfolgende Tabelle (Spalte ganz rechts) nur zur Orientierung zu verwenden und ansonsten die Original-Fachinfos durchzulesen:

Die Wirksamkeitsdauer kann bei einzelnen Komponenten eines Impfstoffs unterschiedlich ausgewiesen sein und die Beweislage für die angegebene Wirkdauer ist je nach Nachweismethode unterschiedlich.

Damit sind die angegebenen Wirksamkeitsdaten leider oft nicht so eindeutig, wie ein Tierhalter sich das wünschen würde.

Impfstoff Hunde	Krankheit	Her-steller	Zulassung	Fachinfo	Thiomersal	Aluminium	Sonstige Inhaltsstoffe (Wasser für Injektionszwecke ist nicht gesondert aufgeführt)	Injekt. / oral	Dosis (ml)	Wirkdauer
Canigen DHPPi/L	Staupe H.c.c. Parvovirose Parainfluenza-2 Leptospirose	Virbac	2005	2018	-	-	Stabilisierender Puffer Gelatine Gentamicin Trypton	i	1,0	1-2 J.
Canigen L4	Leptospirose	Intervet	2015	2018	0,1	-	NaCl, Kaliumchlorid Dinatriumphosphatdihydrat Kaliumndihydrogenphosphat	i	1,0	1 J.
Canigen Pi/L	Parainfluenza-2 Leptospirose	Virbac	2008	2017	-	-	Isotonische Pufferlösung Kaliumhydroxid Lactose-Monohydrat Glutaminsäure Kaliumdihydrogenphosphat Dikaliumphosphat Gelatine	i	1,0	1 J.
CaniLeish	Leishmania	Virbac	2011	2016	-	-	Adjuvans: QA-21 Trometamol Saccharose Mannitol	i	1,0	1 J.
Enduracell T	Tollwut	Zoetis	2007	2014	-	2,10	Dinatriumhydrogenphosphat Kaliumhydrogenphosphat Natriumchlorid Phosphatpuffer	i	1,0	3 J.
Eurican DAP	Staupe Adenovirus	Boeh-ringer	2016	2017	-	-	Caseinhydrolysat Gelatine Dextran 40	i	1,0	1|2 J.

							Kaliumhydroxid Sorbitol Saccharose			
Eurican DAP-L (Zulassung erloschen!)	Staupe H.c.c. Parvovirose Leptospirose	Boeh-ringer Ing.	2005	2017	-	-	Caseinhydrolysat Gelatine Dextran 40 Kaliummonohydrogenphosphat Kaliumdihydrogenphosphat Kaliumhydroxid Sorbitol Saccharose Kaliumchlorid Natriumchlorid Natriummonohydrogenphos-phat-Dihydrat	i	1,0	1|2 J.
Eurican DAP-Lmulti	Staupe H.c.c. Parvovirose Leptospirose	Boeh-ringer Ing.	2015	2017	-	-	Caseinhydrolysat Gelatine Dextran 40 Kaliummonohydrogenphosphat Kaliumdihydrogenphosphat Kaliumhydroxid Sorbitol Saccharose Kaliumchlorid Natriumchlorid Kaliumdihydrogenphosphat Natriummonohydrogenphos-phat-Dihydrat	i	1,0	1|2 J.

Impfstoff Hunde	Krankheit	Her-steller	Zulassung	Fachinfo	Thiomersal	Aluminium	Sonstige Inhaltsstoffe (Wasser für Injektionszwecke ist nicht gesondert aufgeführt)	Injekt. / oral	Dosis (ml)	Wirkdauer
Eurican DAP-LR	Staupe H.c.c. Parvovirose Leptospirose Tollwut	Boeh-ringer	2005	2017	-	0,60	Caseinhydrolysat Gelatine Dextran 40 Kaliummonohydrogenphosphat Kaliumdihydrogenphosphat Kaliumhydroxid Sorbitol Saccharose GMEM-Medium Tryptosephosphat Salzsäure	i	1,0	1|2 J.
Eurican DAPPi	Staupe Adenovirus Parvovirose Parainfluenza-2	Boeh-ringer	2016	2017			Caseinhydrolysat Gelatine Dextran 40 Kaliummonohydrogenphosphat Kaliumdihydrogenphosphat Kaliumhydroxid Sorbitol Saccharose	i	1,0	1|2 J.
Eurican DAPPi-L	Staupe H.c.c. Parvovirose Parainfluenza-2 Leptospirose	Boeh-ringer	2002	2017	-	-	Caseinhydrolysat Gelatine Dextran 40 Kaliummonohydrogenphosphat Kaliumdihydrogenphosphat Kaliumhydroxid Sorbitol	i	1,0	1|2 J.

							phat-Dihydrat			
Eurican DAPPi-Lmulti	Staupe H.c.c. Parvovirose Parainfluenza-2 Leptospirose	Boeh-ringer	2015	2017	-	-	Caseinhydrolysat Gelatine Dextran 40 Kaliummonohydrogenphosphat Kaliumdihydrogenphosphat Kaliumhydroxid Sorbitol Saccharose Kaliumchlorid Natriumchlorid Natriummonohydrogenphos-phat-Dihydrat	i	1,0	1|2 J.
Eurican DAPPi-LR	Staupe H.c.c. Parvovirose Parainfluenza-2 Leptospirose Tollwut	Boeh-ringer	2013	2018	-	0,60	GMEM Medium Caseinhydrolysat Tryptose-Phosphat-Lösung Salzsäure Saccharose Dextran Sorbit Kollagen-Hydrolysat Monokaliumphosphat Dikaliumphosphat Kaliumhydroxid	i	1,0	1|2 J.

Impfstoff Hunde	Krankheit	Hersteller	Zulassung	Fachinfo	Thiomersal	Aluminium	Sonstige Inhaltsstoffe (Wasser für Injektionszwecke ist nicht gesondert aufgeführt)	Injekt. / oral	Dosis (ml)	Wirkdauer
Eurican Herpes 205	Welpensterben Herpesvirus canis	Merial	2001	2006	-	-	Saccharose Sorbitol Dextran 40 Caseinhydrolysat Kollagenhydrolysat Salze Polyoxyethylenfettsäuren Äther von Fettalkoholen und von Polyolen Triethanolamin	i	1,0	-
Eurican L	Leptospirose	Boehringer	2003	2017	ja	-	Spuren von bovinem Serumalbumin Phosphat-Pufferlösung	i	1,0	14 M.
Eurican Lmulti	Leptospirose	Boehringer	2015	2017	-	-	Kaliumchlorid Natriumchlorid Kaliumdihydrogenphosphat Natriummonohydrogenphosphat-Dihydrat	i	1,0	1 J.
Eurican LR	Leptospirose Tollwut	Boehringer	2005	2017	-	0,60	GMEM-Medium Caseinhydrolysat Tryptose-Phosphat-Lösung Salzsäure	i	1,0	1 J.
Eurican Merilym	Borreliose	Boehringer	1998	2017	ja	0,60	Physiologische Kochsalzlösung, gepuffert pH 7,15	i	1,0	1 J.
Eurican P (Zulassung	Parvovirose	Boehringer	2005	2017	-	-	PBS Puffer Spuren von Gentamicin	i	1,0	2 J.

							Kollagenhydrolysat Mineralsalze Pufferlösung			
Insol Dermato-phyton	Trichophytie Mikrosporie	Boeh-ringer Ing.	1999	2003	0,04	-	Glucose-Fleischextrakt-Suspen-sion	i	0,3 bis 1,0	9 M.
Letifend	Leishmaniose	LETI	2016	2016	-	-	Natriumchlorid Arginin-Hydrochlorid Borsäure	i	0,5	1 J.
Merilym 3	Borreliose	Boeh-ringer	2013	2017	-	2,00	Formaldehyd (bis 1 mg) Natriumchlorid Kaliumdihydrogenphosphat Natriummonohydrogenphos-phat-Dodecahydrat	i	1,0	1 J.
Nobivac BbPi	Bordetella Parainfluenza-2	Intervet	2000	2015	-	-	Stabilisator auf Gelatinebasis Natriumchlorid Phosphatpuffer	n	0,4	1 J.
Nobivac L4	Leptospirose	Intervet	2012	2017	0,1	-	Natriumchlorid Kaliumchlorid Dinatriumphosphatdihydrat Kaliumdihydrogenphosphat	i	1,0	1 J.
Nobivac Lepto	Leptospirose	Intervet	2006	2015	0,1	-	Natriumchlorid Kaliumchlorid Natriumlactat Kalziumchlorid	i	1,0	6 M. 12 M.
Nobivac LT	Tollwut Leptospirose	Intervet	2006	2015	0,1	0,66	Dinatriumhydrogenphosphat Natriumchlorid Kaliumchlorid Natriumlactat Kalziumchlorid Natriumdihydrogenphosphat	i	1,0	6 M. 12 M. 3 J.

Impfstoff Hunde	Krankheit	Her-steller	Zulassung	Fachinfo	Thiomersal	Aluminium	Sonstige Inhaltsstoffe (Wasser für Injektionszwecke ist nicht gesondert aufgeführt)	Injekt. / oral	Dosis (ml)	Wirkdauer
Nobivac Parvo	Parvovirose	Intervet	2005	2015	-	-	Sorbitol Gelatine Casein Hydrolysat Dinatriumhydrogenphosphat In Spuren: Neomycin Polymyxin-B Gentamicin Amphotericin-B	i	1,0	3 J.
Nobivac Pi	Parainfluenza-2	Intervet	2003	2016	-	-	Sorbitol Gelatine enzymatisches (Pankreas) Kas-einhydrolysat Dinatriumhydrogenphosphat Dihydrat	i	1,0	-
Nobivac SHP	Staupe H.c.c. Parvovirose	Intervet	2001	2015	-	-	Sorbitol Gelatine Casein Hydrolysat Dinatriumhydrogenphosphat In Spuren: Neomycin Polymyxin-B Gentamicin Amphotericin-B	i	1,0	3 J.
Nobivac SHPPi	Staupe H.c.c.	Intervet	2001	2016	-	-	Sorbit Gelatine hydrolisiert	i	1,0	1 J. 3 J.

Nobivac SP	Staupe Parvovirose	Intervet	2005	2015	-	-	Sorbitol Gelatine Casein Hydrolysat Dinatriumhydrogenphosphat In Spuren: Neomycin Polymyxin-B Gentamicin Amphotericin-B	i	1,0	3 J.
Nobivac T	Tollwut	Intervet	1997	2015	0,1	0,66	Phosphatpuffer	i	1,0	3 J.
Rabisin	Tollwut	Boeh-ringer	2005	2017	ja	1,70	GMEM-Medium Thiomersal (nur in 10ml-Be-hältern) Spuren von Gentamicin	i	1,0	1|3 J.
RIVAC Borrelia	Borreliose	Ecu-phar	2009	2014	-	ja	Natriumchlorid Kaliumchlorid Natriummonohydrogenphos-phatdodecahydrat Kaliumdihydrogenphosphat	i	1,0	9-12 M.
RIVAC Mikroderm	Mikrosporie	Ecu-phar	2004	2009	-	ja	Natriumchlorid Kaliumchlorid Natriummonohydrogenphos-phatdodecahydrat Kaliumdihydrogenphosphat	i	1,0	1 J.
RIVAC SHPPi+3LT	Staupe H.c.c. Parvovirose Parainfluenza-2 Tollwut Leptospirose	Ecu-phar	2012	2017	-	2,20	Trometamol Edetinsäure Saccharose Dextran	i	1,0	1 J.

Impfstoff Hunde	Krankheit	Her-steller	Zulassung	Fachinfo	Thiomersal	Aluminium	Sonstige Inhaltsstoffe (Wasser für Injektionszwecke ist nicht gesondert aufgeführt)	Injekt. / oral	Dosis (ml)	Wirkdauer
Tetanus-Serum WdT	Tetanus (Passiv-Impfung)	WdT	2005	2010	-	-	Pferdeprotein Phenol (Konserv., 0,4 - 0,5 % m/V) Natriumchlorid	i	1	bis 3 W.
Vanguard 7	Staupe H.c.c. Parvovirose Parainfluenza-2 Leptospirose	Zoetis	2006	2013	-	-	L2 Stabilisator Modifiziertes Eagle's Medium Spuren von Neomycin + Gen-tamicin	i	1,0	1 J. 2 J.
Vanguard CPV	Parvovirose	Zoetis	2006	2013	-	-	Modifiziertes Eagle's Medium Spuren von Gentamicien	i	1,0	1 J.
Versican Plus Bb IN	Bordetella	Zoetis	2011	2017	-	-	Pepton Saccharose Kaliumphosphat Kaliumdihydrophosphat Natriumhydroxid Gelatine Eagle HEPES Medium Salzsäure zur pH Einstellung Natriumhydroxid zur pH Ein-stellung	n	1,0	1 J.
Versican Plus DHP	Staupe Adenovirus 2 Parvovirose 2b	Zoetis	2016	2016	-	-	Trometamol Edetinsäure Saccharose Dextran 70	i	1,0	3 J.
Versi-	Staupe	Zoetis	2014	2014	-	-	Trometamol Edetinsäure	i	1,0	3 J.

Plus DHPPi/L4	H.c.c. Parvovirose Parainfluenza-2 Leptospirose						Edetinsäure Saccharose Dextran 70 Natriumchlorid Kaliumchlorid Kaliumdihydrogenphosphat Dinatriumdihydrogenphosphat Dodecahydrat			
Versi- can Plus DHPPi/L4R	Staupe H.c.c. Parvovirose Parainfluenza-2 Leptospirose Tollwut	Zoetis	2014	2014	-	2,20	Trometamol Edetinsäure Saccharose Dextran 70 Natriumchlorid Kaliumchlorid Kaliumdihydrogenphosphat Dinatriumdihydrogenphosphat Dodecahydrat	i	1,0	3 J.
Versican Plus DP	Staupe Parvovirose	Zoetis	2016	2016	-	-	Trometamol Edetinsäure Saccharose Dextran 70	i	1,0	3 J.
Versican Plus L4	Leptospirose	Zoetis	2014	2014	-	2,20	Natriumchlorid Kaliumchlorid Kaliumdihydrogenphosphat Dinatriumdihydrogenphosphat Dodecahydrat	i	1,0	1 J.
Versican Plus P	Parvovirose	Zoetis	2016	2016	-	-	Trometamol Edetinsäure Saccharose Dextran 70	i	1,0	3 J.

Impfstoff Hunde	Krankheit	Her-steller	Zulassung	Fachinfo	Thiomersal	Aluminium	Sonstige Inhaltsstoffe (Wasser für Injektionszwecke ist nicht gesondert aufgeführt)	Injekt. / oral	Dosis (ml)	Wirkdauer
Versican Plus Pi	Parainfluenza-2	Zoetis	2014	2014	-	-	Trometamol Edetinsäure Saccharose Dextran 70	i	1,0	1 J.
Versican Plus Pi/L4	Parainfluenza-2 Leptospirose	Zoetis	2014	2014	-	2,20	Trometamol Edetinsäure Saccharose Dextran 70 Natriumchlorid Kaliumchlorid Kaliumdihydrogenphosphat Dinatriumdihydrogenphosphat Dodecahydrat	i	1,0	1 J.
Versican Plus Pi/ L4R	Parainfluenza-2 Leptospirose Tollwut	Zoetis	2014	2014	-	2,20	Trometamol Edetinsäure Saccharose Dextran 70 Natriumchlorid Kaliumchlorid Kaliumdihydrogenphosphat Dinatriumdihydrogenphosphat Dodecahydrat	i	1,0	1 J. 3 J.
Versiguard Rabies	Tollwut	Zoetis	2006	2017	0,1	2,00	-	i	1,0	3 J.
Virbagen canis B	Borreliose	Virbac	2009	2015	-	ja	Natriumchlorid Kaliumchlorid	i	1,0	9-12 M.

							Kaliumdihydrogenphosphat			
Virbagen canis L	Leptospirose	Virbac	2017	2018	-	-	Saccharose Dikaliumphosphat Kaliumdihydrogenphosphat Trypton Natriumhydroxid	i	1,0	1 J.
Virbagen canis LT	Leptospirose Tollwut	Virbac	2005	2015	-	ja	Stabilisierender Puffer, enthält Trypton. Spuren von Gentamicin	i	1,0	1 J. 2 J.
Virbagen canis Pi/L	Parainfluenza-2 Leptospirose	Virbac	2017	2018	-	-	Gelatine Kaliumhydroxid Lactosemonohydrat Glutaminsäure Kaliumdihydrogenphosphat Dikaliumphosphat Natriumchlorid Dinatriumphosphat wasserfrei Saccharose Trypton Natriumhydroxid	i	1,0	1 J.
Virbagen canis SHA/L	Staupe H.c.c. Leptospirose	Virbac	2005	2018	-	-	Stabilisierender Puffer Gelatine Gentamicin Trypton	i	1,0	1 J. 2 J.
Virbagen canis SHAP	Staupe H.c.c. Parvovirose	Virbac	2005	2012	-	-	stabilisierender Puffer, enthält Gelatine Spuren von Gentamicin	i	1,0	1 J. 2 J.
Virbagen canis SHAP/L	Staupe H.c.c. Parvovirose Leptospirose	Virbac	2005	2018	-	-	Stabilisierender Puffer Gelatine Gentamicin Trypton	i	1,0	1 J. 2 J.

Impfstoff Hunde	Krankheit	Her-steller	Zulassung	Fachinfo	Thiomersal	Aluminium	Sonstige Inhaltsstoffe (Wasser für Injektionszwecke ist nicht gesondert aufgeführt)	Injekt. / oral	Dosis (ml)	Wirkdauer
Virbagen canis SHAP/LT	Staupe H.c.c. Parvovirose Leptospirose Tollwut	Virbac	2005	2015	-	ja	Stabilisierender Puffer Gelatine Gentamicin Trypton	i	1,0	1 J. 2 J.
Virbagen canis SHAPPi	Staupe H.c.c. Parvovirose Parainfluenza-2	Virbac	2016	2016	-	-	Gelatine Kaliumhydroxid Laktosemonohydrat Glutaminsäure Kaliumdihydrogenphosphat Dikaliumphosphat Wasser für Injektionszwecke Natriumchlorid Dinatriumphosphat wasserfrei	i	1,0	1 J.
Virbagen canis SHAPPi/L	Staupe H.c.c. Parvovirose Parainfluenza-2 Leptospirose	Virbac	2015	2018	-	-	Gelatine Kaliumhydroxid Lactosemonohydrat Glutaminsäure Kaliumdihydrogenphosphat Dikaliumphosphat Natriumchlorid Dinatriumphosphat wasserfrei Natriumhydroxid Saccharose Dikaliumphosphat Kaliumdihydrogenphosphat	i	1,0	1|3 J.

SHAPPi/LT	Parvovirose Parainfluenza-2 Leptospirose Tollwut						Gentamicin Trypton			J.
Virbagen Lepto	Leptospirose	Virbac	2009	2014	-	-	Saccharose Dikaliumphosphat Kaliumphosphat Trypton	i	1,0	1 J.
Virbagen Mikrophyt	Mikrosporie	Virbac	2008	2008	-	ja	Natriumchlorid Kaliumchlorid Natriummonohydrogenphos-phatdodecahydrat Kaliumdihydrogenphosphat	i	1,0	1 J.
Virbagen Parvo	Parvovirose	Virbac	2005	2011	-	-	stabilisierender Puffer, enthält Gelatine Spuren von Gentamicin	i	1,0	1-2 J.
Virbagen Puppy 2b	Parvovirose	Virbac	2004	2018	-	-	Natriumchlorid Kaliumdihydrogenphosphat wasserfreies Dinatriumphosphat	i	1,0	6 W.
Virbagen Tollwut-impfstoff	Tollwut	Virbac	2006	2015	-	ja	Stabilisierender Puffer Trypton Gentamicin	i	1,0	1|2 J.
Zylexis	Paramunisierung	Zoetis	2001	2013	-	-	L2 Stabilisator Caseinhydrolysat Dextran 40 Lactose Sorbitol 70 % (Lösung) Natriumhydroxid MEM mit Earle's Salz	i	2,0	bis 14 T.

Kaninchen

Insgesamt sind 16 Kaninchen-Impfstoffe in Deutschland zugelassen.

Die Zulassung für *Dercunimix* ist im Februar 2019 erloschen, in der aktuellen Liste der Kaninchen-Impfstoffe auf PEI.de finden sich deshalb nur 15 Impfstoffe.

11 sind Einzelimpfstoffe und 5 Mehrfachimpfstoffe.

9 Impfstoffe enthalten das quecksilberhaltige Konservierungsmittel Thiomersal.

8 Impfstoffe enthalten Aluminium als Wirkverstärker.

7 Impfstoffe enthalten beide hochtoxischen Substanzen und sind aufgrund der sich gegenseitig verstärkenden Giftwirkung als hochbedenklich einzustufen.

6 Impfstoffe enthalten weder Thiomersal noch Aluminium, dafür jedoch eine Reihe anderer Substanzen, deren gesundheitliche Auswirkung mir nicht bekannt ist.

Falls für Sie die Wirksamkeitsdauer von besonderer Wichtigkeit ist, empfehle ich, die nachfolgende Tabelle (Spalte ganz rechts) nur zur Orientierung zu verwenden und ansonsten die Original-Fachinfos durchzulesen:

Die Wirksamkeitsdauer kann bei einzelnen Komponenten eines Impfstoffs unterschiedlich ausgewiesen sein und die Beweislage für die Wirkdauer ist je nach Nachweismethode unterschiedlich.

Damit sind die angegebenen Wirksamkeitsdaten leider oft nicht so eindeutig, wie ein Tierhalter sich das wünschen würde.

Impfstoff Kaninchen	Krankheit	Her-steller	Zulassung	Fachinfo	Thiomersal	Aluminium	Sonstige Inhaltsstoffe (Wasser für Injektionszwecke ist nicht gesondert aufgeführt)	Injekt. / oral	Dosis (ml)	Wirkdauer
CUNIVAK COMBO	Myxomatose RHD	IDT	2009	2016	0,12	ja	Tris-Puffer CaNa2-EDTA Saccharose Dextran WFI MEM Natriumchlorid	i	1,0	6 M.
CUNIVAK ENT	Clostridium perfringens Typ A - Toxoid	IDT	2013	2018	0,05	-	Adjuvans: Montanide Gel Glutaraldehyd Ethylendiamintetraessigsäure (EDTA) Lysinhydrochlorid Silikonentschäumer Bestandteile des Kultivierungs-mediums	i	0,5	2 W.
CUNIVAK JET	Myxomatose	IDT	2003	2008	-	-	Neomycinsulfat Trometamol Glycerol Natriumchlorid	i	0,1	6 M.
CUNIVAK MYXO	Myxomatose	IDT	2003	2008	-	-	Neomycinsulfat Trometamol Glycerol Natriumchlorid	i	1,0	6 M.

Impfstoff Kaninchen	Krankheit	Her-steller	Zulassung	Fachinfo	Thiomersal	Aluminium	Sonstige Inhaltsstoffe (Wasser für Injektionszwecke ist nicht gesondert aufgeführt)	Injekt. / oral	Dosis (ml)	Wirkdauer
CUNIVAK PAST	Kaninchenschnup-fen	IDT	1997	2008	0,1	2,10	Formaldehyd Natriumchlorid Nährmedium 8/83 TVs-Pm-Nährmedium	i	1,0	6 M.
CUNIVAK RHD	RHD	IDT	2004	2017	0,26	7,50		i	0,5	6 M. 1 J.
Dercunimix (erloschen!)	Myxomatose RHD	Boeh-ringer	2001	2017	0,01	0,35	Saccharose Bovine Albuminfraktion V Salze	i	0,2	4 M. 1 J.
Eravac	RHD	Hipra	2016	2016	0,05	-	Adjuvans: Mineralöl (104 mg) Sorbitanmonooleat Polysorbat 80 Natriumchlorid Kaliumchlorid Dinatriumphosphat-dodeca-hydrat Kaliumdihydrogenphosphat	i	0,5	9 M.
Filavac VHD K C+V	RHD	Ecu-phar	2017	2017	-	0,35	Natriumdisulfit Dinatriumdihydratphosphat Kaliumdihydrogenphosphat Natriumhydroxid	i	0,5	1 J.
Lapimed Myxo id	Myxomatose	Boeh-ringer	2001	2017	-	-	Saccharose Bovine Albuminfraktion V Kaliummonohydrogenphosphat Kaliumglutamat Kaliumdihydrogenphosphat	i	0,1	-

							Spuren von Kanamycin und Polymyxin			
Nobivac Myxo-RHD	Myxomatose RHD	Intervet	2011	2016	-	-	Hydrolysierte Gelatine Pankreas-verdautes-Kasein Sorbit Dinatriumphosphat-dihydrat Kaliumdihydrogenphosphat	i	1,0	1 J.
Riemser Myxoma-tose-Vakzine	Myxomatose	Ecu-phar	2004	2011	-	-	Neomycinsulfat Trometamol Glycerol Natriumchlorid	i	1,0	6 M.
RIKA-VACC Duo	Myxomatose RHD	Ecu-phar	2008	2017	0,12	ja	Tris-Puffer EDTA Saccharose Dextran 70 Minimum Essential Medium (MEM) Natriumchlorid	i	1,0	6 M. 1 J.
RIKA -VACC Myxo sc	Myxomatose	Ecu-phar	2008	2018	-	-	Tris-Puffer EDTA Saccharose Dextran 70 Minimum Essential Medium (MEM) Natriumchlorid Kaliumchlorid Natriumhydrogenphosphat Kaliumhydrogenphosphat	i	1,0	6 M.
RIKA-VACC-RHD	RHD	Ecu-phar	2003	2015	0,26	7,50	Eagle MEM Formaldehyd Glycinpuffer	i	0,5	1 J.

Katzen

In Deutschland sind insgesamt 35 Katzen-Impfstoffe zugelassen.

Bei 17 Impfstoffen handelt es sich um Einzel-Impfstoffe.

6 Impfstoffe enthalten das quecksilberhaltige Konservierungsmittel Thiomersal.

Zylexis wurde ursprünglich vom PEI bei den Tierimpfstoffen aufgelistete, ist aber ist laut Auskunft der Behörde kein echter Impfstoff, sondern ein unspezifischer Immunstimulator. Ich habe das Produkt jedoch in der Liste belassen, da es wie ein Impfstoff das Immunsystem eines Tieres manipulieren soll.

12 Impfstoffe enthalten Wirkverstärker aus Aluminium.

3 Impfstoffe enthalten sowohl Thiomersal als auch Aluminium und sind durch die sich gegenseitig verstärkende Giftwirkung als besonders bedenklich einzustufen.

Falls für Sie die Wirksamkeitsdauer von besonderer Wichtigkeit ist, empfehle ich, die nachfolgende Tabelle (Spalte ganz rechts) nur zur Orientierung zu verwenden und ansonsten die Original-Fachinfos durchzulesen:

Die Wirksamkeitsdauer kann bei einzelnen Komponenten eines Impfstoffs unterschiedlich ausgewiesen sein und die Beweislage für die angegebene Wirkdauer ist je nach Nachweismethode unterschiedlich.

Damit sind die angegebenen Wirksamkeitsdaten leider oft nicht so eindeutig, wie ein Tierhalter sich das wünschen würde.

Impfstoff	Krankheit/Erreger	Her-steller	Erste Zulassung	Fachinfo Jahr	Thiomersal (mg)	Aluminium (mg)	Sonstige Inhaltsstoffe (Wasser für Injektionszwecke ist nicht gesondert aufgeführt!)	Verabreichung	Dosis (ml)	angegebene Wirkdauer
Enduracell T	Tollwut	Zoetis	2007	2014	-	2,10	Dinatriumhydrogenphosphat Kaliumhydrogenphosphat Natriumchlorid Phosphatpuffer	i	1,0	4 J.
Feliserin Plus	Parvovirose (Hund) Katzenseuche (Panleukopenie) Katzenschnupfen (Rhinotracheitis/ Calicivirus)	IDT	2004	2017	0,05	-	Phenol	i	1,0	14 T.
Felocell CVR	Panleukopenie Katzenschnupfen	Lilly	2005	2016	-	-	Neomycinsulfat (ca. 50 µg) Dextran 40 Kaseinhydrolysat 70 % Sorbitlösung Natriumhydroxid	i	1,0	1 J.
Fevaxyn Pentofel	Panleukopenie Katzenschnupfen Chlamydien-Infekt. Infekt öse Leukämie der Katze	Zoetis	1997	2017	-	-	Adjuvans: Ethylen/Maleinsäure-anhydrid (EMA-31) Adjuvans: NeoCryl Adjuvans: Emulsigen SA MEM Eagle (Kulturmedium)	i	1,0	?

Impfstoff Katzen	Krankheit	Her-steller	Zulassung	Fachinfo	Thiomersal	Aluminium	Sonstige Inhaltsstoffe (Wasser für Injektionszwecke ist nicht gesondert aufgeführt)	Injekt. / oral	Dosis (ml)	Wirkdauer
Fevaxyn Quatrifel	Panleukopenie Katzenschnupfen Chlamydien-Infektion	Zoetis	1998	2014	ja	-	Adjuvans: Ethylen/Maleinsäure-anhydrid (EMA-31) Adjuvans: NeoCryl Adjuvans: Emulsigen SA Formaldehyd	i	1,0	1 J.
Insol Dermatophyton	Trichophytie Mikrosporie	Boehringer	1999	2003	0,04	-	Glucose-Fleischextrakt-Suspension	i	bis 1,0	9 M.
Leucofeligen FeLV/ RCP	Infektiöse Leukämie der Katze Katzenschnupfen Panleukopenie	Virbac	2009	2018	-	1,00	Adjuvanz: Gereinigter Extrakt von Quillaja saponaria (10 µg) Stabilisierender Puffer, enthält Gelatine Kaliumhydroxid Laktose Glutaminsäure Kaliumdihydrogenphosphat Dikaliumphosphat Natriumchlorid Dinatriumhydrogenphosphat Kaliumhydrogenphosphat	i	1,0	1-3 J.
Leucogen	Infektiöse Leukämie der Katze	Virbac	2009	2018	-	1,00	Adjuvanz: Gereinigter Extrakt von Quillaja saponaria (10 µg) Natriumchlorid Dinatriumhydrogenphosphat Kaliumdihydrogenphosphat	i	1,0	1+3 J.
Nobivac Bb für Katzen	Bordetella-Infektion	Intervet	2002	2014	-	-	Gelatine Sorbitol	i	0,2	bis 1 J.

							von Quillaja saponaria Natriumchlorid Dinatriumhydrogenphosphat Kaliumdihydrogenphosphat			J.
Nobivac RC	Katzenschnupfen	Intervet	2004	2014	-	-	Stabilisator auf Gelatinebasis Phosphatpuffer Saccharose	i	1,0	1 J.
Nobivac RCP	Panleukopenie Katzenschnupfen	Intervet	2006	2014	-	-	Dinatriumphosphat-Dihydrat Gelatine hydrolisiert Pankreas-verdautes Kasein Sorbit Kaliumhydrogenphosphat	i	1,0	1-3 J.
Nobivac T	Tollwut	Intervet	1997	2015	0,1	0,66	Phosphatpuffer	i	1,0	3 J.
Oncept IL-2	Immuntherapie in Verbindung mit Exzision und Strahlentherapie bei Katzen mit einem Fibrosarkom ohne Metastasen oder Lymphknotenbefall	Merial	2013	2018	-	-	Saccharose Kollagen-Hydrolysat Casein-Hydrolysat Natriumchlorid Dinatriumhydrogenphosphat Dihydrat Kaliumdihydrogenphosphat	i	1,0	bis 2 J.
Primucell FIP	Feline Infektiöse Peritonitis	Zoetis	2006	2014	-	-	Gentamicin	n	0,5	?
Purevax FeLV	Infektiöse Leukämie der Katze	Merial	2000	2015	-	-	Kaliumchlorid Natriumchlorid Kaliumdihydrogenphosphat Dinatriumhydrogenphosphat Dihydrat Magnesiumchlorid Hexahydrat Calciumchlorid Dihydrat	i	1,0	1 J.

Impfstoff Katzen	Krankheit	Her-steller	Zulassung	Fachinfo	Thiomersal	Aluminium	Sonstige Inhaltsstoffe (Wasser für Injektionszwecke ist nicht gesondert aufgeführt)	Injekt. / oral	Dosis (ml)	Wirkdauer
Purevax Rabies	Tollwut	Merial	2011	2015	-	-	Kaliumchlorid Natriumchlorid Kaliumdihydrogenphosphat Dinatriumhydrogenphosphat Dihydrat Magnesiumchlorid Hexahydrat Calciumchlorid Dihydrat	i	1,0	1+3 J.
Purevax RC	Katzenschnupfen	Merial	2005	2015	-	-	Gentamicin Saccharose Sorbitol Dextran 40 Casein-Hydrolysat Kollagen-Hydrolysat Dikaliumphosphat Kaliumdihydrogenphosphat Kaliumhydroxid Natriumchlorid Dinatriumhydrogenorthophos-phat Kaliumhydrogenphosphat	i	1,0	3 J.
Purevax RCP	Panleukopenie Katzenschnupfen	Merial	2005	2015	-	-	Gentamicin Saccharose Sorbitol Dextran 40 Casein-Hydrolysat Kollagen-Hydrolysat	i	1,0	3 J.

							Dinatriumhydrogenorthophos- phat Kaliumhydrogenphosphat			
Purevax RCP FeLV	Panleukopenie Katzenschnupfen Infektiöse Leukä- mie der Katze	Merial	2005	2015	-	-	Gentamicin Saccharose Sorbitol Dextran 40 Casein-Hydrolysat Kollagen-Hydrolysat Dikaliumphosphat Kaliumdihydrogenphosphat Kaliumhydroxid Natriumchlorid Dinatriumhydrogenorthophosphat Kaliumhydrogenphosphat Kaliumchlorid Dinatriumdihydrogenphosphat Magnesiumchlorid Hexahydrat Calciumchlorid Dihydrat	i	1,0	1 J. 3 J.
Purevax RCPCh	Panleukopenie Katzenschnupfen Chlamydien-Infek- tion	Merial	2005	2015	-	-	Gentamicin Saccharose Sorbitol Dextran 40 Casein-Hydrolysat Kollagen-Hydrolysat Dikaliumphosphat Kaliumdihydrogenphosphat Kaliumhydroxid Natriumchlorid Dinatriumhydrogenorthophosphat Kaliumhydrogenphosphat	i	1,0	1 J. 3 J.

Impfstoff Katzen	Krankheit	Her-steller	Zulassung	Fachinfo	Thiomersal	Aluminium	Sonstige Inhaltsstoffe (Wasser für Injektionszwecke ist nicht gesondert aufgeführt)	Injekt. / oral	Dosis (ml)	Wirkdauer
Purevax RCPCh FeLV	Panleukopenie Katzenschnupfen Chlamydien-Infektion Infektiöse Leukämie der Katze	Merial	2005	2015	-	-	Gentamicin Saccharose Sorbitol Dextran 40 Casein-Hydrolysat Kollagen-Hydrolysat Dikaliumphosphat Kaliumdihydrogenphosphat Kaliumhydroxid Natriumchlorid Dinatriumhydrogenorthophosphat Kaliumhydrogenphosphat Kaliumchlorid Dinatriumphosphat Dihydrat Magnesiumchlorid Hexahydrat Calciumchlorid Dihydrat	i	1,0	1 J. 3 J.
Rabisin	Tollwut	Boehringer	2005	2017	ja	1,70	GMEM-Medium Thiomersal (nur in 10ml-Behältern) Spuren von Gentamicin	i	1,0	1-3 J.
RIVAC Mikroderm	Mikrosporie	Ecuphar	2004	2009	-	ja	Natriumchlorid Kaliumchlorid Natriummonohydrogenphosphatdodecahydrat Kaliumdihydrogenphosphat	i	1,0	1 J.
Versifel	Panleukopenie	Zoetis	2010	2014	-	-	Dextran 40	i	1,0	1 J.

Versifel CVR-T	Paneukopenie Katzenschnupfen Tollwut	Zoetis	2005	2018	-	2,10	Dinatriumhydrogenphosphat Kaliumhydrogenphosphat Natriumchlorid Phosphatpuffer Dextran 40 Kaseinhydrolysat 70 % Sorbitlösung Natriumhydroxid Laktose	i	1,0	1 J. 4 J.
Versifel FeLV	Infektiöse Leukämie der Katze	Zoetis	2010	2015	-	-	Adjuvanz: Quil A (20 µg) Adjuvanz: Cholesterol (20 µg) Adjuvanz: DDA (Dimethyl-dioctadecyl Ammoniumbromid, 10 µg) Adjuvanz: Carbomer 0,5 (mg) Phosphat gepufferte Salzlösung	i	1,0	1+3 J.
Versiguard Rabies	Tollwut	Zoetis	2006	2017	0,1	2,00	-	i	1,0	1|2 J.
Virbagen felis RC	Katzenschnupfen	Virbac	2008	2013	-	-	Kaliumhydroxid Lactose-Monohydrat Glutaminsäure Kaliumhydrogenphosphat Dikaliumphosphat Gelatine	i	1,0	1 J.
Virbagen felis RCP	Panleukopenie Katzenschnupfen	Virbac	2005	2018	-	-	Kaliumdihydrogenphosphat Natriumchlorid Natriummonohydrogenphosphat Kaliumhydroxid Lactosemonohydrat Glutaminsäure Kaliummonohydrogenphosphat Gelatine	i	1,0	1 J. 2 J.

Impfstoff Katzen	Krankheit	Hersteller	Zulassung	Fachinfo	Thiomersal	Aluminium	Sonstige Inhaltsstoffe (Wasser für Injektionszwecke ist nicht gesondert aufgeführt)	Injekt. / oral	Dosis (ml)	Wirkdauer
Virbagen felis RCP-T	Panleukopenie Katzenschnupfen Tollwut	Virbac	2006	2018	-	ja	Kaliumdihydrogenphosphat Natriumchlorid Natriummonohydrogenphosphat Kaliumhydroxid Lactosemonohydrat Glutaminsäure Kaliummonohydrogenphosphat Gelatine Saccharose Casein, hydrolysiert Natriumhydroxid	i	1,0	1-3 J.
Virbagen Mikrophyt	Mikrosporie	Virbac	2008	2008	-	ja	Natriumchlorid Kaliumchlorid Natriummonohydrogenphosphatdodecahydrat Kaliumdihydrogenphosphat	i	1,0	1 J.
Virbagen Omega	Omega-Interferon zu Anwendung bei Parvovirose des Hundes und FeLV- und/oder FiV-Infektionen der Katze	Virbac	2001	2018	-	-	Isotonische Natriumchloridlösung Natriumhydroxid D-Sorbitol Gereinigte Gelatine vom Schwein	i	1,0	?
Virbagen Tollwutimpfstoff	Tollwut	Virbac	2006	2015	-	ja	Stabilisierender Puffer Trypton Gentamicin	i	1,0	1-3 J.

							Caseinhydrolysat Dextran 40 Lactose Sorbitol 70 % (Lösung) Natriumhydroxid MEM mit Earle's Salz			14 T.

Nerze

Es sind in Deutschland drei Impfstoffe zugelassen.

Febrivac Dist gegen Staupe enthält weder das quecksilberhaltige Konservierungsmittel Thiomersal noch einen aluminiumhaltigen Wirkverstärker, dafür jedoch einen umfangreichen und schwer einzuschätzenden Cocktail von Inhaltsstoffen.

Rabisin gegen Tollwut enthält sowohl Thiomersal als auch eine Aluminiumverbindung und ist aufgrund der sich gegenseitig verstärkenden Giftwirkung als sehr bedenklich einzustufen.

Falls für Sie die Wirksamkeitsdauer von besonderer Wichtigkeit ist, empfehle ich, die nachfolgende Tabelle (Spalte ganz rechts) nur zur Orientierung zu verwenden und ansonsten die Original-Fachinfos durchzulesen:

Die Wirksamkeitsdauer kann bei einzelnen Komponenten eines Impfstoffs unterschiedlich ausgewiesen sein und die Beweislage ist je nach Nachweismethode unterschiedlich. Damit sind die angegebenen Wirksamkeitsdaten leider oft nicht so eindeutig, wie ein Tierhalter sich das wünschen würde.

Impfstoff Nerze	Krankheit	Her-steller	Zulassung	Fachinfo	Thiomersal	Aluminium	Sonstige Inhaltsstoffe (Wasser für Injektionszwecke ist nicht gesondert aufgeführt)	Injekt. / oral	Dosis (ml)	Wirkdauer
Febrivac 3 Plus	Virusenteritis Botulismus Pseudomonas-Infektion	IDT	1995	2018		7,50	Formaldehyd Neomycinsulfat Kälberserum	i	1,0	1 J.
Febrivac DIST	Staupe	IDT	1995	2010	-	-	Medium auf Hank's Leibovitz L 15 Medium Gelatine Saccharose Kaliumdihydrogenphosphat Di-Natriumhydrogenphos-phat-Dihydrat Neomycinsulfat Trometamol Glycerol Natriumchlorid Salzsäure WFI	i	1,0	1 J.
Rabisin	Tollwut	Boeh-ringer	2005	2017	ja	1,70	GMEM-Medium Thiomersal (nur in 10ml-Be-hältern) Spuren von Gentamicin	i	1,0	1|3 J.

Pferde

Insgesamt sind in Deutschland 31 Impfstoffe für Pferde zugelassen.

Davon sind 26 Einzel-Impfstoffe, der Rest Zweifach-Impfstoffe.

Zylexis wurde ursprünglich vom PEI bei den Tierimpfstoffen aufgelistete, ist aber ist laut Auskunft der Behörde kein echter Impfstoff, sondern ein unspezifischer Immunstimulator. Ich habe das Produkt jedoch in der Liste belassen, da es wie ein Impfstoff das Immunsystem eines Tieres manipulieren soll.

7 Impfstoffe enthalten das quecksilberhaltige Konservierungsmittel Thiomersal.

7 Impfstoffe enthalten Aluminium als Wirkverstärker.

3 Impfstoffe enthalten sowohl Thiomersal als auch Aluminium und sind durch die sich gegenseitig verstärkende Giftwirkung als besonders bedenklich anzusehen.

14 Impfstoffe enthalten weder Thiomersal noch Aluminium, dafür aber in der Regel einen alternativen Wirkverstärker, dessen Auswirkungen auf die Tiergesundheit nicht abgeschätzt werden kann.

Falls für Sie die Wirksamkeitsdauer von besonderer Bedeutung ist, empfehle ich, die nachfolgende Tabelle (Spalte ganz rechts) nur zur Orientierung zu verwenden und ansonsten die Original-Fachinfos durchzulesen:

Die Wirksamkeitsdauer kann bei einzelnen Komponenten eines Impfstoffs unterschiedlich ausgewiesen sein und die Beweislage ist je nach Nachweismethode unterschiedlich. Damit sind die angegebenen Wirksamkeitsdaten leider oft nicht so eindeutig, wie ein Tierhalter sich das wünschen würde.

Impfstoff Pferde	Krankheit	Hersteller	Zulassung	Fachinfo	Thiomersal	Aluminium	Sonstige Inhaltsstoffe (Wasser für Injektionszwecke ist nicht gesondert aufgeführt)	Injekt. / oral	Dosis (ml)	Wirkdauer
BioEquin H	EHV-1	Bioveta	2017	2017	0,1	-	Adjuvans: Montanide ISA 35 VG 0,25 ml Natriumchlorid Kaliumchlorid Kaliumdihydrogenphosphat Di-Natriumhydrogenphosphat Dodecahydrat Natriumhydroxid	i	1,0	6 M.
BioEquin H	EHV-1	Vetcool	2018	?	?	?	?	?	?	?
Enduracell T	Tollwut	Zoetis	2007	2014	-	2,10	Dinatriumhydrogenphosphat Kaliumhydrogenphosphat Natriumchlorid Phosphatpuffer	i	1,0	18 M.
Equilis Prequenza	Pferdeinfluenza	Intervet	2005	2010	-	-	Adjuvans: gereinigtes Saponin (375 µg) Adjuvans: Cholesterin (125 µg) Adjuvans: Phosphatidylcholin (62,5 µg) Phosphatpuffer	i	1,0	5|12 M.

Impfstoff Pferde	Krankheit	Her-steller	Zulassung	Fachinfo	Thiomersal	Aluminium	Sonstige Inhaltsstoffe (Wasser für Injektionszwecke ist nicht gesondert aufgeführt)	Injekt. / oral	Dosis (ml)	Wirkdauer
Equilis Prequenza Te	Pferdeinfluenza Tetanus	Intervet	2005	2010	ja	-	Adjuvans: gereinigtes Saponin (375 µg) Adjuvans: Cholesterin (125 µg) Adjuvans: Phosphatidylcholin (62,5 µg) Phosphatpuffer Formaldehyd	i	1,0	5|12 M. 17|24 M.
Equilis StrepE	Druse	Intervet	2004	2014	-	-	NAO-1 Stabilisator	i	0,2	bis 3 M.
Equilis Te	Tetanus	Intervet	2005	2015	-	-	Adjuvans: gereinigtes Saponin (375 µg) Adjuvans: Cholesterin (125 µg) Adjuvans: Phosphatidylcholin (62,5 µg) Laktose Phosphatpuffer Chloridpuffer Formaldehyd	i	1,0	17|24 M.
Equilis Tetanus-serum	Tetanus	Intervet	2005	2010			Phenol (Konservierungsmittel, 3,7 - 5 mg)	i	1	bis 3 W.
Equilis West Nile	WNV	Intervet	2013	2013	-	-	Adjuvans: gereinigtes Saponin (250 µg) Adjuvans: Cholesterin (83 µg) Adjuvans: Phosphatidylcholin (42 µg)	i	1,0	1 J.

							hydrat Kaliumdihydrogenphosphat			
Equilyme	Borreliose	Boeh-ringer Ing.	2015	2017	-	2,00	Formaldehyd (0,5 mg) Natriumchlorid Kaliumdihydrogenphosphat Natriummonohydrogenphos-phat-Dodecahydrat	i	1,0	1 J.
Equip Artervac	Equine Arteritis	Zoetis	2002	2017	-	-	Adjuvans: Squalen (0,2 % Volumen) Adjuvans: Pluronic L-121 (0,1 % Volumen) Ajduvans: Polysorbat 80 (0,016 % Volumen) Eagles Hepes (0,05% LAH) Medium Phosphatgepuffertes Salz	i	1,0	6 M.
Equip EHV 1,4	Rhinopneumonitis Aborte durch EHV	Zoetis	1997	2016	-	-	Adjuvans: Carbopol 934P (6 mg) Dinatriumhydrogenphosphat x 2H2O Natriumdihydrogenphosphat x 2H2O Phosphatpuffer	i	1,5	6 M.
Equip F	Pferdeinfluenza	Zoetis	2003	2015	-	-	Adjuvans: ISCOM, Immunstimu-lierender Komplex (Quil A, Phosphatidylcholin, Cholesterol) Ammoniumacetat	i	2,0	15 M.

Impfstoff Pferde	Krankheit	Her-steller	Zulassung	Fachinfo	Thiomersal	Aluminium	Sonstige Inhaltsstoffe (Wasser für Injektionszwecke ist nicht gesondert aufgeführt)	Injekt. / oral	Dosis (ml)	Wirkdauer
Equip FT	Pferdeinfluenza Tetanus	Zoetis	2003	2016	-	5,50	Adjuvans: ISCOM, Immunstimulierender Komplex (Quil A, Phosphatidylcholin, Cholesterol) Ammoniumacetat	i	2,0	15 M. 40 M.
Equip Rotavirus	Equines Rotavirus	Zoetis	2012	2017	-	-	Adjuvans: SP Öl (Pluronic L121 1 mg, Squalan 1,6 mg, Tween 80 (Polysorbat 80) 0.17 mg, Phosphat-gepufferte Kochsalzlösung ad 0.05 ml HEPES Lösungsmittel: Eagle's Earle's MEM Wachstumsmedium, HEPES Säure, Natriumhydrogencarbonat, Salzsäure Natriumhydroxid)	i	1,0	60 T.
Equip T	Tetanus	Zoetis	2000	2015	-	5,50	Formaldehyd (1 mg) Natriumchlorid Phosphatgepufferte Salzlösung (PBS)	i	2,0	3 J.
Equip WNV	WNV	Zoetis	2008	2013	-	-	Adjuvans: SP Öl (5,5 % des Volumens) Minimal essenzielles Medium (MEM) Phosphat-gepufferte Kochsalzlösung	i	1,0	1 J.
Equiphyt	Trichophytie	Virbac	2008	2008	-	-	Gelatine	i	1,0	1 J.

							Natriummonohydrogenphos-phat-dodecahydrat Kaliumdihydrogenphosphat			
Equi-Shield EHV	EHV-1	Dechra	2019	2018	0,1		Adjuvans: Montanide ISA 35 VG (0,25 ml) Natriumchlorid Kaliumchlorid Kaliumdihydrogenphosphat Di-Natriumhydrogenphos-phat-Dodecahydrat Natriumhydroxid (zur pH-Einstellung)	i	1	während Trächtigkeit
Fohlenlähme-Mischserum	Aufzuchtkrankheiten	WdT	2005	2017	-	-	Phenol (5 mg)	i	1,0	2 W.
Hippo Trichon	Trichophytie	Ecuphar	2004	2009	-	-	Gelatine Saccharose Natriumchlorid Kaliumchlorid Natriummonohydrogenphos-phat-dodecahydrat Kaliumdihydrogenphosphat	i	1,0	1 J.
Insol Dermatophyton	Trichophytie Mikrosporie	Boehringer Ing.	1999	2003	0,04	-	Glucose-Fleischextrakt-Suspension	i	0,3 bis 1,0	9 M.
Nobivac T	Tollwut	Intervet	1997	2015	0,1	0,66	Phosphatpuffer	i	1,0	2 J.

Impfstoff Pferde	Krankheit	Her-steller	Zulassung	Fachinfo	Thiomersal	Aluminium	Sonstige Inhaltsstoffe (Wasser für Injektionszwecke ist nicht gesondert aufgeführt)	Injekt. / oral	Dosis (ml)	Wirkdauer
Prevaccinol	Rhinopneumonitis	Intervet	2004	2009	-	-	Saccharose Kaliumglutamat Kaliumdihydrogenphosphat Dikaliumhydrogenphosphat Dinatriumhydrogenphosphat Kaliumdihydrogenphosphat	i	5,0	6 M.
Proteq West Nile	WNV	Merial	2011	2011	-	-	Adjuvans: Carbomer (4 mg) Natriumchlorid Natriummonohydrogenphos-phat-Dihydrat Kaliumdihydrogenphosphat	i	1,0	1 J.
ProteqFlu	Pferdeinfluenza	Merial	2003	2008	-	-	Adjuvans: Carbomer (4 mg) Natriumchlorid Natriummonohydrogenphosphat Monokaliumphosphat, wasser-frei	i	1,0	5|12 M.
Proteq-Flu-Te	Pferdeinfluenza Tetanus	Merial	2003	2008	-	-	Adjuvans: Carbomer (4 mg) Natriumchlorid Natriummonohydrogenphosphat Monokaliumphosphat, wasser-frei	i	1,0	0 T.
Rabisin	Tollwut	Boeh-ringer Ing.	2005	2017	ja	1,70	GMEM-Medium Thiomersal (nur in 10ml-Be-hältern) Spuren von Gentamicin	i	1,0	1 J.
[illegible]	Tetanus	WdT	2005	2010	-	-	Pferdeprotein	i	1	bis

Rabies	[illegible]	Zoetis	[illegible]	2017	0,1	2,00	-	i	1,0	1|2 J.
Zylexis	Paramunisierung	Zoetis	2001	2013	-	-	L2 Stabilisator Caseinhydrolysat Dextran 40 Lactose Sorbitol 70 % (Lösung) Natriumhydroxid MEM mit Earle's Salz	i	2,0	bis 14 T.

Rinder

In Deutschland sind insgesamt 65 Rinder-Impfstoffe zugelassen.

Davon sind 50 Einzel-Impfstoffe.

Zylexis wurde ursprünglich vom PEI bei den Tierimpfstoffen aufgelistete, ist aber ist laut Auskunft der Behörde kein echter Impfstoff, sondern ein unspezifischer Immunstimulator. Ich habe das Produkt jedoch in der Liste belassen, da es wie ein Impfstoff das Immunsystem eines Tieres manipulieren soll.

Die Impfstoffe *Verruvac* und *Bovilis IBR Marker live* erscheinen in der PEI-Liste der Rinderimpfstoffe doppelt.

30 Impfstoffe enthalten das quecksilberhaltige Konservierungsmittel Thiomersal.

34 Impfstoffe enthalten Aluminium als Wirkverstärker.

25 Impfstoffe enthalten sowohl Thiomersal als auch Aluminium und sind deshalb aufgrund der sich gegenseitig verstärkenden Giftwirkung als besonders bedenklich anzusehen.

25 Impfstoffe enthalten weder Thiomersal noch Aluminium, dafür jedoch andere Wirkverstärker, z. B. Mineralölmischungen, und/oder einen Zusatzstoff-Cocktail, dessen gesundheitliche Auswirkungen nicht abzuschätzen sind.

Falls für Sie die Wirksamkeitsdauer von besonderer Wichtigkeit ist, empfehle ich, die nachfolgende Tabelle (Spalte ganz rechts) nur zur Orientierung zu verwenden und ansonsten die Original-Fachinfos durchzulesen:

Die Wirksamkeitsdauer kann bei einzelnen Komponenten eines Impfstoffs unterschiedlich ausgewiesen sein und die Beweislage für die angegebene Wirkdauer ist je nach Nachweismethode unterschiedlich.

Damit sind die angegebenen Wirksamkeitsdaten leider oft nicht so eindeutig, wie ein Tierhalter sich das wünschen würde.

Impfstoff Rinder	Krankheit	Her-steller	Zulassung	Fachinfo	Thiomersal	Aluminium	Sonstige Inhaltsstoffe (Wasser für Injektionszwecke ist nicht gesondert aufgeführt)	Injekt. / oral	Dosis (ml)	Wirkdauer
Aftopur AlSap	MKS	Boeh-ringer	2003	2017	-	7,50	Adjuvans: Saponin Glycinpuffer Silikonemulsion Phosphatpuffer-Lösung Chloroform Natriumchlorid Kaliumchlorid Magnesiumchlorid Natriummonohydrogenphos-phat-Dihydrat Glukose Kalziumchlorid Natriumhydrogencarbonat	i	2,0	6 M.

Impfstoff Rinder	Krankheit	Her-steller	Zulassung	Fachinfo	Thiomersal	Aluminium	Sonstige Inhaltsstoffe (Wasser für Injektionszwecke ist nicht gesondert aufgeführt)	Injekt. / oral	Dosis (ml)	Wirkdauer
Aftopur DOE	MKS	Boeh-ringer	2003	2017	-	-	Adjuvans: emulgierte Ölemulsion (360,15 mg) Dünnflüssiges Paraffinöl Sorbitanmonooleat Mannitolmonooleat Ester von Fettsäuren und ethoxylierten Polyolen Chloroform Natriumchlorid Kaliumchlorid Magnesiumchlorid Natriummonohydrogenphosphat-Dihydrat Glukose Kalziumchlorid Natriumhydrogencarbonat	i	2,0	6 M.
Aftovaxpur DOE	MKS	Merial	2013	2013	-	-	Adjuvans: Dünnflüssiges Paraffin (537 mg) Mannitolmonooleat Polysorbat 80 Trometamol Natriumchlorid Kaliumdihydrogenphosphat Kaliumchlorid Dinatriumphosphat wasserfrei Kaliumhydroxid	i	2,0	6 M.

Biofakt Albrecht	Rotavirus Coronavirus E.coli	Alb-recht	2008	2018	-	-	Phenol (5 mg) Wasser aus Kolostrum	i/o	1,0	k. A.
Bluevac BTV8	Blauzunge	CZ	2011	2016	0,1	6,00	Adjuvans: Gereinigtes Saponin (Quil A, 0,05 mg) Natriumchlorid Dinatriumphosphat Kaliumphosphat	i	1,0	1 J.
Bluevac-4	BTV-4	CZ	2016	2016	0,2	4,15	Adjuvans: Gereinigtes Saponin (Quil A, 0,05 mg) Kaliumdihydrogenphosphat Dinatriumphosphat, wasserfrei Natriumchlorid	i	2,0	6 M.
Bovalto Pastobov	Pasteurellen	Boeh-ringer	1997	2017	0,2	4,20	Salze	i	2,0	k. A.
Bovalto Respi 3	Enzo+B109otische Bronchopneumon. BRSV Parainfluenza-3 Pasteurellose	Boeh-ringer	2015	2017	0,2	8,00	Quillaja Saponin (Quil A, 0,4 mg) Formaldehyd (max. 1 mg) Natriumchlorid	i	2,0	6 M.
Bovalto Respi 4	Enzootische Bronchopneumon. BRSV Parainfluenza-3 BVD/MD Pasteurellose	Boeh-ringer	2015	2017	0,2	8,00	Quillaja Saponin (Quil A, 0,4 mg) Formaldehyd (max. 1,0 mg) Natriumchlorid	i	2,0	6 M.
Bovalto Respi Intra-nasal	BRSV Parainfluenza-3	Boeh-ringer	2018	-	-	-	noch keine Fachinfo verfügbar	nasal		-

Impfstoff Rinder	Krankheit	Her-steller	Zulassung	Fachinfo	Thiomersal	Aluminium	Sonstige Inhaltsstoffe (Wasser für Injektionszwecke ist nicht gesondert aufgeführt)	Injekt. / oral	Dosis (ml)	Wirkdauer
Bovela	BVD/MD	Boeh-ringer	2014	2014	-	-	Saccharose Gelatine Kaliumhydroxid L-Glutaminsäure Kaliumdihydrogenphosphat Dikaliumphosphat Natriumchlorid Kaliumchlorid Dinatriumhydrogenphosphat	i	2,0	1 J.
Bovicol	E. coli	IDT	1995	2010	-	-	Saccharose Rinderserumprotein Silikonentschäumer Natriumchlorid	i	2,0	k. A.
Bovidec	BVD/MD	Virbac	2000	2012	0,013	-	Adjuvans: Quil A (1 mg) Polymyxin B Nystatin Neomycin	i	4,0	14 M.
Bovigen Scour	Rotavirus Coronavirus E.coli	Forte	2015	2017	0,36	-	Montanide ISA 206 VG (1,6 ml) Formaldehyd (max. 1,5 mg) Eagle's minimum essential me-dium (MEM) Dinatriumphosphat-dodeca-hydrat Natriumchlorid Kaliumchlorid Kaliumdihydrogenphosphat	i	3,0	k. A.

	molytica A1									
Bovilis Blue-8	BTV-8	Intervet	2017	2017	0,1	6,00	Adjuvans: Gereinigtes Saponin (Quil A, 0,05 mg) Natriumchlorid Dinatriumphosphat Kaliumphosphat	i	1,0	1 J.
Bovilis BTV8	BTV-8	Intervet	2010	2010	-	16,70	Adjuvans: Saponin Trometamol Natriumchlorid Maleinsäure Simeticon-Emulsion	i	1,0	6 M.
Bovilis BVD-MD	BVD/MD	Intervet	1998	2017	-	9,00	Konservierungsmittel: Methylparahydroxybenzoat (3 mg) Propylenglykol Tromethamin Gewebekulturmedium Salzsäure- oder Trometha-min-Lösungen	i	2,0	k. A.
Bovilis IBR Marker inac	BHV1	Intervet	2005	2017	-	8,80	Formaldehyd (0,6 - 1,0 mg) Trometamol Natriumchlorid Veggie-Medium	i	2,0	6 M.
Bovilis IBR Marker live	BHV1	Intervet	2012	2017	-	-	Veggie Medium Sorbitol Monosodiumglutamat Glycin Amine Dinatriumhydrogenphosphat Saccharose Kaliumphosphat Natriumphosphat Natriumchlorid	i	2,0	bis 12 M.

Impfstoff Rinder	Krankheit	Her-steller	Zulassung	Fachinfo	Thiomersal	Aluminium	Sonstige Inhaltsstoffe (Wasser für Injektionszwecke ist nicht gesondert aufgeführt)	Injekt. / oral	Dosis (ml)	Wirkdauer
Bovilis ringvac	Trichophytie	Intervet	2001	2017	-	-	Gelatine Saccharose Natriumchlorid Dinatriumphosphat-dihydrat Kaliumdihydrogenphosphat	i	1,0	1 J.
Bovisaloral	Salmonellen	IDT	1995	2010	-	-	Saccharose Rinderserumprotein Entschäumer	o	5,0	6 M.
Bovitrichon	Trichophytie	Ecu-phar	2003	2011	-	-	Gelatine Saccharose Natriumchlorid Di-Natriumhydrogenphosphat-dodecahydrat Kaliumchlorid Kaliumdihydrogenphosphat	i	1,0	1 J.
Bravoxin 10	Clostridien	Intervet	2008	2014	0,18	ja	Kalium-Aluminiumsulfat (Adjuvans) Formaldehyd (max. 0,5 mg) Natriumchlorid	i	1,0	6 M. 12 M.
BTVPUR	BTV-1,4,8	Merial	2010	2015	-	2,70	Saponin (Adjuvans)	i	1,0	1 J.
Covexin 10	Wundinfektionen durch Clostridium-Bakterien	Zoetis	2004	2016	0,36	8,18	Alaun (aluminiumhaltiges Adjuvans) Formaldehyd (1 mg) Natriumchlorid	i	2,0	6 M. 12 M.
Covexin 8	Wundinfektionen	Zoetis	2005	2013	0,9	10,00	Kalium-Aluminiumsulfat (Ad-	i	5,0	6 M. 12

							Dinatriumhydrogenphosphat Kaliumdihydrogenphosphat			I.
Decivac FMD DOE	MKS	Intervet	2000	2014	-	-	Adjuvans: Montanide ISA 206 Triethanolamin L-Arginin HEPES-Na Bovines Serum	i	2,0	6 M.
Enduracell T	Tollwut	Zoetis	2007	2014	-	2,10	Dinatriumhydrogenphosphat Kaliumhydrogenphosphat Natriumchlorid Phosphatpuffer	i	1,0	3 J.
Hiprabovis IBR Marker Live	BHV1	Hipra	2011	2015	-	-	Dinatriumphosphat-Dodeca-hydrat Kaliumdihydrogenphosphat Gelatine Povidon Mononatriumglutamat Natriumchlorid Kaliumchlorid Saccharose Dinatriumphosphat-Dodeca-hydrat	i	2,0	6 M.
Hiprabovis Somni/Lkt	Mannheimia haemolytica A1 Histophilus somni	Hipra	2007	2014	0,2	-	Adjuvans: Paraffinöl (18,2 mg) Sorbitanmonooleat Polysorbat 80 Natriumalginat Kalziumchlorid-dihydrat Simeticon Polymyxin B	i	2,0	k. A.

Impfstoff Rinder	Krankheit	Hersteller	Zulassung	Fachinfo	Thiomersal	Aluminium	Sonstige Inhaltsstoffe (Wasser für Injektionszwecke ist nicht gesondert aufgeführt)	Injekt. / oral	Dosis (ml)	Wirkdauer
Ibraxion	BHV1	Merial	2000	2010	-	-	Adjuvans: Dünnflüsiges Paraffinöl (488 mg) Benzylalkohol Triethanolamin Polyoxyethylenoleat Polyoxyethylenfettalkohol Kaliumchlorid Natriumchlorid Kaliumdihydrogenphosphat Natriummonohydrogenphosphat-Dihydrat Magnesiumchlorid Kalziumchlorid	i	2,0	6 M.
Insol Trichophyton	Trichophytie	Boehringer	1995	2008	0,2	-	Glucose Fleischextrakt	i	5,0	12 M.
Lactovac C	Rotavirus Coronavirus E.coli	Zoetis	1999	2016	0,05	60,00	Saponin (Quil A, Adjuvans, 1 mg) Phosphatpufferlösung	i	5,0	k. A.
Locatim	E. coli	Biokema	1999	2008	-	-	bovines Lactoserum Methylparahydroxybenzoat ≤ 0.8 mg/ml.	o	60	k. A.
Multigal-Serum	Aufzuchtkrankheiten	WdT	2006	2005	-	-	Konservierungsmittel: Phenol (5g/l)	i	1,0	2 W.
Murivac	Salmonellen	IDT	1996	2008	-	10,50	Konservierungsmittel: Phenol (25 mg) Formaldehyd	i	5,0	6 M.

[illegible]	[illegible]	Boeh-ringer	2005	2017	ja	1,70	GMEM-Medium Thiomersal (nur in 10ml-Be-hältern) Spuren von Gentamicin	i	1,0	1 J.
Rispoval 3-BRSV-PI3-BVD	BRSV Parainfluenza-3 BVD/MD	Zoetis	2005	2017	-	24,36	Gepufferte Laktoselösung Gelatinelösung Caseinhydrolysatlösung HALS Medium	i	4,0	6 M.
Rispoval IBR-Marker Inactivatum	BHV1	Zoetis	1994	2014	0,2	24,00	Adjuvans: Quil A (0,25 mg) Phenolsulfonphthalein HEPES-Na Natriumthiosulfat Thiomersal Minimalmedium	i	2,0	6|12 M.
Rispoval IBR-Marker Vivum	BHV1	Zoetis	1994	2015	-	-	Dextran Stabilisierungslösung Minimalmedium mit Salzlösung nach Earle HEPES-2M-Lösung	i	2,0	3|6 M.
Rispoval Pasteurella	Pasteurellen	Zoetis	2000	2018	-	2,58	Adjuvans: Amphigenbase (Flüssiges Paraffin + Sojalezithin) Adjuvans: flüssiges Paraffin Polysorbat 80, Sorbitanmonooleat, Phosphatpufferlösung	i	2,0	4 M.
Rispoval RS	BRSV	Zoetis	2005	2013	-	-	Natriumchlorid Gentamicin Neomycin	i	2,0	3 M.

Impfstoff Rinder	Krankheit	Her-steller	Zulassung	Fachinfo	Thiomersal	Aluminium	Sonstige Inhaltsstoffe (Wasser für Injektionszwecke ist nicht gesondert aufgeführt)	Injekt. / oral	Dosis (ml)	Wirkdauer
Rispoval RS+PI3 IntraNasal	BRSV-Infektion Parainfluenza-3	Zoetis	2006	2015	-	-	Natriumchlorid Gepufferte Laktoselösung Gelatinelösung Caseinhydrolysatlösung HALS Medium	nasal	2,0	3 M.
Rotavec Corona	Rotavirus Coronavirus E.coli	Intervet	2000	2014	0,07	3,32	Leichtes Mineralöl/Emulgator (Adjuvans) Formaldehyd Natriumthiosulfat Natriumchlorid	i	2,0	7|14 T.
Scourgu-ard 3	Rotavirus Coronavirus E.coli	Zoetis	2004	2018	0,2	7,92	Aluminiumhaltiges Alhydrogel Formaldehyd Gepufferte Salzlösung Neomycin Gentamicin L2 Stabilisator HAL-MEM Medium	i	2,0	k. A.
Spirovac	Leptospiren	Zoetis	2008	2014	0,01	3,60	Formaldehyd (1 mg) Natriumchlorid	i	2,0	1 J.
Startvac	Mastitis (Colibak-terien Staphylo-kokken)	Hipra	2009	2014	-	-	Flüssiges Paraffin (Adjuvans, 18,2 mg) Benzylalkohol (21 mg) Sorbitanmonooleat Polysorbat 80 Natriumalginat Kalziumchlorid-dihydrat	i	2,0	65 T

							Kaliumchlorid Kaliumdihydrogenphosphat Dinatriumhydrogenphosphat, wasserfrei Kochsalz Silikon			
Syvazul 8	BTV-8	Syva	2017	2017	0,1	2,08	Saponin (Adjuvans, 0,2 mg) Kaliumchlorid Kaliumdihydrogenphosphat Dinatriumhydrogenphosphat, wasserfrei Kochsalz Silikon	i	2,0	1 J.
Trichovac LTF 130	Trichophytie	IDT	1999	2009	-	-	Saccharose Gelatine Natriumchlorid	i	2,0	2 J.
Trivacton	Rotavirus Coronavirus E.coli	Böhrin-ger	2004	2017	0,58	4,50	Saponin (Adjuvans, 1,5 mg) Formaldehyd Physiologische Kochsalzlösung	i	5,0	k. A.
UBAC	Mastitis	Hipra	2018	2018			Adjuvantien: Montanide ISA (907,1 mg) + Monophosphoryl Lipid A (MLPA) Dinatriumphosphat Dodecahydrat Kaliumdihydrogenphosphat Natriumchlorid Kaliumchlorid	i	2	5 M.
Vacoviron FS / Muco-siffa	BVD/MD	Ceva	2008	2017	-	-	Laktose Glutaminsäure Kaliumdihydrogenphosphat Kaliummonohydrogenphosphat Kaliumhydroxid	i	2,0	1 J.

Impfstoff Rinder	Krankheit	Her-steller	Zulassung	Fachinfo	Thiomersal	Aluminium	Sonstige Inhaltsstoffe (Wasser für Injektionszwecke ist nicht gesondert aufgeführt)	Injekt. / oral	Dosis (ml)	Wirkdauer
Verruvac	Trichophytie	Virbac	2003	2008	-	-	Gelatine Saccharose Natriumchlorid Di-Natriumhydrogenphosphat-dodecahydrat Kaliumchlorid Kaliumdihydrogenphosphat	i	5,0	1 J.
Versiguard Rabies	Tollwut	Zoetis	2006	2017	0,1	2,00	-	i	1,0	1|2 J.
Zoosaloral R	Salmonellen	IDT	1995	2010	-	-	Saccharose Rinderserumprotein Entschäumer	o	5,0	28 W.
Zulvac 1 Bovis	BTV-1	Zoetis	2011	2016	0,2	4,00	Saponin (Adjuvans, 0,4 mg) Kaliumchlorid Kaliumdihydrogenphosphat Dinatriumhydrogenphosphat x 12 H2O Natriumchlorid	i	2,0	1 J.
Zulvac 1+8 Bovis	BTV-1,8	Zoetis	2012	2016	0,2	4,00	Saponin (Adjuvans, 0,4 mg) Kaliumchlorid Kaliumdihydrogenphosphat Dinatriumhydrogenphosphat Dihydrat Natriumchlorid	i	2,0	1 J.
Zulvac 8	BTV-8	Zoetis	2010	2014	0,2	4,00	Saponin (Adjuvans, 0,4 mg) Kaliumchlorid	i	2,0	1 J.

Zulvac SBV	Schmallenberg-virus	Zoetis	2015	2015	0,2	4,00	Saponin (Adjuvans, 0,4 mg) Kaliumchlorid Kaliumdihydrogenphosphat Dinatriumhydrogenphosphat Natriumchlorid	i	2,0	1 J.
Zylexis	Paramunisierung	Zoetis	2001	2013	-	-	L2 Stabilisator Caseinhydrolysat Dextran 40 Lactose Sorbitol 70 % (Lösung) Natriumhydroxid MEM mit Earle's Salz	i	2,0	bis 14 T.

Schafe

Insgesamt sind 29 Impfstoffe für Schafe in Deutschland zugelassen.

Davon sind 24 Einzel-Impfstoffe und 3 Mehrfach-Impfstoffe

18 Impfstoffe enthalten das quecksilberhaltige Konservierungsmittel Thiomersal

21 Impfstoffe enthalten Aluminium als Wirkverstärker.

17 Impfstoffe enthalten Thiomersal plus Aluminium und sind deshalb wegen der sich gegenseitig verstärkenden Giftwirkung als besonders bedenklich einzustufen.

5 Impfstoffe enthalten weder Thiomersal noch Aluminium, dafür jedoch Mineralölmischungen als Immunverstärker oder anderweitige Cocktails, deren gesundheitliche Relevanz schwer einzuordnen ist.

Falls die Wirksamkeitsdauer für Sie von besonderer Wichtigkeit ist, empfehle ich, die nachfolgende Tabelle (Spalte ganz rechts) nur zur Orientierung zu verwenden und ansonsten die Original-Fachinfos durchzulesen:

Die Wirksamkeitsdauer kann bei einzelnen Komponenten eines Impfstoffs unterschiedlich ausgewiesen sein und die Beweislage für die angegebene Wirkdauer ist je nach Nachweismethode unterschiedlich.

Damit sind die angegebenen Wirksamkeitsdaten leider oft nicht so eindeutig, wie ein Tierhalter sich das wünschen würde.

Impfstoff Schafe	Krankheit	Hersteller	Zulassung	Fachinfo	Thiomersal	Aluminium	Sonstige Inhaltsstoffe (Wasser für Injektionszwecke ist nicht gesondert aufgeführt)	Injekt. / oral	Dosis (ml)	Wirkdauer
Aftopur AlSap	MKS	Boehringer Ing.	2003	2017	-	7,50	Adjuvans: Saponin Glycinpuffer Silikonemulsion Phosphatpuffer-Lösung Chloroform Natriumchlorid Kaliumchlorid Magnesiumchlorid Natriummonohydrogenphosphat-Dihydrat Glukose Kalziumchlorid Natriumhydrogencarbonat	i	2,0	6 M.

Impfstoff Schafe	Krankheit	Hersteller	Zulassung	Fachinfo	Thiomersal	Aluminium	Sonstige Inhaltsstoffe (Wasser für Injektionszwecke ist nicht gesondert aufgeführt)	Injekt. / oral	Dosis (ml)	Wirkdauer
Aftopur DOE	MKS	Boehringer Ing.	2003	2017	-	-	Adjuvans: emulgierte Ölemulsion (360,15 mg) Dünnflüssiges Paraffinöl Sorbitanmonooleat Mannitolmonooleat Ester von Fettsäuren und ethoxylierten Polyolen Chloroform Natriumchlorid Kaliumchlorid Magnesiumchlorid Natriummonohydrogenphosphat-Dihydrat Glukose Kalziumchlorid Natriumhydrogencarbonat	i	2,0	6 M.
Aftovaxpur DOE	MKS	Merial	2013	2013	-	-	Adjuvans: Dünnflüssiges Paraffin (537 mg) Mannitolmonooleat Polysorbat 80 Trometamol Natriumchlorid Kaliumdihydrogenphosphat Kaliumchlorid Dinatriumphosphat wasserfrei Kaliumhydroxid	i	2,0	6 M.

							Kaliumphosphat			
Bluevac-4	BTV-4	CZ	2016	2016	0,2	4,15	Adjuvans: Gereinigtes Saponin (Quil A, 0,05 mg) Kaliumdihydrogenphosphat Dinatriumphosphat, wasserfrei Natriumchlorid	i	2,0	1 J.
Bovilis Blue-8	BTV-8	Intervet	2017	2017	0,1	6,00	Adjuvans: Gereinigtes Saponin (Quil A, 0,05 mg) Natriumchlorid Dinatriumphosphat Kaliumphosphat	i	1,0	1 J.
Bovilis BTV8	BTV-8	Intervet	2010	2010	-	16,70	Adjuvans: Saponin Trometamol Natriumchlorid Maleinsäure Simeticon-Emulsion	i	1,0	6 M.
Bravoxin 10	Clostridien	Intervet	2008	2014	0,18	ja	Kalium-Aluminiumsulfat (Adjuvans) Formaldehyd (max. 0,5 mg) Natriumchlorid	i	1,0	6 M. 12 M.
BTVPUR	BTV-1,4,8	Merial	2010	2015	-	2,70	Saponin (Adjuvans)	i	1,0	1 J.
BTVPUR AlSap 2-4	BTV-2,4	Merial	2010	2010	-	2,70	Saponin (Adjuvans) Silikonentschäumer Phosphatpuffer Glycinpuffer	i	1,0	1 J.
Covexin 10	Wundinfektionen durch Clostridium-Bakterien	Zoetis	2004	2016	0,36	8,18	Alaun (aluminiumhaltiges Adjuvans) Formaldehyd (1 mg) Natriumchlorid	i	2,0	6 M. 12 M.

Impfstoff Schafe	Krankheit	Her-steller	Zulassung	Fachinfo	Thiomersal	Aluminium	Sonstige Inhaltsstoffe (Wasser für Injektionszwecke ist nicht gesondert aufgeführt)	Injekt. / oral	Dosis (ml)	Wirkdauer
Covexin 8	Wundinfektionen durch Clostri-dium-Bakterien	Zoetis	2005	2013	0,9	10,00	Kalium-Aluminiumsulfat (Ad-juvans) Formaldehyd (max 2,5 mg)	i	5,0	6 M. 12 M.
Decivac FMD DOE	MKS	Intervet	2000	2014	-	-	Adjuvans: Montanide ISA 206 Triethanolamin L-Arginin HEPES-Na Bovines Serum	i	2,0	6 M.
Equilis Te-tanus-Se-rum	Tetanus (Passiv-Impfung)	Intervet	2005	2010	-	-	Phenol (Konservierungsmittel, 3,7 - 5,0 mg) Pferdeprotein (bis 170 mg)	i	1	bis 3 W.
Footvax	Moderhinke	Intervet	1996	2007	ja	-	Leichtes Mineralöl, NF (Adjuvans) Mannitan Oleat (Montanide 888, Adjuvans) Formaldehyd Natriumchlorid	i	1,0	12 M.
Heptavac P plus	Diverse Clostri-dium-Bakterien Mannheimia hae-molytica Pasteurella trehalosi	Intervet	1999	2016	0,3	9,20	Formaldehyd Tris-Puffer Maleinsäure Natriumchlorid,	i	2,0	k. A.
Nobivac T	Tollwut	Intervet	1997	2015	0,1	0,66	Phosphatpuffer	i	1,0	1 J.
Ovilis Enzovax	Chlamydien	Boeh-ringer	2000	2014	-	-	Natriumglutamat Saccharose Rinderserumalbumin Di-Natriumhydrogenphosphat-di-	i	2,0	3 J.

							Natriumchlorid			
Rabisin	Tollwut	Boeh- ringer	2005	2017	ja	1,70	GMEM-Medium Thiomersal (nur in 10ml-Be- hältern) Spuren von Gentamicin	i	1,0	1 J.
Syvazul 1	BTV-1	Syva	2016	2016	0,1	2,08	Saponin (Adjuvans, 0,2 mg) Kaliumchlorid Kaliumdihydrogenphosphat Dinatriumhydrogenphosphat, wasserfrei Kochsalz Silikon	i	4,0	1 J.
Syvazul 8	BTV-8	Syva	2017	2017	0,1	2,08	Saponin (Adjuvans, 0,2 mg) Kaliumchlorid Kaliumdihydrogenphosphat Dinatriumhydrogenphosphat, wasserfrei Kochsalz Silikon			1 J.
Tetanus- Serum WdT	Tetanus (Passiv-Impfung)	WdT	2005	2010	-	-	Pferdeprotein Phenol (Konserv., 0,4 - 0,5 % m/V) Natriumchlorid	i	1	bis 3 W.
Versiguard Rabies	Tollwut	Zoetis	2006	2017	0,1	2,00	-	i	1,0	1 |2 J.
VIMCO	Mastitis	Hipra	2018		-	-	noch keine Fachinfo	-	-	-
Zulvac 1 Ovis	BTV-1	Zoetis	2011	2016	0,2	4,00	Saponin (Adjuvans, 0,4 mg) Kaliumchlorid Kaliumdihydrogenphosphat Dinatriumhydrogenphosphat x 12 H2O Natriumchlorid	i	2,0	1 J.

Impfstoff Schafe	Krankheit	Her-steller	Zulassung	Fachinfo	Thiomersal	Aluminium	Sonstige Inhaltsstoffe (Wasser für Injektionszwecke ist nicht gesondert aufgeführt)	Injekt. / oral	Dosis (ml)	Wirkdauer
Zulvac 1+8 Ovis	BTV-1,8	Zoetis	2011	2016	0,2	4,00	Adjuvans: Saponin (0,4 mg) Kaliumchlorid Kaliumdihydrogenphosphat5 Dinatriumhydrogenphosphat x 12 H2O Natriumchlorid	i	2,0	1 J.
Zulvac 8 Ovis	BTV-8	Zoetis	2010	2014	0,2	4,00	Adjuvans: Saponin (0,4 mg) Kaliumchlorid Kaliumdihydrogenphosphat Dinatriumhydrogenphosphat x 12 H2O Natriumchlorid	i	2,0	1 J.
Zulvac BTV Ovis	BTV-1,4,8	Zoetis	2017	2017	0,2	4,00	Adjuvans: Quil-A (0,4 mg) Kaliumchlorid Kaliumdihydrogenphosphat Dinatriumhydrogenphosphat x 12 H2O Natriumchlorid	i	2,0	1 J.
Zulvac SBV	Schmallenberg-virus	Zoetis	2015	2015	0,2	4,00	Saponin (Adjuvans, 0,4 mg) Kaliumchlorid Kaliumdihydrogenphosphat Dinatriumhydrogenphosphat Natriumchlorid	i	2,0	6 M.

Schweine

Insgesamt sind 85 Schweine-Impfstoffe in Deutschland zugelassen. Davon sind 65 Einzel-Impfstoffe, 20 sind Mehrfach-Impfstoffe.

Zylexis wurde ursprünglich vom PEI bei den Tierimpfstoffen aufgelistete, ist aber ist laut Auskunft der Behörde kein echter Impfstoff, sondern ein unspezifischer Immunstimulator. Ich habe das Produkt jedoch in der Liste belassen, da es wie ein Impfstoff das Immunsystem eines Tieres manipulieren soll.

35 Impfstoffe enthalten das quecksilberhaltige Konservierungsmittel Thiomersal. 21 Impfstoffe enthalten Aluminium als Wirkverstärker. 16 Impfstoffe enthalten sowohl Thiomersal als auch Aluminium und sind aufgrund der sich gegenseitig verstärkenden Giftwirkung als besonders bedenklich einzustufen.

Falls die Wirksamkeitsdauer für Sie von besonderer Wichtigkeit ist, empfehle ich, die nachfolgende Tabelle (Spalte ganz rechts) nur zur Orientierung zu verwenden und ansonsten die Original-Fachinfos durchzulesen: Die Wirksamkeitsdauer kann bei einzelnen Komponenten eines Impfstoffs unterschiedlich ausgewiesen sein und die Beweislage für die angegebene Wirkdauer ist je nach Nachweismethode unterschiedlich. Damit sind die angegebenen Wirksamkeitsdaten leider oft nicht so eindeutig, wie ein Tierhalter sich das wünschen würde.

Eine Sonderstellung nimmt das Produkt *Suiseng* zum Schutz von ungeborenen Ferkeln ein. Es enthält 500 mg Aluminiumhydroxid, also das 33fache bis 500fache dessen, was andere Impfstoffe enthalten. Ob das wirklich gut für die ungeborenen Tiere sein kann, ist fraglich. Doch das scheint immer noch nicht auszureichen, um die Antikörperproduktion anzukurbeln, denn *Suiseng* enthält, wie einige andere Impfstoffe auch, zusätzlich Ginseng-Extrakt als Wirkverstärker. Darüber hinaus enthält der Impfstoff als Einziger Benzylalkohol. Der Schutz der ungeborenen Ferkel geht offenbar nicht mit einem erhöhten Antikörpertiter einher:

> *Die Persistenz der durch die Impfung induzierten Antikörper ist nicht belegt. (...) Die Relevanz der neutralisierenden Antikörper wurde experimentell nicht bestimmt. Antikörper wurden 3 Wochen nach der Impfung nachgewiesen. Die Persistenz dieser Antikörper ist nicht belegt.*

Impfstoff Schweine	Krankheit	Her-steller	Zulassung	Fachinfo	Thiomersal	Aluminium	Sonstige Inhaltsstoffe (Wasser für Injektionszwecke ist nicht gesondert aufgeführt)	Injekt. / oral	Dosis (ml)	Wirkdauer
Aftopur DOE	MKS	Boeh-ringer	2003	2017	-	-	Adjuvans: emulgierte Ölemulsion (360,15 mg) Dünnflüssiges Paraffinöl Sorbitanmonooleat Mannitolmonooleat Ester von Fettsäuren und ethoxylierten Polyolen Chloroform Natriumchlorid Kaliumchlorid Magnesiumchlorid Natriummonohydrogenphosphat-Dihydrat Glukose Kalziumchlorid Natriumhydrogencarbonat	i	2,0	4 W.
Aftovax-pur DOE	MKS	Merial	2013	2013	-	-	Adjuvans: Dünnflüssiges Paraffin (537 mg) Mannitolmonooleat Polysorbat 80 Trometamol Natriumchlorid Kaliumdihydrogenphosphat Kaliumchlorid Dinatriumphosphat wasserfrei Kaliumhydroxid	i	2,0	6 M.

							Dünnflüssiges Paraffin Sorbitantrioleat Polysorbat 80 Natriumchlorid Kaliumchlorid Dinatriumphosphat-dihydrat Kaliumdihydrogenphosphat			
Circovac	E. coli Clostridien	IDT	2007	2012	0,1	-	Adjuvans: Dünnflüssiges Paraffin (250,5 mg) Sorbitanmonooleat Polysorbat 80 Polysorbat 85 Natriumchlorid Kaliumdihydrogenphosphat Natriummonohydrogenphosphat-Dihydrat	i	1,0	14 W.
Clostricol	E. coli Clostridien	IDT	1999	2012	0,4	8,40	Formaldehyd Bestandteile aus Kultivierungsmedien	i	4,0	k. A.
Clostri-porc A	Clostridien	IDT	2011	2016	0,2	-	Adjuvans: Montanide Gel Glutaraldehyd	i	2,0	4 W.
Coglapix	Actinobacillus Pleuropneumonie	CEVA	2015	2015	0,22	4,85	Natriumhydroxid Natriumchlorid	i	2,0	16 W.
Coliporc PLUS	E. coli-Enteritiden	IDT	1995	2008	0,2	4,00	Formaldehyd Bestandteile aus Kultivierungsmedien	i	2,0	k. A.
Coliprotec F4	E. coli-Infektion	Prevtec	2015	2015	-	-	Dextran 40 000 Sucrose Mononatriumglutamat	o	2,0	21 T.

Impfstoff Schweine	Krankheit	Her-steller	Zulassung	Fachinfo	Thiomersal	Aluminium	Sonstige Inhaltsstoffe (Wasser für Injektionszwecke ist nicht gesondert aufgeführt)	Injekt. / oral	Dosis (ml)	Wirkdauer
Coliprotec F4/F18	Diarrhö	Prevtec	2017	2017	-	-	Dextran 40.000 Sucrose Mononatriumglutamat	o	2,0	21 T.
Covexin 8	Wundinfektionen durch Clostri-dium-Bakterien	Zoetis	2005	2013	0,9	10,00	Kalium-Aluminiumsulfat (Ad-juvans) Formaldehyd (max. 2,5 mg)	i	5,0	k. A.
Decivac FMD DOE	MKS	Intervet	2000	2014	-	-	Adjuvans: Montanide ISA 206 Triethanolamin L-Arginin HEPES-Na Bovines Serum	i	2,0	6 M.
Ecoporc Shiga	E. coli Enterotoxämie (Ödemkrankheit)	IDT	2013	2013	0,12	3,50	Glutaraldehyd	i	1,0	105 T.
Entericolix	E. coli Ödemkrankheit Nekrotisierende Enteritis der Ferkel	CZ	2016	2016	0,2	-	Adjuvans: Leichtes Mineralöl (0,76 ml) Montanide 103 (0,04 ml) Sorbitanoleat (0,04 ml) Dinatriumhydrogenphosphat (wasserfrei) Formaldehyd Polysorbat 80 Kaliumdihydrogenphosphat Natriumchlorid	i	2,0	21 T. 28 T.
Enterisol	Lawsonia	Boeh-	2004	2016	-	-	Saccharose	o	2,0	17 W.

							Dikaliumphosphat			
ENTER-OPORC A	Clostridien	IDT	2015	2018	0,2	-	Adjuvans: Montanide Gel Glutaraldehyd Ethylendiamintetraessigsäure (EDTA) Saccharose Silikonentschäumer Bestandteile des Kultivierungs-mediums	i	2,0	4 W.
ENTER-OPORC AC	Clostridien	IDT	2017	2017	0,12	-	Adjuvans: Montanide Gel Glutaraldehyd Saccharose	i	2,0	2 W.
Eryseng	Rotlauf	Hipra	2014	2017	-	5,29	Adjuvans: DEAE-Dextran Adjuvans: Ginseng Dinatriumphosphat-Dodeca-hydrat Kaliumchlorid Kaliumdihydrogenphosphat Simeticon Natriumchlorid Natriumhydroxid	i	2,0	6 M.
Eryseng Parvo	Rotlauf Parvovirose	Hipra	2014	2017	-	-	Adjuvans: DEAE-Dextran Adjuvans: Ginseng Dinatriumphosphat-Dodeca-hydrat Kaliumchlorid Kaliumdihydrogenphosphat Simeticon Natriumchlorid Natriumhydroxid	i	2,0	6 M.

Impfstoff Schweine	Krankheit	Her-steller	Zulassung	Fachinfo	Thiomersal	Aluminium	Sonstige Inhaltsstoffe (Wasser für Injektionszwecke ist nicht gesondert aufgeführt)	Injekt. / oral	Dosis (ml)	Wirkdauer
Gletvax 6	E. coli-Infektion Nekrotisierende Enteritis der Ferkel	Zoetis	1998	2014	0,58	15,00	Formaldehyd (2,5 mg)	i	5,0	k. A.
Gletvax plus	E. coli	Zoetis	2000	2013	0,2	6,00	Formaldehyd (1,0 mg) Natriumchlorid	i	2,0	k. A.
Gripovac 3 (erloschen!)	Schweineinfluenza	Merial	2010	2018	0,21	-	Adjuvans: Carbomer 971 P NF (2 mg) Natriumchloridlösung	i	2,0	4 M.
Haeppo-vac	Actinobazillus Pleuropneumonie	IDT	1998	2008	0,2	4,20	Formaldehyd Natriumchlorid Medium Hp 561-2	i	2,0	k. A.
Hyogen	Mykoplasmen	Ceva	2015	2015	0,05	-	Adjuvans: Dünnflüssiges Paraffin (187 µl) Adjuvans: Escherichia coli J5 LPS Sorbitantrioleat Polysorbat 80 Natriumchlorid Kaliumchlorid Dinatriumphosphat-dihydrat Kaliumdihydrogenphosphat	i	2,0	26 W.
Hyoresp	Enzootische Pneumonie	Boehringer Ing.	1998	2017	0,2	4,20	Salzlösung	i	2,0	k. A.
Improvac	Ebergeruch	Zoetis	2009	2018	-	-	Adjuvans: Diethylaminoethyl (DEAE) Dextran	i	2,0	k. A.

Aujeszky MLV plus	Krankheit	ringer Ing.					Kochsalzlösung Neomycinsulfat			W.
Ingelvac CircoFLEX	Circovirus	Boeh-ringer Ing.	2008	2017	-	-	Adjuvans: Carbomer (1 mg) Natriumchlorid	i	1,0	17 W.
Ingelvac MycoFLEX	Enzoot sche Pneu-monie	Boeh-ringer Ing.	2009	2014	-	-	Adjuvans: Carbomer (1 mg) Natriumchlorid	i	1,0	26 W.
Ingelvac PCV FLEX	Circovirus	Boeh-ringer Ing.	2017	2017	-	-	Adjuvans: Carbomer (1 mg) Natriumchlorid	i	1,0	17 W.
Ingelvac PRRS MLV	PRRS	Boeh-ringer Ing.	1999	2016	-	-	Adjuvans: Carbomer (1 mg) Natriumchlorid	i	2,0	110 T. 154 T.
Ingelvac PRRS-FLEX EU	PRRS	Boeh-ringer Ing.	2015	2015	-	-	Sucrose Gelatine Kaliumhydroxid Glutaminsäure Kaliumdihydrogenphosphat Dikaliumphosphat Natriumchlorid Kaliumchlorid Dinatriumhydrogenphosphat	i	1,0	26 W.
M+PAC	Enzootische Pneu-monie	Intervet	2004	2011	0,1	1,00	Adjuvans: dünnflüssiges Mineralöl (0,134 ml)	i	1,0	6 M.

Impfstoff Schweine	Krankheit	Hersteller	Zulassung	Fachinfo	Thiomersal	Aluminium	Sonstige Inhaltsstoffe (Wasser für Injektionszwecke ist nicht gesondert aufgeführt)	Injekt. / oral	Dosis (ml)	Wirkdauer
MYPRAVAC SUIS	Enzootische Pneumonie	Hipra	2003	2015	-	-	Adjuvans: Levamisol (als Hydrochlorid, 1,8 mg) Adjuvans: Carbomer (10 mg) Konservierungsmittel: Methyl Parahydroxybenzoat (2,4 mg) Natriumhydroxid Natriumchlorid Natriumbisulfit	i	2,0	70 T.
Neocolipor	E. coli-Enterotoxidose	Merial	1998	2015	0,2	1,40	Natriumchlorid	i	2,0	k. A.
Parvoruvac	Rotlauf, Parvovirose	Ceva	2005	2010	ja	4,20	Physiologische Kochsalzlösung	i	2,0	6 M. 9 M.
Pestiffa CL	Klassische Schweinepest	Boehringer Ing.	1984	2017	-	-	Saccharose Lactalbuminhydrolysat Mineralsalze und Basen	i	2,0	k. A.
PESTIPORC	Klassische Schweinepest	IDT	2008	2014	-	-	Di-Kaliumhydrogenphosphat Gelatine Kaliumdihydrogenphosphat Kaliumhydroxid L-Glutaminsäure Magermilchtrockenpulver Saccharose Di-Natriumhydrogenphosphatdihydrat Glycerin Natriumchlorid	i	2,0	9 M.

							senziellen Aminosäuren und 10 % Pferdeserum, Natriumchlorid, Kaliumchlorid, Dinatriumhydrogenphosphat, Kaliumdihydrogenphosphat, Glucose, Glycin, L-Glutaminsäure, Natriumhydroxid, Glycerol, Phenolrot, Magermilchpulver, Neomycinsulfat, Kokosfett, Maisvollkornmehl, Polarit G 56, Sprühmagermilchpulver, Mandelaroma			
Porcilis APP	Actincbazillus Pleuropneumonie	Intervet	1996	2009	-	-	Adjuvans: dl-α-Tocopherolacetat (Diluvac Forte, 150 mg) Formaldehyd (0,02 %) Polysorbat 80 Simeticon Natriumchlorid Polymyxin B	i	2,0	11 W.
Porcilis AR-T DF	Rhinitis atrophicans	Intervet	2000	2014	-	-	Adjuvans: dl-α-Tocopherolacetat (150 mg) Formaldehyd (1 mg) Natriumchlorid Phosphatpuffer Simeticon Polysorbat 80	i	2,0	k. A.

Impfstoff Schweine	Krankheit	Hersteller	Zulassung	Fachinfo	Thiomersal	Aluminium	Sonstige Inhaltsstoffe (Wasser für Injektionszwecke ist nicht gesondert aufgeführt)	Injekt. / oral	Dosis (ml)	Wirkdauer
Porcilis Begonia Diluvac	Aujeszky'sche Krankheit	Intervet	2004	2010	-	-	Adjuvans: D,L-α-Tocopherolacetat (150 mg) Kulturmedium patentierter CD#156 Stabilisator mit definierter chemischer Zusammensetzung Lösungsmittel Diluvac Forte: Polysorbat 80, Simeticon, Natriumchlorid, Kaliumphosphat und Natriumphosphat als Puffer	i	2,0	4 M.
Porcilis Begonia I.D.A.L.	Aujeszky'sche Krankheit	Intervet	1995	2010	-	-	Adjuvans: D,L-α-Tocopherolacetat (150 mg) Kulturmedium patentierter CD#156 Stabilisator mit definierter chemischer Zusammensetzung Lösungsmittel Diluvac Forte: Polysorbat 80, Simeticon, Natriumchlorid, Kaliumphosphat und Natriumphosphat als Puffer	i	0,2	4 M.
Porcilis Begonia Unisolve	Aujeszky'sche Krankheit	Intervet	1995	2010	-	-	Kulturmedium patentierter CD#156 Stabilisator mit definierter chemischer Zusammensetzung Lösungsmittel Unisolve: Natriumchlorid, Kaliumphosphat und	i	2,0	4 M.

[illegible]	[illegible]						(150 mg) Natriumchlorid Kaliumchlorid Dinatriumhydrogenphosphat Kaliumdihydrogenphosphat Simethicon Polysorbat 80			
Porcilis Ery	Rotlauf	Intervet	1998	2008	-	-	Adjuvans: D,L-α-Tocopherolacetat (150 mg) Konservierungsmittel: Formaldehyd (0,03-0,05 %) Polysorbat 80 Simethicon Natriumchlorid Tris (hydroxymethyl) amino-methan	i	2,0	6 M.
Porcilis Ery + Parvo	Rotlauf + Parvo	Intervet	1999	2015	-	-	Adjuvans: D,L-α-Tocopherolacetat (150 mg) Konservierungsmittel: Formaldehyd (0,03-0,05 %) Polysorbat 80 Tris (hydroxymethyl) amino-methan Natriumchlorid Simethicon	i	2,0	6 M. 12 M.

Impfstoff Schweine	Krankheit	Hersteller	Zulassung	Fachinfo	Thiomersal	Aluminium	Sonstige Inhaltsstoffe (Wasser für Injektionszwecke ist nicht gesondert aufgeführt)	Injekt. / oral	Dosis (ml)	Wirkdauer
Porcilis Ery+Parvo+Lepto	Rotlauf Parvovirose	Intervet	2016	2018	-	-	Adjuvans: dl-α-Tocopherolacetat (150 mg) Konservierungsmittel: Formaldehyd (0,4-1mg) Polysorbat 80 Simethicon Natriumchlorid Kaliumchlorid Kaliumdihydrogenphosphat Dinatriumphosphatdihydrat	i	2,0	6 M. 12 M.
Porcilis Glässer	Glässer'sche Krankheit	Intervet	2004	2009	-	-	Adjuvans: dl-α-Tocopherolacetat (150 mg) Phosphatpuffer Simethicon Polysorbat	i	2,0	6 W. 14 W.
Porcilis M hyo	Enzootische Pneumonie	Intervet	2006	2010	-	-	Adjuvans: dl-α-Tocopherolacetat (150 mg) Polysorbat 80 Simethicon Natriumchlorid Natriumdihydrogenphosphat Dinatriumhydrogenphosphat	i	2,0	20 W.
Porcilis M Hyo ID ONCE	Mykoplasmen	Intervet	2011	2018	-	-	Adjuvans: Dünnflüssiges Paraffin (34,6 mg) Adjuvans: dl-α-Tocopherolacetat (2,5 mg)	i	0,2	22 W.

							hydrat Dinatriumhydrogenphosphat-di-hydrat			
Porcilis Parvo	Parvovirose	Intervet	1998	2015	-	-	Adjuvans: D,L-α-Tocopherolacetat (150,0 mg) Konservierungsmittel: Formaldehyd (1,08 mg) Polysorbat 80 Natriumchlorid Simethicon Spuren von Antibiotika	i	2,0	12 M.
Porcilis PCV	Circovirus	Intervet	2009	2017	-	-	Adjuvans: D,L-α-Tocopherolacetat (25 mg) Adjuvans: Dünnflüssiges Paraf-fin (346 mg) Polysorbat 80 Simethicon (Entschäumer)	i	2,0	22 W.
Porcilis PCV ID	Circovirus	Intervet	2015	2018	-	-	Adjuvans: D,L-α-Tocopherolacetat (0,6 mg) Adjuvans: Dünnflüssiges Paraf-fin (8,3 mg) Polysorbat 80 Simethicon Natriumchlorid Kaliumchlorid Dinatriumphosphatdihydrat Kaliumdihydrogenphosphat	i	0,2	23 W.

Impfstoff Schweine	Krankheit	Hersteller	Zulassung	Fachinfo	Thiomersal	Aluminium	Sonstige Inhaltsstoffe (Wasser für Injektionszwecke ist nicht gesondert aufgeführt)	Injekt. / oral	Dosis (ml)	Wirkdauer
Porcilis PCV M Hyo	Circovirus	Intervet	2014	2018	-	2,00	Adjuvans: Dünnflüssiges Paraffin (0,268 ml) Sorbitanmonooleat Polysorbat 80 Ethanol Glyzerin Natriumchlorid	i	2,0	21 W.
Porcilis Pesti	Klassische Schweinepest	Intervet	2000	2011	-	-	Adjuvans: dünnflüssiges Paraffin (941,4 mg) Polysorbat 80 Sorbitanmonooleat	i	2,0	6 M.
Porcilis Porcoli Diluvac Forte	E. coli-Ferkelenteritis	Intervet	2002	2011	-	-	Adjuvans: dl-α-Tocopherolacetat (150 mg) Polysorbat 80 Kaliumchlorid Kaliumdihydrogenphosphat Simethiconemulsion Natriumchlorid Dinatriumphosphat-dihydrat	i	2,0	k. A.
Porcilis PRRS	PRRS	Intervet	2000	2018	-	-	Adjuvans: D,L-α-Tocopherolacetat (150 mg) Kulturmedium Patentierter Stabilisator CD#279 mit chemisch definierter Zusammensetzung Polysorbat 80	i	2,0	24 W.

							hydrat Simeticon			
Progressis	PRRS	Ceva	2000	2017	-	-	Adjuvans: ölige Hilfsstoffe (mit hydriertem Polyisobuten als Adjuvans) Fettsäuren von Polyoxyethylen Ether von Fettalkoholen und Polyolen Benzylalkohol Triethanolamin Kaliumchlorid Natriumchlorid Kaliumdihydrogenphosphat Natriummonohydrogenphos-phat-Dihydrat Magnesiumchlorid Kalziumchlorid	i	2,0	k. A.
ReproCyc PRRS EU	PRRS	Boeh-ringer	2015	2015	-	-	Adjuvans: Carbomer (2,0 mg) Sucrose Gelatine Kaliumhydroxid Glutaminsäure Kaliumdihydrogenphosphat Dikaliumphosphat Natriumchlorid Kaliumchlorid Dinatriumhydrogenphosphat	i	2,0	17 W.
Respiporc ART+EP	Rhinitis atrophi-cans Enzootische Pneu-monie	IDT	1994	2008	0,4	8,40	Formaldehyd Natriumchlorid Nährmedium 8/83 TVs-Pm-Nährmedium	i	4,0	6 M.

Impfstoff Schweine	Krankheit	Hersteller	Zulassung	Fachinfo	Thiomersal	Aluminium	Sonstige Inhaltsstoffe (Wasser für Injektionszwecke ist nicht gesondert aufgeführt)	Injekt. / oral	Dosis (ml)	Wirkdauer
Respiporc Flu 3	Schweineinfluenza	IDT	2010	2017	0,21	-	Adjuvans: Carbomer 971 P NF (2,0 mg) Natriumchlorid	i	2,0	4 M. 6 M.
RESPI-PORC FLUpan H1N1	Schweineinfluenza	IDT	2017	2017	0,1	-	Adjuvans: Carbomer 971 P NF (2,0 mg) Natriumchlorid	i	1,0	3 M.
Rhiniseng	Rhinitis atrophicans	Hipra	2010	2017	-	6,40	Adjuvans: DEAE-Dextran Adjuvans: Ginseng Formaldehyd Simeticon Dinatriumphosphat-Dodecahydrat Kaliumdihydrogenphosphat Natriumchlorid Kaliumchlorid	i	2,0	6 W.
Rhusiovac	Rotlauf	IDT	1995	2009	0,2	11,00	Formaldehyd Rotlauf-Adsorbatvakzine-Kultivierungsmedium	i	2,0	k. A.
Salmoporc	Salmonellen	IDT	2002	2017	-	-	Saccharose Rinderserumprotein Entschäumer Natriumchlorid	o + i	1,0	19 W. 24 W.
Stellamune Myko-	Enzootische Pneumonie	Lilly	1995	2015	0,19	-	Adjuvans: Drakeol 5 (0,075 ml) Adjuvans: Amphigenbase (0,025 ml)	i	2,0	k. A.

							Natriumchlorid Kaliumchlorid Kaliumphosphat (einbasisch) Natriumphosphat (zweibasisch)			
Stellamune One	Enzootische Pneumonie	Lilly	2002	2014	0,19	-	Adjuvans: Amphigenbase (0,025 ml) Adjuvans: Drakeol 5 (Mineralöl, 0,075 ml) Polysorbat 80 Sorbitan Mono-Oleat Natrium-EDTA Gepufferte Kochsalzlösung Nr. 3-2	i	2,0	23 W.
Suisaloral	Salmonellen	IDT	2017	2016	-	-	Saccharose Schweineserumprotein Entschäumer Isotonische Natriumchloridlösung	o + i	1,0	26 W.
Suiseng	E. coli-Enterotoxidose Nekrotisierende Enteritis Clostridien	Hipra	2009	2016	-	500	Adjuvans: Ginseng-Extrakt 4 mg (entspricht 0,8 mg Ginsenosiden) Benzylalkohol (E1519, 30 mg) Simeticon PBS-Lösung	i	2,0	k. A.
Suivac APP	Actinobazillus Pleuropneumonie	Chem-Vet DK	2016	2016	0,1	-	Adjuvans: Emulsigen (0,36 ml) Adjuvans: Saponin (Extrakt aus dem Seifenrindenbaum/Quillaja saponaria molina, 0,10 mg) Natriumchlorid	i	2,0	15 W.

Impfstoff Schweine	Krankheit	Hersteller	Zulassung	Fachinfo	Thiomersal	Aluminium	Sonstige Inhaltsstoffe (Wasser für Injektionszwecke ist nicht gesondert aufgeführt)	Injekt. / oral	Dosis (ml)	Wirkdauer
Suvaxyn Aujeszky 783 + o/w	Aujeszky'sche Krankheit	Zoetis	1998	2017	0,15	2,10	Adjuvans: Mineralöl (Marcol 52, 425 µl) Adjuvans: Mannitmonooleat (Arlacel A, 46 µl) Adjuvans: Polysorbat 80 (Tween 80, 17 µl) Dinatriumhydrogenphosphat Natriumdihydrogenphosphat Mannitol	i	2,0	3 M.
Suvaxyn Circo	Circovirus	Zoetis	2018	2018	0,2	-	Adjuvans: Squalan 8 µl (0,4% v/v) Adjuvans: Poloxamer 401 4 µl (0,2% v/v) Adjuvans: Polysorbat 80 0,64 µl (0,032% v/v) Einbasisches, anhydrisches Kaliumphosphat Natriumchlorid Kaliumchlorid Dinatriumphosphat wasserfrei Dinatriumhydrogenphosphat Heptahydrat-Dinatrium Tetraborat Decahydrat EDTA – Tetranatrium	i	2,0	23 W.
Suvaxyn Circo +	Circovirus Enzootische Pneu-	Zoetis	2015	2017	0,2	-	Adjuvans: Squalan 8 µl (0,4% (v/v)	i	2,0	23 W.

							Adjuvans: Polysorbat 80 0,64 µl (0,032% v/v) Einbasisches, anhydrisches Kaliumphosphat Natriumchlorid Kaliumchlorid Dinatriumphosphat wasserfrei Dinatriumhydrogenphosphat Heptahydrat-Dinatrium Tetraborat Decahydrat EDTA – Tetranatrium			
Suvaxyn CSF Marker	Klassische Schweinepest	Zoetis	2015	2014	-	-	Natriumchlorid (9 mg) Dextran 40 Casein hydrolysate Lactose monohydrate Sorbitol 70% (solution) Sodium hydroxide	i	1,0	6 M.
Suvaxyn M. hyo	Enzootische Pneumonie	Zoetis	1994	2013	0,2	-	Adjuvans: Carbopol (4 mg) EDTA Amaranth (E123) Natriumchlorid	i	2,0	k. A.
Suvaxyn M. hyo - Parasuis	Enzootische Pneumonie Glässersche Krankheit	Zoetis	2008	2015	0,2	-	Adjuvans: Carbopol 941 (4,0 mg) Amaranth EDTA Natriumchlorid Natriumdihydrogenphosphat	i	2,0	6 M.

Impfstoff Schweine	Krankheit	Her-steller	Zulassung	Fachinfo	Thiomersal	Aluminium	Sonstige Inhaltsstoffe (Wasser für Injektionszwecke ist nicht gesondert aufgeführt)	Injekt. / oral	Dosis (ml)	Wirkdauer
Suvaxyn MH-One	Mykoplasmen	Zoetis	2005	2017	-	-	Adjuvans: Carbopol # 941 (4,00 mg) Adjuvans: Squalan (3,24 mg) Natriumchlorid Kaliumchlorid Natriumdihydrogenphoshat x 12 H2O Dikaliumhydrogenphosphat Polysorbat 80 Pluronic L-121 Tetranatrium-Äthylendiamintet-raacetat x 2 H2O Natriumborat Dinatriumhydrogenphosphat	i	2,0	6 M.
Suvaxyn Par-vo/E-Am-phigen	Parvovirose Rotlauf	Zoetis	2017	2018	0,2	-	Adjuvans: Amphigen Base (23,1 mg, davon 60 % flüssiges Paraffin) Adjuvans: Drakeol (flüssiges Paraffin) 64,5 mg Wasserfreies Dinatriumphosphat Polysorbat 80 Sorbitanmonooleat Sojalezithin Kaliumdihydrogenphosphat Natriumchlorid Formaldehyd	i	2,0	6 M.

							(SLCD, 4,0 mg) Adjuvans: Squalan (64,0 mg) MEM ohne Phenolrot Natriumhydrogencarbonat HEPES-Säure			W.
Suvaxyn PRRS MLV	PRRS	Zoetis	2017	2018	-	-	Natriumchlorid Dextran 40 Kaseinhydrolysat Laktosemonohydrat Sorbitol 70% (Lösung) Natriumhydroxid Verdünnungsmedium	i	2,0	26 W.
UNI-STRAIN PRRS	PRRS	Hipra	2013	2018	-	-	Phosphatpufferlösung Dinatriumphosphat-Dodeca-hydrat Kaliumdihydrogenphosphat Gelatine Povidon Mononatriumglutamat Natriumchlorid Kaliumchlorid Saccharose	i	0,2	16 W. 24 W.
VEPURED	Ödemkrankheit	Hipra	2017	2017	-	2,12	Adjuvans: DEAE-dextran (10 mg) Simeticon Natriumhydroxid Dinatriumphosphat-Dodeca-hydrat Kaliumchlorid Kaliumdihydrogenphosphat Natriumchlorid	i	1,0	112 T.

Impfstoff Schweine	Krankheit	Her-steller	Zulassung	Fachinfo	Thiomersal	Aluminium	Sonstige Inhaltsstoffe (Wasser für Injektionszwecke ist nicht gesondert aufgeführt)	Injekt. / oral	Dosis (ml)	Wirkdauer
Versiguard Rabies	Tollwut	Zoetis	2006	2017	0,1	2,00	-	i	1,0	1|2 J.
Zylexis	Paramunisierung	Zoetis	2001	2013	-	-	L2 Stabilisator Caseinhydrolysat Dextran 40 Lactose Sorbitol 70 % (Lösung) Natriumhydroxid MEM mit Earle's Salz	i	2,0	bis 14 T.

Ziegen

Es sind in Deutschland insgesamt 6 Impfstoffe für Ziegen zugelassen.

Es handelt sich ausnahmslos um Einzel-Impfstoffe:

3 x gegen Maul- und Klauenseuche

1 x gegen Q-Fieber

1 x gegen Tollwut

1 x gegen Mastitis

2 Impfstoffe enthalten das quecksilberhaltige Konservierungsmittel Thiomersal.

2 Impfstoffe enthalten Aluminium als Wirkverstärker.

1 Impfstoff enthält sowohl Thiomersal als auch Aluminium und ist aufgrund der sich gegenseitig verstärkenden Giftwirkung als besonders bedenklich einzuordnen.

Falls die Wirksamkeitsdauer für Sie von besonderer Wichtigkeit ist, empfehle ich, die nachfolgende Tabelle (Spalte ganz rechts) nur zur Orientierung zu verwenden und ansonsten die Original-Fachinfos durchzulesen:

Die Wirksamkeitsdauer kann bei einzelnen Komponenten eines Impfstoffs unterschiedlich ausgewiesen sein und die Beweislage ist je nach Nachweismethode unterschiedlich. Damit sind die angegebenen Wirksamkeitsdaten leider oft nicht so eindeutig, wie ein Tierhalter sich das wünschen würde.

Impfstoff Ziegen	Krankheit	Her-steller	Zulassung	Fachinfo	Thiomersal	Aluminium	Sonstige Inhaltsstoffe (Wasser für Injektionszwecke ist nicht gesondert aufgeführt)	Injekt. / oral	Dosis (ml)	Wirkdauer
Aftopur AlSap	MKS	Boeh-ringer	2003	2017	-	7,50	Adjuvans: Saponin Glycinpuffer Silikonemulsion Phosphatpuffer-Lösung Chloroform Natriumchlorid Kaliumchlorid Magnesiumchlorid Natriummonohydrogenphos-phat-Dihydrat Glukose Kalziumchlorid Natriumhydrogencarbonat	i	2,0	6 M.
Aftopur DOE	MKS	Boeh-ringer	2003	2017	-	-	Adjuvans: emulgierte Ölemul-sion (360,15 mg) Dünnflüssiges Paraffinöl Sorbitanmonooleat Mannitolmonooleat Ester von Fettsäuren und etho-xylierten Polyolen Chloroform Natriumchlorid Kaliumchlorid Magnesiumchlorid Natriummonohydrogenphos-phat-Dihydrat	i	2,0	6 M.

							Dinatriumhydrogenphosphat Kaliumdihydrogenphosphat			
Decivac FMD DOE	MKS	Intervet	2000	2014	-	-	Adjuvans: Montanide ISA 206 Triethanolamin L-Arginin HEPES-Na Bovines Serum	i	2,0	6 M.
Versiguard Rabies	Tollwut	Zoetis	2006	2017	0,1	2,00	-	i	1,0	1|2 J.
VIMCO	Mastitis	Hipra	2018	-	-	-	noch keine Fachinfo verfügbar	-	-	-

Teil 5

Wie sicher sind die Zusatzstoffe?

Thiomersal: So sicher wie der Tod?

Nachdem die öffentliche Kritik immer mehr zugenommen hatte, ist das Konservierungsmittel Thiomersal seit etwa zwei Jahrzehnten weitgehend aus Humanimpfstoffen verbannt.

Verboten ist es jedoch nicht. So wird es in den USA noch in einigen Impfstoffen verwendet und auch der 2009/2010 verwendete Pandemieimpfstoff. Pandemrix enthielt Thiomersal.

Dabei hätten die Bundesländer, welche für den Einkauf von Pandemrix verantwortlich waren, den Impfstoff mit Leichtigkeit auch als Ein-Dosen-Behälter bestellen können: Ein Konservierungsmittel wäre dann aus Sicht des europäischen Gesetzgebers nicht notwendig, weil der Impfstoff nach Öffnung des Behälters sofort verwendet wird. Dagegen kann ein angebrochener Mehrdosen-Behälter unter Umständen Stunden oder sogar Tage im Kühlschrank stehen.

Thiomersal ist eine chemische Verbindung, die zur Hälfte aus Quecksilber besteht. Quecksilber ist jedoch das giftigste nichtradioaktive Element, das wir kennen. Bereits geringste Mengen können schädliche Wirkungen auf den Organismus haben.

Insbesondere Nerven- und Gehirnzellen sind anfällig. Es gibt auf Youtube ein Video der Universität von Calgary (Kanada), die zeigt, wie die Synapsen von Gehirnzellen bei Kontakt mit Quecksilber zerstört werden. Synapsen sind die Ausstülpungen von Zellen, die sich mit anderen

Nervenzellen verbinden und ein äußerst komplexes Netzwerk bilden und von ultimativer Bedeutung für unsere kognitiven Fähigkeiten sind.

Zur Giftigkeit und Problematik von Quecksilber und Quecksilberverbindungen gibt es bereits reichhaltige gedruckte Literatur und im Internet. Die entscheidende Frage aus Patienten- bzw. Verbrauchersicht ist:

> *„Wurde die Sicherheit von quecksilberhaltigem Thiomersal jemals überprüft, und wenn ja, wie genau wurde das durchgeführt und was war das Ergebnis?“*

Auch hier ist wichtig, sich daran zu erinnern, dass nicht wir Verbraucher, Patienten, Eltern oder Tierhalter diejenigen sind, die irgend etwas beweisen müssen. Wir sind vielmehr diejenigen, denen aussagekräftige und nachvollziehbare Beweise vorgelegt werden müssen, damit wir unsere mündige Einwilligung in eine Impfung geben können. Wir sind diejenigen, die Beweise von Herstellern, Behörden und Tierärzten fordern. Wir sind auch diejenigen, die darüber entscheiden, ob diese Beweise uns überzeugen oder nicht.

Thiomersal wurde von Dr. Morris Kharasch, einem Chemiker und Mitarbeiter des Pharmakonzerns Eli Lilly entwickelt, der es am 27. Juni 1929 als Patent anmeldete. Er nahm an, dass seine neue Verbindung ein Potenzial als antiseptisches und antibakterielles Produkt hatte.[1]

Bereits im Oktober des gleichen Jahres meldete Eli Lilly Thiomersal unter dem Handelsnamen Merthiolate an. Merthiolate wurde verwendet, um Bakterien abzutöten und bakterielle Verunreinigungen von antiseptischen Salben, Cremes, Gelees und Sprays zu verhindern.

Das Produkt wurde darüber hinaus in Nasensprays, Augentropfen, Kontaktlinsenlösungen, Immunglobulinen und – was hier am wichtigsten ist – in Impfstoffen verwendet.

Wie aber wurde die Unbedenklichkeit von Thiomersal bzw. Merthiolate bewiesen? H. M. Powell und W. A. Jamieson, zwei Forscher von Eli Lilly, berichteten im Jahr 1931, dass verschiedene Tiere hohe Dosierungen von Thiomersal zu vertragen schienen. So vertrugen beispielsweise Hasen 25 Milligramm pro Kilogramm Körpergewicht. Das ist im Vergleich wesentlich mehr, als je in Impfstoffen verwendet wurde. Viele dieser Tiere starben jedoch nur wenige Tage später an offensichtlicher Quecksilbervergiftung.

1 *https://worldmercuryproject.org*

Die Forscher versäumten es leider, Verhaltenstests und kognitive Tests durchzuführen. Mit anderen Worten: Obwohl die Tiere den Kontakt mit Thiomersal – kurzfristig – überlebten, könnte sich ihr soziales Verhalten als Folge von quecksilberbedingten Hirnschädigungen verändert haben – was aber mangels entsprechender Tests nicht erfasst wurde.

Während einer Meningokokken-Epidemie in Indianapolis im Jahr 1929, verabreichte im Indianapolis City Hospital der Arzt K. C. Smithburn 22 seiner Patienten, die an tödlicher Meningokokken-Infektion litten, intravenös eine einprozentige Thiomersal-Lösung. Das Thiomersal zeigte keinen therapeutischen Vorteil und alle Patienten starben, davon sieben von ihnen innerhalb eines Tages nach der Verabreichung.

Aufgrund ihrer Meningitis wären diese Patienten laut Prognose der Ärzte sowieso gestorben. Der Umstand, dass diese Patienten auf die Thiomersal-Gabe keine unmittelbaren anaphylaktischen Reaktionen gezeigt hatten, wurde von den Eli-Lilly-Forschern Powell und Jamieson in einer Publikation als Beweis dafür gewertet, dass die Verabreichung sicher sei.

Anaphylaktische Reaktionen gehörten jedoch damals nicht zu den typischen Folgen einer Quecksilber-Vergiftung. Je nach Dosierung und Konstitution kann es vielmehr Monate dauern, bis die Vergiftung erste Wirkungen zeigt, vor allem neurologischer Art.

Die Beobachtungszeit betrug – und zwar bei sieben der 22 Patienten – nur einen Tag, also ein fahrlässig kurzer Zeitraum. Genaue Beschreibungen der aufgetretenen Symptome wurden nicht publiziert, und Laboruntersuchungen wurden ebenfalls entweder nicht publiziert oder gar nicht erst vorgenommen.

Die Doktoren Powell und Jamieson merkten im Jahr 1930 an, dass ein „weites Spektrum an Giftigkeits- und Schädlichkeitstests vorgenommen werden" sollte. Es gibt keinerlei Hinweis, dass Powell und Jamieson ihren eigenen Rat befolgten und Studien durchführten, um diesen Bedenken gerecht zu werden.

Eli Lilly benutzte die Forschungen von Smithburn, Powell und Jamieson jahrzehntelang als Beweis für die Sicherheit von Thiomersal und bahnte damit den Weg für die Verwendung in verschiedensten antiseptischen Produkten.

In den 1930er Jahren begannen Pharmaunternehmen damit, Thiomersal in Impfstoffen zu verwenden, um bei wiederholter Entnahme von Impfstoff aus Multidosenbehältern unerwünschte bakterielle Verunreinigungen zu verhindern.

Von einem wissenschaftlichen Beweis für die Sicherheit von Thiomersal kann also keineswegs die Rede sein. Dieser Beweis steht bis heute aus. Im Grunde ist es rätselhaft, warum diese Chemikalie bis heute, also fast 90 Jahre lang, in Medizinprodukten verwendet werden darf.

Es gibt auch keine Notwendigkeit, sich rechtfertigen zu müssen, wenn man Bedenken wegen des Konservierungsmittels äußert: Nicht der Tierhalter muss beweisen, dass Thiomersal *gefährlich* ist, sondern der Hersteller muss beweisen, dass es *unbedenklich* ist!

Kann er dies?

Kritiker der Verwendung von Quecksilber in Medikamenten und Zahnfüllungen sind übrigens der Ansicht, dass das Wort „Quacksalber" sich auf Quecksilber bezieht. Diese Überzeugung findet man u. a. auf der Webseite www.toxcenter.org des inzwischen verstorbenen Arztes Dr. Max Daunderer, dessen Veröffentlichungen über Gifte bis heute Standardwerke darstellen.

Laut Daunderer gibt es bei Quecksilber keine unschädliche Dosierung. Auf seiner Webseite finden sich Beschreibungen zahlreicher Krankheiten, die auf eine Quecksilbervergiftung zurückzuführen sind.

Aluminium-Adjuvantien: Wie ein Tritt gegen einen Bienenstock

Während die schädliche Wirkung von Quecksilber und Quecksilberverbindungen bereits seit Jahrzehnten kontrovers diskutiert wird, richtet sich die Aufmerksamkeit der Öffentlichkeit im deutschen Sprachraum erst seit etwa 2012 auf die Aluminium-Adjuvantien.[2] Ich werde deshalb die Aluminiumzusätze etwas ausführlicher besprechen als jene mit Quecksilberanteil.

2 *Siehe dazu: Ehgartner, Bert: „Dirty Little Secret – Die Akte Aluminium", Ennsthaler Verlag 2012*

Ohne Aluminium keine messbare Immunreaktion

Die sogenannten Totimpfstoffe enthalten Erreger, die an ihrer Oberfläche, z. B. mit Hilfe von Formaldehyd, chemisch stark verändert wurden und dadurch nicht mehr in der Lage sind, sich in Körperzellen einzuschleusen und zu vermehren.

Da unser Immunsystem nicht dumm ist, stuft es diese denaturierten Antigene als nicht gefährlich ein und ignoriert sie weitgehend. Deshalb enthalten Totimpfstoffe ein sogenanntes „Adjuvans", einen giftigen „Verstärkerstoff", den das Immunsystem keineswegs ignorieren kann. Bei diesen Substanzen handelt es sich in der Regel um Aluminiumsalze, z. B. Aluminiumhydroxid oder Aluminiumphosphat.

Auf das Aluminium reagiert das Immunsystem äußerst heftig. Das muss es auch, bedroht es doch mit seiner Bindungs-Aggressivität ganz konkret z. B. den Sauerstoff- und Eisenstoffwechsel im Organismus. Sajer Ji, in den USA einer der bekanntesten Kritiker der Pharmaindustrie, hat Impfungen einmal in einem Artikel mit einem Tritt gegen einen Bienenstock verglichen. Dies dürfte insbesondere auf die Aluminium-Bestandteile der Impfstoffe zutreffen:

Einerseits kennt das Immunsystem diese Substanz nicht, da es während der Evolution von Menschen und Tieren stabil in der Erdkruste verankert war und im lebendigen Organismus keine Rolle spielt. Andererseits kann unser Immunsystem grundsätzlich sehr wohl erkennen, dass große Gefahr droht, weiß aber nicht, wie es damit umgehen soll, weil dies während der menschlichen – und tierischen – Evolution einfach nicht notwendig war. Aluminium ist keine natürliche Gefahr für das Leben, sondern ein seit Anfang der Zeiten fest verschlossener Flaschengeist, den erst der Mensch freigesetzt hat.

Die Impfstoffhersteller kleben die veränderten Impferreger an die aluminiumhaltigen Adjuvans-Partikel und behaupten, die dadurch messbare Antikörperreaktion ziele ausgerechnet auf den Impferreger – statt auf das Aluminium-Adjuvans. Das ist zumindest die Hypothese. Im deutschen Standardwerk „Impfkompendium" heißt es dazu:[3]

> *„Die Wirkungsweise von Adjuvanzien ist komplex und bisher noch nicht in allen Einzelheiten bekannt. Früher nahm man vor allem eine Depotwirkung an, durch die das Antigen langsam freigesetzt*

3 *Heinz Spiess (Hrsg.): Impfkompendium. Thieme Verlag 1994*

wird. Heute ist man mehr der Meinung, dass durch die Bildung von Lymphokinen eine lokale Entzündungsreaktion hervorgerufen wird, was zur Rekrutierung von Lymphozyten und Makrophagen an den Ort der Infektion führt."

Dieses Zitat stammt aus der 4. Auflage des Impfkompendiums aus dem Jahr 1994. In den Auflagen, die davor erschienen sind, gab es offenbar noch keine Zweifel an der Wirkungsweise von aluminiumhaltigen Wirkverstärkern. Seit der 7. Auflage von 2011 heißt es dagegen:

„Trotz langjähriger Erfahrung mit einigen Adjuvanzien, wie dem klassischen Aluminiumhydroxid und weiteren, muss der Einsatz neuer Substanzen mit großer Sorgfalt vorbereitet werden, da noch nicht alle Effekte der adjuvanten Substanzen in ihrer klinischen Wirkweise verstanden sind."

Auch STIKO-Mitglied Prof. Ulrich Heininger formuliert in seinem „Handbuch Kinderimpfung" (2004) eher vorsichtig:

„Die Adsorption des Antigens an einen Hilfsstoff führt zu einer verlangsamten Freisetzung des Antigens an der Injektionsstelle, was vermutlich der Hauptgrund für die verstärkte Immunantwort ist."

Die Impfexperten sind sich also gar nicht so sicher, was genau passiert, wenn man mit dem Impfstoff Aluminiumverbindungen injiziert. Leider habe ich bisher keine einzige wissenschaftliche Studie gefunden, in der einmal die Antikörperreaktion nach der reinen Gabe von Aluminiumsalz oder auch Thiomersal in einer impfüblichen Dosierung gemessen wurde, denn:

Wenn das Adjuvans der eigentliche Auslöser der Immunreaktion ist, müssten die Antikörper dann nicht auch spezifisch auf das Adjuvans angepasst sein? Warum gehen die Impfexperten stattdessen, quasi nach dem „Prinzip Hoffnung", einfach davon aus, dass die gebildeten Antikörper auf die harmlosen Impferreger passen?

Wäre es nicht interessant zu wissen, ob allein die Hilfsstoffe bereits in der Lage wären, Laborwerte zu beeinflussen, die man als spezifische Antikörpertiter interpretiert? Ich halte das für eine zentrale Frage bezüglich der Glaubwürdigkeit von Impfungen. Doch entsprechende Grundlagen-Studien scheint es nicht zu geben – oder wenn es sie gibt, wurden ihre Ergebnisse offenbar nicht veröffentlicht.

Fraglos löst Aluminium bereits in geringsten Mengen im Körper eine heftige Reaktion aus. Um zu verstehen warum dies so ist, müssen wir uns etwas intensiver mit den Eigenschaften von Aluminium beschäftigen.

Den Lebensprozessen fremd

Der Inhalt dieses Unterkapitels ist zum größten Teil einem faszinierenden Buch namens „Chemie verstehen" entnommen.[4]

Aluminium ist ein Metall, und zwar ein sogenanntes Leichtmetall. Es kommt auf unserem Planeten recht häufig vor. Die Kontinentalplatten bestehen zu 17 % aus Aluminiumoxid. Damit ist Aluminium das dritthäufigste Element in der gesamten Erdkruste.

Metallisches reines Aluminium kommt in der Natur nicht vor. Vielmehr ist es an Mineralien gebunden und Bestandteil z. B. von Bauxit, einem tonigen, weißlich bis ockergelb erscheinendem Gestein. Hier ist es in hohem Maß (40-60 %) als Aluminiumoxid oder Aluminiumhydroxid angereichert. Seltener erscheint Aluminium in Salzen, sogenannten Alaunen, die eine gute Wasserlöslichkeit zeigen.

Das Aluminium ist derart fest in seinen Verbindungen verankert, dass eine Aluminiumhütte für die Aufspaltung einen größeren Strombedarf als eine mittlere Kleinstadt hat!

Überall dort, wo Leichtigkeit und Festigkeit gefragt sind, wird das Aluminium aufgrund seiner Eigenschaften gern eingesetzt.

In chemischen Prozessen mit anderen Substanzen zeigt sich Aluminium sehr reaktionsfreudig. Es gehört im Grunde nicht zu seinem Wesen, „solo" zu sein. Es strebt nach festen, unlöslichen Verbindungen.

Aluminium hat eine große Affinität zu Sauerstoff. Es neigt dazu, auch anderen Metalloxiden den Sauerstoff zu entreißen. Neben seiner Affinität zu Sauerstoff gibt es auch eine zu Eisen, weshalb im Bauxit oft Eisenoxid eingebunden ist.

Aluminiumoxid, also mit Sauerstoff verbundenes Aluminium, ist wasserunlöslich. In kristallisierter Form tritt es als Korund auf. Mit geringen Beimengungen von Chrom oder Kobalt erscheint es als Rubin oder Saphir.

4 *Chemie verstehen: Die Bedeutung der Elemente in Substanz- und Lebensprozessen, von Ernst-Michael Kranich (Hrsg.), Verlag Freies Geistesleben; 1. Aufl. 2005*

Diese Mineralien zeichnen sich durch ihre extreme Härte, Sprödigkeit und Beständigkeit aus.

Bauxit entsteht im warmen und tropischen Klima durch die Verwitterung (Oxidierung) aluminiumhaltiger Mineralien. Diese können auch als Aluminiumhydroxide auftreten, die – wie das Oxid – nahezu wasserunlöslich und sehr beständig sind. Aluminiumhydroxid hat jedoch eine bemerkenswerte Eigenschaft. Dr. Gebhard schreibt dazu in „Chemie verstehen“:

> *„Es ist wasserunlöslich und bildet somit auch keine chemisch wirksame Lauge wie andere Metallhydroxide. Kommt es aber mit einer Säure in Kontakt, so verhält es sich doch wie eine Lauge und bildet mit der Säure ein Salz. Kommt es aber mit einer Lauge zusammen, verhält sich das Aluminiumhydroxid wie eine schwache Säure, ganz entgegen dem ‚üblichen‘ Metallverhalten, und bildet ebenfalls ein Salz, ein Aluminat. Dieses ambivalente Verhalten wird als amphoterer Charakter bezeichnet, weil ein und dieselbe Substanz sowohl sauer als auch basisch reagieren kann. (...) Je nach Partner nimmt es den einen oder andern Charakter an.“*

Aufgrund dieser Eigenschaft hat man Aluminiumhydroxid wohl vor ca. 80 Jahren erstmals in Impfstoffen verwendet: In einer Lösung, die auf einen bestimmten dauerhaften pH-Wert eingestellt werden muss, bietet es sich als Stabilisator an.

Möglicherweise hat man erst später die heftige Reaktion des Immunsystems auf Aluminium festgestellt. Anstatt nun die Finger von dieser heiklen Substanz zu lassen, kam man im Gegenteil auf die Idee, es als „Immunverstärker“ einzusetzen, um Ergebnisse zu erzielen, die als Antikörper-Reaktion interpretiert werden konnten.

Die Antikörpertests der damaligen Zeit sahen übrigens noch folgendermaßen aus: Man entnahm einem mit typischen Symptomen erkrankten oder verstorbenen Menschen oder auch einem erkrankten Tier eine Probe des Blutes oder Organgewebes und injizierte dies in ein Versuchstier. Zeigte dieses daraufhin vergleichbare Symptome, wurde dies als Zeichen für existierende Antikörper interpretiert. Zeigte das Versuchstier keine Symptome, war es „immun“, hatte also demnach reichlich „Antikörper“. Dazu muss man wissen, dass in der ersten Hälfte des 20. Jahrhunderts die Existenz von „Antikörpern“ von den damaligen Schulmedizinern nur vermutet wurde. Man konnte sich die Reaktionen von

Versuchstieren auf wiederholte Injektionen mit „befallenem“ Blut oder Gewebe nur durch „Antikörper“ erklären.[5]

Doch zurück zum Aluminium: Über das Verhältnis von Aluminium zur organischen Welt schreibt Dr. Gebhard:

> *„Während alle häufigen Elemente in irgendeiner Weise an den aufbauenden Prozessen im Bereich des Lebendigen beteiligt sind, bleibt das Aluminium hier ausgeschlossen. Es ist von keinem Organismus bekannt, dass er das Aluminium in sein Stoffwechselgeschehen irgendwie integriert. Zunächst mag das verwundern; doch vergegenwärtigt man sich all die Eigenschaften, die zum Wesen des Aluminiums gehören, dann wird deutlich, dass es nicht am Lebensprozess teilhaben kann. Eine Substanz, die sich bereits als Oxid wie ein Salz verhält, die zum Wasser nur wenig Beziehungen hat, indem Löslichkeit eher die Ausnahme ist und die in der Gesteinswelt dort auftritt, wo die Erde selbst die größte Festigkeit zeigt, nämlich im Bereich der Kontinente, kann an dynamischen Prozessen im Lebendigen schwerlich teilhaben“.*

Soweit Aluminium in seinen unlöslichen Verbindungen auftritt, verhält es sich im Körper neutral. In löslicher Form jedoch wirkt es hochgradig giftig:

> *„Es zeigt dabei stets die Tendenz, vorhandene Prozesse zum Stillstand zu bringen. So reichen bereits kleine Mengen gelösten Aluminiums im Wasser des Bodens, um das Wurzelwachstum der Pflanzen zu hemmen oder gar zu unterbinden.“*

Dort, wo die Pflanze selbst am stärksten zur Verfestigung neigt, wird das Aluminium bevorzugt in die Zellwände eingelagert. Die Folge ist, dass die Elastizität der Zellwände nachlässt, was wiederum zur Versprödung führt.

> *„Eine ganze Reihe physiologischer Prozesse werden durch Aluminium stark beeinträchtigt. So hat gelöstes Aluminium die Neigung, mit Phosphor unlösliche Salze zu bilden. Dadurch wird dem Organismus Phosphor entzogen und damit seine Stoffwechseltätigkeit stark beeinträchtigt; insbesondere ist der Organismus nicht mehr in der Lage, in genügendem Maße Adenosintriphos-*

5 *siehe dazu z. B. das Standardwerk zur Geschichte der Kinderlähmung von John R. Paul: „The History of Poliomyelitis“, Yale University Press 1971, S. 270ff*

phat (ATP) zu bilden, das als Energieträger eine wesentliche Rolle spielt."

Es wurde bereits erwähnt, dass Aluminium sich neben Sauerstoff auch sehr gern mit Eisen verbindet. Dies kann dazu führen, dass Aluminium im Transferrin des Blutplasmas das Eisen ersetzt:

„Das Transferrin ist ein Eiweiß, das im Blut das gelöste Eisen bindet und es in die Zellen bringt, wo es zur Bildung des roten Blutfarbstoffes (Hämoglobin) oder zur Bildung der Cytochrome benötigt wird. Sowohl das Hämoglobin als auch das Cytochrom hängen eng mit den inneren Atmungsprozessen des Organismus zusammen. Ersetzt nun das Aluminium das Eisen im Transferrin, so kann kein Eisen mehr in die Zellen gelangen. Es bewirkt Zustände, die als innere Erstickung bezeichnet werden können."

Das vom Organismus aufgenommene Aluminium kann nur sehr schwer wieder ausgeschieden werden. Es wird vor allem in Knochen, Gehirn, Leber und Nieren eingelagert. Unter Umständen verbleibt das Metall ein Leben lang an diesen Stellen.

Die Einlagerung im Knochen findet vorzugsweise dort statt, wo der sich bildende Knochen noch wächst. Es kommt zur Behinderung des Knochenwachstums.

Verschiedentlich wird eine Einlagerung im Gehirn mit den Symptomen von Alzheimer in Verbindung gebracht. Die genauen physiologischen Zusammenhänge sind jedoch noch ungeklärt. Fazit von Dr. Gebhard:

„In den genannten Beispielen zeigt das Aluminium die gleiche Wirkung auf das Lebendige: Es behindert oder hemmt Prozesse, es lähmt die Atmung und das Wachstum und führt in die Erstarrung. (...) Mit dieser Erstarrungstendenz wirkt das Aluminium lähmend und ertötend. (...) In der unbelebten Natur ist das Aluminium am Ort seines Wirkens, in der belebten Natur kann es nur todbringende Kräfte entfalten."

Und diese alles andere als harmlose Substanz verimpfen wir in unsere Säuglinge – und unsere Tiere?

Ein Metall mit vielen Gesichtern

Weitere Namen von Aluminiumhydroxid sind: Hydrargillit, Bayerit, Böhmit, Diaspor, Nordstrandit, Tonerdehydrat, Alum. Es handelt sich um ein weißes, geruchloses Pulver (feinkristallin). Aluminiumhydroxid tritt als Zwischenprodukt bei der Aluminiumgewinnung in Erscheinung und wird dort als Nebenprodukt („Feuchthydrat") gewonnen und als Rohstoff zur Herstellung diverser Aluminium-Verbindungen in der Industrie verwendet.

Aluminiumhydroxid ist das weltweit bedeutendste mineralische Flammschutzmittel. In der Medizin wird Aluminiumhydroxid außer bei Impfstoffen z. B. auch bei Dialyse-Patienten als Phosphatbinder eingesetzt.

Aluminiumverbindungen stehen schon lange im Verdacht, Gehirn-, Leber- und Nierenschäden zu verursachen. Insbesondere Menschen mit Nierenschwächen sind gefährdet. Die Bedenklichkeit der Verwendung von Aluminiumhydroxid ist bereits seit den 70er Jahren bekannt, als man bemerkte, dass Nierenpatienten, die Aluminiumhydroxid als Phosphatbinder zu sich nahmen, zu Gehirnerkrankungen und anderen Symptomen neigten. Die unter Fachleuten hoch angesehene und anzeigenfreie medizinische Fachzeitschrift „arznei-telegramm" schreibt in ihrer Ausgabe vom Februar 1996:

> *„Als gesichert gilt, dass Aluminium-Intoxikation der wichtigste ursächliche Faktor für die Dialyse-Enzephalopathie ist – ein mit Demenz einhergehendes lebensbedrohliches Krankheitsbild (...). In toxischen Dosen schädigt Aluminium außerdem die Knochen und löst Blutarmut aus."*

Die Verwendung von Aluminiumhydroxid wird deshalb Dialyse-Patienten mehr oder weniger abgeraten. Auf lenntech.com, der Webseite einer Wasseraufbereitungsfirma, werden folgende mögliche Symptome einer Vergiftung mit Aluminium angeführt:

- Schäden am Zentralnervensystem
- Demenz
- Gedächtnisverlust
- Antriebslosigkeit
- Heftiges Zittern

Auch in Impfstoffen haben sich die Risiken von Aluminiumverbindungen schon gezeigt. Die FSME-Impfstoffe FSME-Immun, ENCEPUR K und TICOVAC wurden aufgrund nicht akzeptabler Nebenwirkungen vom Markt genommen, TICOVAC sogar kurz nach seiner Einführung im Jahr 2000. Alle Impfstoffe enthielten zwar kein Thiomersal mehr, aber immer noch Aluminiumhydroxid als Immunverstärker.

Bei ENCEPUR K (das „K" steht für „Kinder") wurde ganz offiziell ein Zusammenwirken zwischen dem aluminiumhaltigen Adjuvans und einem anderen Impfstoffbestandteil vermutet. Unter der Überschrift „FSME-Impfstoff ENCEPUR K vom Markt" schreibt das „arznei-telegramm" in seiner Ausgabe vom Mai 1998:

> *„Aufgrund erhöhter Melderaten von allergischen/pseudoallergischen Reaktionen" nimmt Chiron Behring den FSME-Kinderimpfstoff ENCEPUR K vom Markt. Verdächtigt für die Störwirkung wird ein Zusammenwirken der Hilfsstoffe Aluminiumhydroxid und Polygeline (Stabilisator)."*

Doch auch das „arznei-telegramm" ist nicht konsequent bei seinen Analysen: Die Autoren beurteilen beispielsweise bei den HPV-Impfstoffen, dass sich deren Verträglichkeit nicht wirklich beurteilen lasse, da die Impfstoffe nicht mit einer Kochsalzlösung verglichen wurden, sondern entweder mit anderen adjuvanshaltigen Impfstoffen oder adjuvanshaltigen „Placebos".

Doch wie kann dann überhaupt im Rahmen der Zulassung, der öffentlichen Impfempfehlung der STIKO und der individuellen Impfentscheidung eine rationale Nutzen-Risiko-Abwägung vorgenommen werden?

Dies beantwortet leider auch das „arznei-telegramm" nicht, das sich immerhin „Fakten und Vergleiche für die rationale Therapie" auf die Fahne geschrieben hat.

Ein möglicher Grund für diese Einseitigkeit: Ein klares Abraten von der Impfung hätte einen deutlichen finanziellen Nachteil für die ärztliche Zielgruppe der Zeitschrift zur Folge.[6]

Weitere Namen von Aluminiumphosphat sind: Aluminiumorthophosphat, Berlinit. Im Handel erhältlich unter dem Namen Phosphalugel.

6 *arznei-telegramm 2009; 40:71-3*

Es handelt sich wie bei Aluminiumhydroxid um ein Aluminiumsalz. In der Natur kommt Aluminiumorthophosphat als so genannter Berlinit vor, ein farbloses bis hell-rosafarbenes kristallines Mineral, welches im Ural und in Schweden gefunden wird.

Aluminiumphosphat wird außer in Impfstoffen auch als Flussmittel bei der Herstellung von Gläsern, Keramiken und Glasuren verwendet. Im Gemisch mit Kalziumsulfat und Natriumsilikaten ist es unter dem Begriff Zement bekannt. Gele, die Aluminiumorthophosphat enthalten, finden in der Medizin Anwendung als Mittel zur Neutralisierung der Magensäure.

Bei äußerlichem Kontakt kann es zu Augen- und Hautreizungen kommen, bei Einnahme zu Magendarmreizungen mit Übelkeit, Erbrechen und Durchfall, aber auch Darmverschluss und Verstopfung. Bei Einatmung kann es zu Reizungen des Atemtrakts kommen

Möglich sind Aluminiumeinlagerungen vor allem in Nerven- und Knochengewebe (bei Nierenschwäche und bei langfristiger Einnahme in hohen Dosen) oder Phosphatverarmung (bei Nierenschwäche und langfristiger Einnahme in hohen Dosen).

Mögliche gefährliche Abbauprodukte sind: Phosphin, Kohlenmonoxid, Phosphoroxide, Kohlendioxid und Aluminiumoxid. Auch für Aluminium-Phosphat-Verbindungen sind keine Sicherheitsstudien bekannt.

Wenn die Immunpolizei das Adjuvans verhaftet

In einer 1996 in VACCINE veröffentlichten Studie wurden Immunogenität und Nebenwirkungen eines aluminiumhaltigen Hepatitis-A-Impfstoffs mit einem aluminiumfreien Hepatitis-A-Impfstoff verglichen. Ergebnis: An der Impfstelle war nach der ersten Injektion ein deutlicher Unterschied zwischen beiden Gruppen festzustellen:

Lokale Störwirkungen wie Schmerz, Schwellung und Verhärtung traten nach der Erstimpfung in der Gruppe mit Aluminiumadjuvans fast viermal häufiger auf. Leider wird in der öffentlich einsehbaren Zusammenfassung keine Aussage über langfristige Nebenwirkungen gemacht. Diese waren vor mehr als 20 Jahren auch noch kein Thema der Fachdiskussion.[7]

7 *Holzer B. R. et al.: Immunogenicity and adverse effects of inactivated virosome versus alum-adsorbed hepatitis A vaccine: a randomized controlled trial. Vaccine 1996; 14: 982-6*

1998 beobachteten der französische Forscher Romain Gherardi und seine Mitarbeiter eine rätselhafte neue Erkrankung, die sich nach einer Impfung bei Patienten mit den Symptomen eines CFS wie geschwollenen Lymphknoten, Gelenk- und Muskelschmerzen und Erschöpfungszuständen manifestierte.

Gewebeentnahmen aus den Delta-Muskeln der Betroffenen zeigten Schäden von bis zu 1 cm Durchmesser, die vollkommen anders aussahen als die Läsionen anderer Erkrankungen. Die Gewebeproben wurden im Labor analysiert und zu Gherardis Erstaunen bestanden sie überwiegend aus Makrophagen. Das sind große weiße Blutzellen des Immunsystems, deren Aufgabe darin besteht, fremde Eindringlinge im Körper zu fressen. In der Zellflüssigkeit dieser Fresszellen fanden sich Ansammlungen von Aluminium-Nanokristallen. Die Forscher gaben der neuen Krankheit den Namen „Makrophagische Myofasciitis“ (MMF).

Gherardi und seine Mitarbeiter begannen damit, Mäusen Aluminium zu injizieren, um zu beobachten, was geschah. Ihre Ergebnisse, die 2013 veröffentlicht wurden, zeigten, dass die Metallpartikel von Makrophagen verschlungen worden waren. Sie bildeten MMF-ähnliche Granulome, die sich in die Lymphknoten, die Milz, die Leber und schließlich auch ins Gehirn ausbreiteten.

“Das lässt stark vermuten, dass die längerfristige Biopersistenz von Hilfsstoffen in phagozytischen Zellen eine Vorbedingung für deren langsame Wanderung in das Gehirn sowie eine verzögerte Neurotoxizität darstellt“, schrieb Gherardi in seinem Bericht vom Februar 2015 in der Zeitschrift Frontiers in Neurology.[8]

Ein noch erschreckenderer Tierversuch mit Aluminium ist die Arbeit des spanischen Veterinärs und Forschers Luis Lujan über aluminiumbedingte Impfschäden bei Schafen. Nachdem in Spanien 2008 infolge einer obligatorischen Massenimpfkampagne gegen die Blauzungenkrankheit eine große Anzahl an Schafen gestorben war, versuchte Lujan herauszufinden, was die Tiere getötet hatte – und begann damit, sie mit Aluminium zu impfen.[9]

8 *Romain Kroum Gherardi, Housam Eidi, Guillemette Crépeaux, François Jerome Authier and Josette Cadusseau: „Biopersistence and brain translocation of aluminum adjuvants of vaccines“. Frontiers of Neurology, Februar 2015*

9 *Luján, L., Pérez, M., Salazar, E. et al.: „Autoimmune/autoinflammatory syndrome induced by adjuvants (ASIA syndrome) in commercial sheep“, Immunol Res (2013) 56: 317.*

Seine Studie aus dem Jahr 2013 zeigte, dass 0,5 % der Schafe, denen er aluminiumhaltige Impfstoffe injiziert hatte, unmittelbare Reaktionen in Form einer Lethargie, vorübergehendem Erblinden, Stupor, Kniefall oder Krampfanfällen zeigten, *"... charakteristisch für eine schwere Meningoenzephalitis, ähnlich den Impfreaktionen, die man beim Menschen beobachtet hat."*

Die meisten Tiere erholten sich vorübergehend, aber Postmortale Untersuchungen jener Tiere, die das nicht taten, zeigten dagegen akute Entzündungen des Gehirns.

Der verzögerte Beginn der chronischen Phase der Erkrankung zeigte sich bei deutlich mehr Schafen – 50 bis 70 % der Herden, und befiel in der Regel alle Tiere, die sich vorher erholt hatten. Die Reaktion wurde regelmäßig durch Kälte ausgelöst und begann mit Ruhelosigkeit und obligatorischem Wollbeißen,. Sie setzte sich dann mit einer akuten Rötung der Haut, genereller Schwäche, extremen Gewichtsverlust sowie Muskelzittern fort und ging schließlich in die Endphase über, in der die Tiere zusammenbrachen, komatös wurden und starben.

Untersuchungen der toten Tiere zeigten "schwere Nekrosen der Nervenzellen und Aluminium im Nervengewebe."

> *"Die Reaktionen des Immunsystems auf Aluminium repräsentieren eine wichtige gesundheitliche Herausforderung", schrieb Gherardi in seiner aktuellen Arbeit und fügt hinzu, dass es "keine Bestrebungen gegeben hat, die Sicherheitsbedenken zu untersuchen, die durch den biopersistenten Charakter und die Anhäufung von Aluminiumpartikeln im Gehirn entstehen." ... „Es muss noch viel getan werden, um begreifen zu können, wie aluminiumhaltige Impfstoffe bei bestimmten Individuen so gefährlich werden können".*

Da diese Krankheit den meisten Ärzten noch unbekannt ist, wird diese Diagnose kaum gestellt. Die Krankheit wurde zunächst ausschließlich bei Erwachsenen festgestellt. 2005 erschien jedoch eine Studie über sieben Fälle bei Kindern.[10]

10 *Rivas E et al.: „Macrophagic myofasciitis in childhood: a controversial entity". Pediatr Neurol. 2005 Nov;33(5):350-6*

Warum 10.000 Studien keinen Zusammenhang finden

Wie das Aluminium aus der Einstichstelle ins Gehirn kommt, ist nun also über die Makrophagen durchaus plausibel erklärbar. Neuere Untersuchungen in Kanada unter der Leitung des Neurowissenschaftlers Chris Shaw deuten auf eine Verbindung zwischen Aluminiumhydroxid in Impfstoffen und Symptomen der Parkinsonkrankheit, der amytrophen Lateralsklerose (ALS oder Lou Gehrig-Syndrom) und Alzheimer hin.[11]

Shaw zeigte sich in einem Interview sehr überrascht, dass man solche Untersuchungen nicht schon früher durchgeführt hatte, obwohl Aluminiumhydroxid und Varianten davon bereits seit 80 Jahren verwendet werden, um Immunreaktionen in Impfstoffen zu provozieren.

„*Das ist verdächtig*", sagte Shaw, „*entweder ist der Zusammenhang der Industrie bereits bekannt und wurde niemals publik gemacht, oder die kanadische Gesundheitsbehörde hat die Industrie nie dazu angehalten, diese Studien durchzuführen. Ich bin nicht sicher, welche Variante furchterregender ist.*"

Um ihre Theorie zu überprüfen, injizierten Shaw und sein Team aus vier Wissenschaftlern der University of British Columbia und der Lousiana State University Mäusen den Anthrax-Impfstoff, der für den ersten Golfkrieg entwickelt wurde. Da das Golfkriegssyndrom sehr stark der ALS ähnelt, erklärte Shaw, hatten die Neurowissenschaftler eine Chance, die wahrscheinliche Ursache zu isolieren. Alle eingesetzten Truppen wurden mit einer Beigabe von Aluminiumhydroxid geimpft. Laut Shaw haben alle geimpften Truppenteile, die nicht im Golf eingesetzt wurden, ähnliche Symptome entwickelt.

Nach 20 Wochen entwickelten die Mäuse statistisch signifikante Symptome wie Angst (38 Prozent), Gedächtnislücken (41-mal so viele Fehler wie in der Kontrollgruppe) und allergische Hautreaktionen (20 Prozent).

Zellproben nach der „Opferung" der Mäuse zeigten, dass Nervenzellen abgestorben waren. Innerhalb der Mäusehirne zerstörten sich in einem Bereich, der die Bewegungen koordiniert, 35 Prozent der Zellen von selbst.

11 *impf-report Nr. 50/2009, S. 9-10*

„Niemand in meinem Labor will sich mehr impfen lassen“, sagte Shaw während des Interviews. *„Das machte uns völlig verrückt. Wir machten die Untersuchungen nicht, um irgendwelche Fehler an Impfstoffen festzustellen. Aber plötzlich, mein Gott – starben Neuronen ab!“*

Es sei möglich, so Shaw, dass es über 10.000 Studien gebe, die die Sicherheit von Aluminiumhydroxid bei Injektionen nachweisen. Aber er habe keine finden können, die über die ersten Wochen nach der Verabreichung hinausgegangen seien. Wenn es eine Studie gäbe, die ihn widerlegen könne, dann „sollte diese auf den Tisch gebracht werden“, denn „so mache man Wissenschaft.“

Die langfristigen negativen Auswirkungen giftiger Zusatzstoffe können naturgemäß nicht innerhalb weniger Tage nach Verabreichung eines Impfstoffs erfasst werden. Dazu sind langfristige vergleichende Placebo-Studien notwendig, von einer Laufzeit von wenigstens einem Jahr.

Wir erinnern uns: Der europäische Gesetzgeber verlangt für die Zulassungsstudien nur eine Nachbeobachtungszeit von 14 Tagen.

„Friendly Fire“ von der eigenen Immunpolizei

Der israelische Kliniker Yehuda Shoenfeld gilt als einer der führenden Kenner des menschlichen Immunsystems. Seine Lehrbücher sind Standardwerke, in Fachkreisen gilt er als “Der Pate der Autoimmunologie.”

Dieses Teilgebiet der Immunologie untersucht die Gründe, warum sich das menschliche Immunsystem manchmal gegen den eigenen Organismus wendet und so einer breiten Auswahl von Erkrankungen wie Diabetes Typ I, Colitis ulcerosa, und Multipler Sklerose den Weg bahnt.[12]

In den letzten Jahren beschäftigte sich Schoenfeld insbesondere mit Autoimmunerkrankungen, die im Zusammenhang mit Impfstoff-Adjuvantien stehen. In der Zeitschrift *Pharmacological Research* formulieren Shoenfeld und seine Kollegen neue Richtlinien und nennen vier Risikogruppen, die am ehesten von impfstoffbedingten Autoimmunstörungen betroffen sind.[13]

12 *Siehe auch Celeste McGovern: „Attacking Ourselves: Top Doctors Reveal Vaccines Turn Our Immune System Against Us“, GMI Daily, 5.8.2015, greenmedinfo.com*

13 *Soriano A, Nesher G, Shoenfeld Y: „Predicting post-vaccination autoimmunity: who might be at risk?“ Pharacol Resm 2015 Feb;92:18-22*

"Einerseits verhindern Impfungen Infektionen, die Autoimmunstörungen auslösen können," schreiben die Autoren. *"Andererseits existieren auch zahlreiche Berichte, in denen Autoimmunstörungen nach einer Impfung beschrieben werden und die darauf schließen lassen, dass Impfungen tatsächlich Autoimmunprobleme triggern können."*

Zu den definierten Autoimmunleiden, die nach einer Impfung auftreten können, gehören Arthritiden, der systemische Lupus erythematodes (SLE), Diabetes mellitus, Thrombozytopenien, Vasculitiden, Dermatomyositis, das Guillan Barre Syndrom (GBS) und demyelinisierende (entmarkende) Störungen.

Nahezu alle Arten von Impfstoffen sind mit dem Beginn eines sogenannten ASIA in Verbindung gebracht worden. ASIA ist eine Abkürzung für *„Autoimmune/inflammatory Syndrome Induced by Adjuvants-autoimmunes".*

Auf deutsch: *„Durch Adjuvantien ausgelöstes entzündliches Autoimmun-Syndrom".*

Das ASIA-Syndrom, auch als das Shoenfeld-Syndrom bekannt, wurde erstmals 2011 im Journal of Autoimmunology beschrieben.[14]

Es handelt sich um einen Sammelbegriff für eine Gruppe ähnlicher Beschwerden wie dem Chronischen Erschöpfungssyndrom (CFS), die nach dem Kontakt mit einem Adjuvans oder Stoffen auftreten, wie sie in handelsüblichen Impfstoffbestandteilen enthalten sind.

Seit jener Zeit haben sich die Forschungsergebnisse im Zusammenhang mit ASIA weiter verdichtet. Eine Autoimmunstörung tritt auf, wenn sich das körpereigene Abwehrsystem, das eigentlich fremde Eindringlinge angreifen soll, gegen Teile des eigenen Organismus wendet (der Begriff „auto" kommt aus dem Griechischen und bedeutet "selbst").

Vergleicht man das Immunsystem mit dem nationalen Verteidigungsapparat, ähneln die Antikörper Drohnen, die darauf programmiert sind, bestimmte Arten von Eindringlingen (z. B. ein Bakterium oder Virus) zu erkennen und sie dann entweder selbst zu zerstören oder für die Zerstörung durch andere Spezialkräfte zu markieren.

14 *Shoenfeld Y, Agmon-Levin N.: „„ASIA' - autoimmune/inflammatory syndrome induced by adjuvants". Autoimmun. 2011 Feb;36(1):4-8.*

Autoantikörper sind eine Sonderform dieser Drohnen, die einen Bestandteil des Körpers fälschlicherweise als Eindringling identifizieren und dagegen eine Abwehrreaktion einleiten. Man könnte das, um bei der militärischen Nomenklatur zu bleiben, als „friendly fire", also „Beschuss durch die eigenen Truppen", bezeichnen.

Gilt dieser Angriff beispielsweise der Hülle um die Nervenzellen, können Nervenimpulse nicht mehr regelrecht übertragen werden. Muskeln verkrampfen sich und es kommt zu Fehlern in ihrer Koordination, was in einer multiplen Sklerose endet.

Konzentrieren sich die Autoantikörper auf die Gelenke, kommt es zu einer rheumatoiden Arthritis. Gilt der Angriff den Langerhansschen Inseln in der Bauchspeicheldrüse, führt diese Fehlreaktion des Immunsystems zu einem Diabetes. In dem Artikel heißt es:

> *"Während unseres gesamten Lebens bewegt sich das normale Immunsystem auf einer feinen Grenze zwischen der Erhaltung der normalen Abwehrreaktion und der Entwicklung von Autoimmunstörungen. Das gesunde Immunsystem ist Selbst-Antigenen gegenüber tolerant. Wird diese Toleranz gestört, kommt es zu einer Regulationsstörung des Immunsystems, was zum Auftreten einer Autoimmunkrankheit führen kann. Die Impfung löst eine jener Situationen aus, die diese Homöostase in empfänglichen Individuen stören kann, was in Autoimmunphänomenen und einem ASIA-Syndrom gipfelt."*

In einem Artikel von 2015 führen Schoenfeld und Kollegen vier Gruppen von anfälligen Personen auf:[15]

1. **Personen, bei denen es bereits zuvor zu einer Autoimmunreaktion nach einer Impfung gekommen ist.** *"Auch wenn die Daten begrenzt sind"*, schreiben Shoenfeld und Kollegen, *"scheint es vorteilhaft, dass Personen mit vorherigen Autoimmun- oder autoimmunähnlichen Reaktionen auf Impfungen nicht weiter geimpft werden sollten, und das vor allem nicht mit dem gleichen Impfstoff."*

2. **Jeder, der auch sonst unter einer Autoimmunstörung leidet bzw. gelitten hat.** Lebendimpfungen seien kontraindiziert, denn zum einen sei die Wirksamkeit reduziert und zum anderen bestehe

15 *Soriano A, Nesher G, Schoenfeld Y: „Predicting post-vaccination autoimmunity: who might be at risk?" Pharmacol Res. 2015 Feb;92:18-22*

die Gefahr einer unkontrollierbaren Virusvermehrung. Aber auch Totimpfstoffe seien keine gute Idee, da sie ein bereits angeschlagenes Immunsystem mit zusätzlichen Mengen von Aluminium-Adjuvantien konfrontieren. Es wurde nach Impfungen auch bei symptomlosen Personen die Entstehung von Auto-Antikörpern beobachtet, was das Risiko einer akuten Autoimmunerkrankung erhöhen könne.

3. **Patienten mit bekannten allergischen Reaktionen:** Bei den Zulassungsstudien werden üblicherweise Testpersonen mit Allergien im Voraus aussortiert. Dies stelle einen sogenannten Selektions-Bias dar, so die Autoren, eine Verzerrung des Ergebnisses. Wenn man bedenkt, dass schätzungsweise ein Drittel aller Kinder die eine oder andere Allergie hat, dürfte man diese im Grunde gar nicht impfen, da er nicht bei allergischen Personen getestet wurde.

   Es gibt eine lange Liste von Impfstoffbestandteilen, die potenziell allergieauslösend wirken: Neben den infektiösen Wirkstoffen sind das einerseits jene aus Hühnereiern, Pferdeserum, Backhefe, Gelatine, zahlreichen Antibiotika, Formaldehyd und Laktose, andererseits "unbeabsichtigte" Zutaten wie Latex.

4. **Jeder, bei dem die erhöhte Gefahr einer Autoimmunreaktion besteht,** z. B. bei Menschen, in deren Familie bereits Autoimmunleiden aufgetreten sind, das Vorhandensein von Autoantikörpern, das man durch eine Blutuntersuchung klären kann und weitere Faktoren wie niedrige Vitamin D-Spiegel, erhöhte Östrogenwerte, Hormonersatztherapien und Rauchen.

Trotz der beunruhigenden Forschungsergebnisse kommt Schoenfeld zum Schluss: *"Für die Mehrheit der Bevölkerung stellen Impfungen keine Gefahr einer systemischen Autoimmunerkrankung dar und sollten den aktuellen Empfehlungen entsprechend durchgeführt werden."* Und: *"Potentielle Vorteile einer Impfung"* seien *„gegen deren potenzielle Risiken abzuwägen."*

Diese „potenziellen Risiken" müssen aber erst einmal bekannt sein, um sie abwägen zu können. Die Abwehrhaltung der Fachwelt, diese Risiken zur Kenntnis zu nehmen, ist noch groß.

Die neuen Forschungsergebnisse scheinen jedoch – wenngleich sehr langsam – bekannter zu werden. Eine Übersichtsarbeit zum ASIA-Syndrom aus dem Jahr 2013 von sechs Immunologen, darunter auch Yehuda Shoenfeld, ist eigentlich nichts mehr und nichts weniger als ein

Katalog von Impfstoffnebenwirkungen von Gardasil-Todesfällen, Narkolepsie-Epidemien, Unfruchtbarkeit, chronischer Erschöpfung, toten Schafen und mit Aluminium verseuchten Gehirnen. Zitat:[16]

> *"Trotz der großen Menge an Geld, die für das Studium der Impfstoffe aufgewendet wurde, existieren nur sehr wenige Beobachtungsstudien und nahezu keine randomisierten klinischen Untersuchungen über die Wirkung der bestehenden Impfstoffe auf die Sterblichkeit. Wie eine neuere Arbeit zeigt, steht eine erhöhte Hospitalisierungsrate mit der Zunahme der Impfstoffdosen in Zusammenhang und die Mortalitätsrate mit 5 bis 8 (Impfstoff-) Dosen ist anderthalb Mal so hoch, wie die Rate von 1 bis 4 Impf-Dosen, was auf eine statistisch signifikante Zunahme der Todesfälle durch mehr Impfstoffdosen hinweist. Da Impfstoffe jährlich Millionen von Kindern verabreicht werden, ist es unumgänglich, dass die Gesundheitsbehörden über wissenschaftliche Daten aus synergistischen Toxizitätsstudien aller Impfstoffkombinationen verfügen, (...) was aber nicht der Fall ist."*

Wie schon gesagt, ist der Widerstand gegen eine genauere Untersuchung der Impfstoffe leider noch groß:

> *"Der Oberste Gerichtshof der USA hat entschieden, dass die Impfstoffhersteller vor allen Verfahren geschützt sind, die dadurch zustande kommen, dass ein Impfstoff fehlerhaft ist. Daher besteht kein Bedarf für innovative klinische Studiendesigns und der Veränderung der Impfstoffe selbst."*

Tausende von Publikationen – und kein Ende absehbar

Eine PubMed-Recherche zu den Begriffen "Aluminium" und "Toxizität" erzielt mehr als 5.000 Treffer. Die giftige Wirkung des Metalls auf das Nervensystem (Neurotoxizität) ist also gut dokumentiert.

16 *Carlo Perriconea, Serena Colafrancescoa, Roei D. Mazora, Alessandra Sorianoa, Nancy Agmon-Levina, Yehuda Shoen-feld: „Autoimmune/inflammatory syndrome induced by adjuvants (ASIA) 2013: Unveiling the pathogenic, clinical and diagnostic aspects". Journal of Autoimmunlogy Volume 47, December 2013, Seiten 1–16*

Sie betrifft Gedächtnis, kognitive Fähigkeiten und die psychomotorische Steuerung, zerstört die Blut-Hirn-Schranke, aktiviert Entzündungen im Gehirn und unterdrückt die Funktion der Mitochondrien. Die Mehrzahl der Forschungsergebnisse lässt vermuten, dass das Aluminium ein wichtiger Akteur bei der Bildung von Amyloid-Plaques im Gehirn der Alzheimerpatienten ist.

Es ist an der amyotrophen Lateralsklerose (ALS) und am Autismus beteiligt und kann Allergien auslösen. Als man Dialysepatienten irrtümlich Aluminiuminfusionen verabreichte, entwickelte sich bei ihnen eine dialysebedingte Enzephalopathie (DAE): Die betroffenen Patienten litten unter neurologischen Symptomen, Anomalitäten der Sprache, Muskelzittern, Gedächtnisverlust, gestörter Konzentrationsfähigkeit und Verhaltensänderungen. Viele der betroffenen Patienten fielen ins Koma und starben. Die Glücklicheren überlebten, und nachdem man die Ursache der Beschwerden – das Aluminium - aus der Dialyse entfernte, erholten sie sich rapide.

Mit diesen neuen Erkenntnissen begannen Wissenschaftler auch unerwünschte Wirkungen von Aluminium als Hilfsstoff zu untersuchen, und im vergangenen Jahrzehnt hat diese Forschung eine Vielzahl von Resultaten gebracht.[17]

Es hat sich herausgestellt, dass Aluminiumsalze einen wahren Abwehrsturm entfachen. Innerhalb weniger Stunden, nachdem man Mäusen Aluminiumhydroxid aus Impfstoffen injiziert hatte, sind z. B. ganze Armeen von spezialisierten Immunzellen auf dem Marsch und aktivieren weitere spezialisierte Angriffstruppen.

Innerhalb eines Tages werden eine Auswahl von Kommandotruppen des Immunsystems aktiv – Neutrophile, Eosinophile, entzündungsfördernde Monozyten, Myeloid- und Dendridenzellen, aktivierende Lymphozyten und als Zytokine bekannte Eiweißstoffe. Diese Zytokine selbst rufen Kollateralschäden hervor und senden Signale aus, mit denen sie die Kommunikation unter den Zellen steuern und weitere Zellen in Aktion rufen.[18]

17 *Marrack PI, McKee AS, Munks MW.: „Towards an understanding of the adjuvant action of aluminium". Nat Rev Immunol. 2009 Apr;9(4):287-93*

18 *McKee AS1, Burchill MA, Munks MW, Jin L, Kappler JW, Friedman RS, Jacobelli J, Marrack P.: „Host DNA released in response to aluminum adjuvant enhances MHC class II-mediated antigen presentation and prolongs CD4 T-cell interactions with dendritic cells", Proc Natl Acad Sci USA. 2013 Mar 19;110(12):E1122-31*

An der nächsten Angriffswelle können dann sogenannte fibroblastische Wachstumsfaktoren, Interferone, Interleukine, Wachstumsfaktoren von Blutplättchen, transformierende Wachstumsfaktoren und Tumornekrosefaktoren (TNF) beteiligt sein.

Es gibt Hinweise darauf, dass wenig verstandene, gefährliche, „Inflammasome“ – derzeit Thema der Erforschung der Krebsentstehung – wie der NOD-ähnliche Rezeptor-3 (NLRP), ebenfalls aktiviert werden. Was genau diese Inflammasome bewirken, ist zur Zeit noch unbekannt

Wie aktuelle Forschungsresultate der Universität von British Columbia gezeigt haben, kann der Hilfsstoff Aluminium, den man Mäusen injiziert hat, die Expression (Aktivierung) von Genen verändern, die mit der Autoimmunität in Zusammenhang stehen.

Und in einer weiteren Studie, die in der Zeitschrift Proceedings of the National Academy of Sciences veröffentlicht wurde, haben Immunologen der Universität von Colorado herausgefunden, dass sogar die DNA des Wirtes während des Aluminiumangriffs rekrutiert wird und rasch injiziertes Aluminium ummantelt und dadurch Effekte auslöst, an deren Oberfläche die Wissenschaftler eben erst zu kratzen begonnen haben.

Aluminiumhydroxid kommt in der Natur nicht in einer verfügbaren Form vor und wirkt als starkes Nervengift. Wird es unter Umgehung der natürlichen Abwehrmechanismen (in den Schleimhäuten und dem Magen-Darm-Trakt) direkt in menschliches Gewebe injiziert, kann das Immunsystem bereits durch geringste Mengen in den größtmöglichen Alarmzustand versetzt werden.

Da das Immunsystem Aluminium als gefährlich erkennt, jedoch nicht weiß, wie es damit umgehen soll, wenn es z. B. im Rahmen einer Impfung urplötzlich und unerwartet im Gewebe auftaucht, kann es zu Irritationen kommen, weil das Immunsystem andere Substanzen, mit denen es zur gleichen Zeit konfrontiert wird, ebenfalls als gefährlich einstuft und angreift.

Diese Reaktion ist von den Impfexperten grundsätzlich zwar gewollt, soweit es die an das Adjuvans adsorbierten Impferreger betrifft – aber ist sie wirklich steuerbar?

So kann es passieren, dass der Organismus plötzlich auf Erdbeeren allergisch oder gar mit einem anaphylaktischen Schock reagiert, weil der Patient gerade Erdbeeren gegessen hat (Allergie). Oder das Immunsystem wendet sich sogar gegen körpereigenes Gewebe (Autoimmunerkrankung). Wie Bienen nach einem Tritt gegen ihren Bienenstock.

Kritische Studien sind nicht leicht zu publizieren

Nun sind die Forschungsergebnisse, wonach Adjuvantien jede Menge Krankheiten verursachen können, nicht ganz unumstritten. Im Gegenteil, ist seither ein regelrechter Glaubenskampf entbrannt. Seit die betreffenden Forscher wie z. B. Shaw, Tomljenovic und Shoenfeld ihre Studien publizieren, werden sie von ihren Kollegen vehement angegriffen. Ihnen wird Voreingenommenheit, Nachlässigkeit, Unwissenschaftlichkeit oder gar die Fälschung von Ergebnissen vorgeworfen.

Wenn ein wissenschaftlicher Artikel von einem Journal aufgrund gravierender Mängel zurückgezogen wird, ist dies für die Autoren in der Regel schmachvoll und kann Auswirkungen auf ihre weitere Karriere haben.

Geschieht dies, was sehr selten vorkommt, nicht nur einmal, sondern mehrmals, dann kann man den Ruf der betroffenen Autoren als ruiniert betrachten. Dies scheint jedoch ausgerechnet jenen Forschern gehäuft zu passieren, die sich kritisch mit Impfungen – und insbesondere den Auswirkungen von aluminiumhaltigen Adjuvantien – beschäftigen.

Beispiel 1: Löst Aluminium in Mäusegehirnen autismusartige Reaktionen aus?

Im Dezember 2017 veröffentlichten Christopher Shaw und Kollegen in der Fachzeitschrift „Journal of inorganic Biochemistry" eine Arbeit über die Auswirkungen von Aluminium-Adjuvantien in Impfstoffen auf die Immunreaktion in Mäusegehirnen, wie sie bei Autismus bekannt sind.[19] Die Arbeit wurde auf der wissenschaftlichen Internet-Plattform PubMed sehr kontrovers kommentiert. Shaw:

> *„Nachdem wir von den zahlreichen kritischen Kommentaren auf PubMed erfuhren, unternahmen wir sofort unsere eigene Analyse. Tatsächlich sind einige Abbildungen verändert worden. Wir*

19 *Dan Li, Lucija Tomljenovic, Yongling Li, Christopher Shaw: „Subcutaneous injections of aluminum at vaccine adjuvant levels activate innate immune genes in mouse brain that are homologous with biomarkers of autism". Journal of inorganic Biochemistry, Volume 177, December 2017, Pages 39-54*

> *zogen den Artikel zurück, weil wir nicht verstanden, wie dies geschehen konnte. Unser Eindruck war, dass die Daten kompromittiert waren."* [20]

Shaw weiter:

> *„Die kritisierten Daten stammen von Laboruntersuchungen, die von der als Erstautorin genannten Wissenschaftlerin Dan Li vorgenommen wurden. Sie hatte sich mit dem Rückziehen des Artikels zwar einverstanden erklärt, war jedoch bisher nicht bereit, bei der Klärung der widersprüchlichen Daten zu helfen. Die Originaldaten hatte sie, als sie 2015 das Labor verließ, mitgenommen, obwohl dies vertraglich gar nicht erlaubt war."*

Waren Shaw und Co. also nachlässig? Wenn ja, schon bei der Durchführung der Studie oder nur bei der Veröffentlichung der Ergebnisse? Hält die Erstautorin Dan Li tatsächlich Originaldaten zurück? Wenn ja, warum? Warum hatte sie überhaupt nach Durchführung der Studie die Forschungsgruppe verlassen?

Während man in diesem Fall die Begründung von Seiten der Fachzeitschrift für den Artikel-Rückzugs noch nachvollziehen kann, wird es bei folgenden Beispielen schon etwas schwieriger.

Beispiel 2: Löst GARDASIL Gehirnentzündungen und Autoimmunerkrankungen aus?

Der Artikel *„Behavioral abnormalities in young female mice following administration of aluminum adjuvants and the human papillomavirus (HPV) vaccine Gardasil"*, an dem Shoenfeld, Shaw und Tomljenovic beteiligt waren, war bei VACCINE, der wichtigsten Fachzeitschrift zum Impfthema, bereits „im Druck", also von Fachkollegen gegengelesen und als wissenschaftlich korrekt freigegeben und korrekturgelesen worden und stand direkt vor der Veröffentlichung.[21]

20 *Siehe dazu auch retractionwatch.com vom 9. Okt. 2017*

21 *Rotem Inbar, Ronen Weiss, Lucija Tomljenovic, Maria-Teresa Arango, Yael Deri, Christopher A. Shaw, Joab Chapman, Miri Blank, Yehuda Shoenfeld: „Behavioral abnormalities in young female mice following administration of aluminum adjuvants and the human papillomavirus (HPV) vaccine Gardasil", Vaccine. 2016 Jan 9. pii: S0264-410X(16)00016-5*

Die Studienautoren hatten vier Gruppen von sechs Wochen alten Mäusen

1. den aluminiumhaltigen HPV-Impfstoff GARDASIL
2. GARDASIL + ein Keuchhustentoxin
3. Aluminiumhydroxid
4. und ein echtes Placebo injiziert.

Das Ergebnis war, dass einige Monate später die mit GARDASIL und Aluminiumhydroxid geimpften Mäuse beim sogenannten „Forced Swimming Test" („erzwungener Schwimmtest"), einem Verhaltenstest über Hoffnungslosigkeit, deutlich schlechter abschnitten als die Placebogruppe. Darüber hinaus wurde neben der Auslösung von Nervenentzündungen eine Kreuzreaktivität der HPV-Antikörper mit körpereigenen Hirnproteinen festgestellt, was eine Autoimmunreaktion bedeutet.

Doch der Artikel erschien nicht zum angekündigten Termin. Prof. Shoenfelds schrieb daraufhin an VACCINE:

> *„Heute morgen versuchten wir, unseren Artikel über PubMed abzurufen und stellten dabei fest, dass der Artikel ‚vorläufig zurückgenommen' wurde. Wir würden gerne die Gründe dafür erfahren, ob vielleicht noch Korrekturen vorgenommen werden, und falls dies der Fall ist, wann der Artikel verfügbar sein wird."*

Die Antwort von VACCINE:

> *„Der Artikel wurde auf Anordnung des Chefredakteurs Gregory Poland vorläufig zurückgezogen. Dr. Poland hat weitere Überprüfungen des Artikels empfohlen."*

Soweit ich das recherchieren konnte, hat es bis zum Erscheinen dieses Buches keine Begründung für die Rücknahme des Artikels gegeben.[22] Hat Poland also den Artikel völlig willkürlich gestoppt? Falls ja, warum?

Interessant ist vielleicht die bemerkenswerte Liste der Interessenkonflikte von Dr. Poland, die von Drittmitteln für seine Forschungen über Aufträge für klinische Studien bis hin zu Beratungshonoraren von Novartis, GSK, Merck, CSL und anderen reicht.

22 *siehe auch www.retractionwatch.com*

Polands Karriere ist somit sehr eng mit den Impfstoffherstellern verknüpft. Ist von einer Fachzeitschrift, deren Chefredakteur derart eng mit den Herstellern verbandelt ist, wirklich Objektivität zu erwarten?

Der besagte Artikel erschien dann aber doch noch, und zwar in: Immunologic Research, February 2017, Volume 65, Issue 1, pp 136–149

Beispiel 3: Geburtenkontrolle durch Impfungen?

Im Oktober 2017 erschien im „Open Access Library Journal" (OALibJ) ein Artikel von sieben Autoren, in dem es zwar nicht um Aluminium-Adjuvantien ging, an dem aber – an zweiter und dritter Stelle – Shaw und Tomljenovic als Autoren beteiligt waren. Das Thema war der hCG-Skandal in Kenia:

Nachdem es Gerüchte über Schwangerschaftsabbrüche und Unfruchtbarkeit im Zusammenhang mit der von der WHO durchgeführten Tetanus-Impfkampagne gegeben hatte, ließen katholische Bischöfe Tetanus-Impfstoffe auf das Hormon hCG überprüfen. Ein großer Anteil der Proben waren positiv. hCG in Impfstoffen kann zu einer Autoimmunreaktion gegen körpereigene Schwangerschaftshormone und damit zu Abgängen oder Unfruchtbarkeit führen.

Die WHO arbeitet tatsächlich schon seit Jahrzehnten an einem Impfstoff zur Geburtenkontrolle. Der Verdacht der Bischöfe war also insoweit nicht wirklich abwegig.

Das Journal zog den Artikel zurück, mit der Begründung, er müsse noch einmal überprüft werden. Es sei die Email eines Wissenschaftlers eingegangen, der den Autoren der Publikation die Verbreitung von Verschwörungstheorien vorgeworfen hatte. Die Mitautoren Shaw und Tomljenovic hätten nicht deklarierte Interessenkonflikte und die Hormontests seien nicht aussagefähig.

Christopher Shaw teilte der Webseite *Retraction Watch* auf Anfrage mit, dass es redaktionelle Fragen vonseiten des Journals gegeben habe, die jedoch geklärt werden konnten. Der Artikel wurde daraufhin wieder online gestellt.[23]

23 *John W. Oller, Christopher A. Shaw, Lucija Tomljenovic, Stephen K. Karanja, Wahome Ngare, Felicia M. Clement, Jamie Ryan Pillette: „HCG Found in WHO Tetanus Vaccine in Kenya Raises Concern in the Developing World". OALibJ, Vol.4 No.10, October 2017*

Dass eine über Impfstoffe durchgeführte heimliche Geburtenkontrolle ein politisch hochkontroverses Thema ist, steht außer Frage. Tatsächlich hatten die Autoren eigenen Angaben zufolge den Text zunächst einer renommierten Fachzeitschrift angeboten, wo nicht weniger als neun Peer-Reviewer die Arbeit überprüft hätten. Da der Freigabeprozess zu lange gedauert habe, habe man sich für die Publikation im weniger renommierten Online-Journal OALibJ entschieden.

Das Labor in Kenia, in dem die Tests durchgeführt worden waren, hat inzwischen nach einer außerordentlichen Prüfung seine Zulassung verloren, denn es könne die Standards nicht erfüllen.

Dies wird von den Verantwortlichen des Labors jedoch vehement bestritten. Vielmehr hätten Regierungsstellen massiv versucht, die Testergebnisse in ihrem Sinne zu beeinflussen.

Ob die Testergebnisse des kenianischen Labors wirklich aussagekräftig sind, lässt sich aus der Ferne natürlich nicht beurteilen. Die Publikation selbst scheint jedoch keine Fehler aufzuweisen, sonst hätte das Journal sie endgültig zurückgezogen.

Beispiel 4: Können Impfungen Autoimmunerkrankungen auslösen?

Bereits im Mai 2016 veröffentlichte Yehuda Shoenfeld zusammen mit anderen Autoren eine Studie über die Auslösung von Autoimmunreaktionen mit starken Auswirkungen auf das Verhalten in der Fachzeitschrift „Rheumatology".[24]

Diese Arbeit wurde von der Zeitschrift im August 2017 zurückgezogen. Dazu nahm Shoenfeld gegenüber *Retraction Watch* folgendermaßen Stellung:

> *„Es ist in der Tat wirklich befremdend, dass wir nach intensivem Peer Review und einem Jahr Veröffentlichung im Journal plötzlich einen Brief von der Redaktion bekamen, dass „jemand" das Papier vehement kritisiert habe. Das ist sehr befremdend und bei-*

24 *Shaye Kivity, Yehuda Shoenfeld, Maria-Teresa Arango, Dolores J. Cahill, Sara Louise O'Kane, Margalit Zusev, Inna Slutsky, Michal Harel-Meir, Joab Chapman, Torsten Matthias, Miri Blank. „Anti-ribosomal-phosphoprotein autoantibodies penetrate to neuronal cells via neuronal growth associated protein, affecting neuronal cells in vitro". Rheumatology, Volume 56, Issue 10, 1 October 2017, Pages 1827*

> *spiellos. Zu jener Zeit haben wir die Publikation vor Gericht als Argument für die Impfschadensanerkennung verwendet, um zu zeigen, dass Autoantikörper in Zellen eindringen können. Das ist ein merkwürdiger Zufall."*

Als Begründung für das Zurückziehen gab das Journal *„die Entdeckung bedeutender Fehler bei Methodik und Präsentation der Ergebnisse"* an. Anfragen von *Retraction Watch* über die „bedeutenden Fehler" des Artikels, die zum Zurückziehen führten, wurden bisher vom Journal nicht beantwortet.[25]

Beispiel 5: Sind von Behörden und Herstellern finanzierte Autismusstudien tendenziös?

Eine weitere im Jahr 2015 veröffentlichte Publikation, an der mit Vater und Sohn Geier bekannte impfkritische Autoren beteiligt waren, untersuchte Studien über den möglichen Zusammenhang zwischen Impfungen und dem Autismusspektrum.

Das Ergebnis: Es gebe einen enormen Unterschied zwischen Studien der Gesundheitsbehörden und Industrie und unabhängig finanzierten Studien. 86 % der von Gesundheitsbehörden und der Industrie durchgeführten Studien fanden keinen Zusammenhang zwischen Impfungen und Erkrankungen des autistischen Spektrums, während nur 21 % der unabhängigen Studien keinen solchen Zusammenhang fanden.

Gegen den Willen der Autoren wurde der Artikel im Sept. 2017 zurückgezogen. Begründung u. a.: Sie hätten ihre eigenen Interessenkonflikte nicht vollständig offengelegt. Inzwischen wurde eine revidierte Version, die zu den gleichen Ergebnissen kommt, veröffentlicht.[26]

Fazit

Niemand ist vollkommen und das betrifft natürlich auch Wissenschaftler, die sich kritisch mit Impfungen, insbesondere mit Aluminium-Adjuvan-

25 *retractionwatch.com vom 15. August 2017*

26 *Janet K. Kern, David A. Geier, Richard C. Deth, Lisa K. Sykes, Brian S. Hooker, James M. Love, Geir Bjørklund, Carmen G. Chaigneau, Boyd E. Haley, Mark R. Geier: „Systematic Assessment of Research on Autism Spectrum Disorder and Mercury Reveals Conflicts of Interest and the Need for Transparency in Autism Research." Sci Eng Ethics, Accepted: 19. October 2015*

tien, auseinandersetzen. Jedoch scheinen mir nach Analyse dieser fünf Beispiele zwei Aspekte interessant:

1. Die umstrittenen Autoren hatten, solange sie sich nicht an das Impfthema wagten, keine Probleme mit ihrer Reputation. Es ist nicht nachvollziehbar, warum sie plötzlich unkorrekt gearbeitet haben sollen.
2. Das Zurückziehen einer Publikation durch die Redaktion des Fachjournals kann Karriere und Ruf eines Autors zerstören und muss deshalb mit äußerster Umsicht entschieden werden. Dies ist bei einigen der Beispiele nicht gegeben, indem das Zurückziehen nicht nachvollziehbar oder gar nicht begründet wurde.

Die Fachzeitschriften sind offensichtlich, wie das Beispiel VACCINE mit ihrem Chefredakteur Poland zeigt, nicht immer so objektiv und unabhängig, wie man es von ihnen wünschen und erwarten würde.

Es ist auch nachvollziehbar, dass die Pharmaindustrie mit großer Motivation und noch größerem Geschick versucht, in ihrem Sinne Einfluss auf die wissenschaftliche Öffentlichkeit zu nehmen. Der Widerstand der Fachwelt scheint, wie der fehlende öffentliche Protest gegen Poland zeigt, nur schwach zu sein.

Wie viel Aluminium kann der Organismus verkraften?

Mensch

Auch bei der Frage, wie viel Aluminium ein Organismus verkraften kann, bevor er spürbar erkrankt, betrachten wir zunächst einmal, was wir für den Menschen an Daten finden.

Bezüglich der oralen Zufuhr von Aluminium finden wir leider bei der Deutschen Gesellschaft für Ernährung e. V. (DGE) keinen Grenzwert.

Die europäische Behörde für Lebensmittelsicherheit (EFSA) hat jedoch eine tolerierbare wöchentliche orale Aufnahmemenge von 1 mg Aluminium pro kg Körpergewicht festgesetzt, was demnach 0,143 mg pro Kilogramm und Tag wären.

Bei einem 6 kg schweren Säugling wäre das demnach ein Grenzwert von 0,86 mg orale Einnahme am Tag.

Einer Metastudie der EFSA zufolge liegt die über die Nahrung aufgenommene Menge an Aluminium zwischen 0,2 bis 1,5 mg pro kg Körpergewicht in der Woche. Damit wird der Grenzwert von 1 mg/kg/Woche also bereits leicht überschritten.

Zu bedenken ist hier, dass die Resorption, also die Aufnahme des Aluminiums im Gewebe, bei oraler Einnahme je nach Studie zwischen 0,1 und 1 % liegt, also zwischen einem Hundertstel und einem Tausendstel der verzehrten Menge.[27] Somit werden 99 bis 99,9 % des eingenommenen Aluminiums – vor allem über die Niere – wieder ausgeschieden.

Neben der Ernährung kommen natürlich auch noch andere Quellen der Aluminiumaufnahme in Frage, z. B. über Deos, aber das wollen wir hier einmal vernachlässigen.

Im Europäischen Arzneibuch, dass in jeder deutschen Apotheke eingesehen werden kann, wird für Humanimpfstoffe ein Grenzwert von 1,25 mg Aluminium je Impfung festgeschrieben. Dieser Wert wird von keinem in Deutschland zugelassenen Humanimpfstoff erreicht. Wird jedoch parallel zum Sechsfach-Impfstoff, z. B. Infanrix hexa (0,82 mg Al) gegen Pneumokokken und/oder Meningokokken geimpft, kommen je Impfung noch bis zu 0,5 mg Aluminium hinzu, womit die maximale Menge einer Impfung bereits schnell überschritten wird.[28]

Das Problem bei dem über Injektionen ins Gewebe verabreichte Aluminium ist nun, dass dies entweder äußerst langsam oder gar nicht ausgeschieden werden kann. Dies bedeutet, dass sich die über Impfungen verabreichten Aluminiummengen ansammeln. Z. B. wird Infanrix hexa insgesamt viermal verabreicht, womit wir dann bei einem Säugling bzw. Kleinkind bereits bei 3,3 mg Aluminium im Körper wären.

Da bei oral eingenommenen Aluminium etwa 0,1 % im Körper landet, bei der Impfung dagegen 100 %, muss man, um die oral eingenommene und injizierte Aluminiummenge vergleichen zu können, die injizierte Menge mit Tausend multiplizieren.

27 *Fischer, Lars: „Wie gefährlich ist Aluminium?“, Spektrum der Wissenschaft online vom 14. Juli 2014*

28 *siehe dazu die Fachinformationen der jeweiligen Impfstoffe*

Eine einzelne Injektion mit Infanrix hexa mit 0,82 mg Aluminium entspricht somit der Bioverfügbarkeit von 820 mg oral eingenommenem Aluminium. Bei einem 6 kg schweren Säugling wären das 137 mg/kg/Tag.

Damit wird der Grenzwert für die tägliche orale Einnahme fast um das Tausendfache überschritten!

Und noch einmal: Das injizierte Aluminium wird nicht ausgeschieden, sondern u. a. durch die Makrophagen, im ganzen Körper verteilt und landet an Plätzen, wo es nichts zu suchen hat, z. B. dem Gehirn. Jede einzelne zusätzliche Impfung überschreitet den oralen Tages-Grenzwert für Aluminium mehrhundertfach, während sich das Aluminium dabei langsam im Organismus ansammelt.

Tier

Jetzt kommen wir zu den Tierimpfstoffen. Während bei den Humanimpfstoffen im Europäischen Arzneibuch immerhin noch ein – wenn auch fragwürdiger – Grenzwert angegeben wird, fehlt dieser bei den Tierimpfstoffen völlig. Dies bedeutet: Den Herstellern bleibt es überlassen, wie viel Aluminium-Adjuvans sie für notwendig halten.

Auf der Webseite von „Spektrum der Wissenschaft“ habe ich folgendes Zitat gefunden:[29]

> *„Allerdings zeigen Tierversuche, dass man für eine chronische Vergiftung über lange Zeiträume mehr als 50 bis 100 Milligramm Aluminium pro Kilogramm Körpergewicht und Tag aufnehmen müsste.“*

Tierimpfstoffe enthalten in der Regel vergleichbare Mengen Aluminium wie Humanimpfstoffe. Z. B. enthält der Tollwutimpfstoff NOBIVAC T für Hunde, Katzen, Frettchen, Rinder, Schafe und Pferde laut Fachinfo 0,66 mg Aluminium (Al3+). Während kleine Hunde, Katzen und Frettchen in etwa das Gewicht eines Säuglings haben, kann ein Pferd bis zu einer Tonne schwer werden, also bis zum Zweihundertfachen wiegen.

Bleiben wir aber bei den vom Gewicht her mit Säuglingen vergleichbaren Kleintieren. Bei einem Gewicht von 6 kg erreichen wir mit 0,66 mg Aluminium einen Wert von 0,11 mg/kg/Tag. Das entspricht von der

29 *https://www.spektrum.de/wissen/wie-gefaehrlich-ist-aluminium-5-fakten/1300812*

Bioverfügbarkeit her einer oralen Einnahme von 110 mg/kg/Tag. Damit hätten wir zumindest bei Kleintieren den oben zitierten täglichen Wert für eine chronische Vergiftung erreicht.

Synergieeffekte nicht kalkulierbar

Dazu kommt aber noch, dass viele Tierimpfstoffe, so auch NOBIVAC T, zusätzlich den quecksilberhaltigen Konservierungsstoff Thiomersal enthalten. Aluminium und Quecksilber verstärken gegenseitig ihre Schadwirkung, so dass alle Überlegungen über Grenzwerte selbst bei tonnenschweren Pferden „für die Katz" sind.[30]

Laut dem bekannten Arzt und Entgiftungsexperten Dr. Joachim Mutter verhundertfacht sich die Giftwirkung z. B. von Quecksilber und Blei, wenn sie im Organismus aufeinandertreffen.[31]

Zusammen mit anderen Nervengiften, die wir – und unsere Tiere – ständig durch die zunehmende Umweltverschmutzung, Lebensmittel und Medikamente zu uns nehmen, wird die Auswirkung einer gemeinsamen Injektion von Quecksilber und Aluminium zu einem unkalkulierbaren Risiko.

Ob Goethes „Faust" oder PEI: *„Grau ist alle Theorie!"*

Das Paul-Ehrlich-Institut (PEI) hat als die zuständige Zulassungsbehörde am 21. Januar 2014 auf seiner Webseite eine Stellungnahme zur Verwendung von Aluminiumhydroxid in sogenannten Therapieallergenen veröffentlicht. Therapieallergene werden zur Desensibilisierung bei Allergien injiziert. Sie enthalten im Wesentlichen allergene Substanzen in Kombination mit sogenannten Adjuvanzien, in der Regel Aluminiumhydroxid.

Die Giftigkeit von Aluminiumverbindungen wird vom PEI nicht grundsätzlich bestritten:

30 Beispiel: Peter N Alexandrov et al.: „Synergism in aluminum and mercury neurotocxity", Integr Food Nutr Metab. 2018 May; 5(3).

31 siehe z. B. Dr. Mutters Vortrag auf https://youtu.be/C8RjBBjz4Dw

> *„Neurotoxische Wirkungen wie Effekte auf Knochenentwicklung und die Fortpflanzung sind bekannt."*

Ebenso weiß man von möglichen schädigenden Wirkungen auf das Gehirn. Als Argument dafür, dass die Verwendung in Therapieallergenen unbedenklich sei, werden vor allem folgende Argumente angeführt:

1. Es liegen nur sehr wenige Daten über die Risiken von Aluminium vor
2. In den verwendeten geringen Dosierungen sei Aluminium unbedenklich.
3. Aluminiumsalze seien schwer löslich und deshalb nur über einen größeren Zeitraum bioverfügbar.

Zu 1): Das ist schon eine etwas merkwürdige Argumentation. Nehmen wir einmal an, Sie wären ein Naturforscher und durchqueren noch völlig unerschlossene Gebieten, z. B. in Afrika. Sie müssen einen Fluss überqueren und Ihnen liegen keine Daten darüber vor, ob es dort Krokodile gibt. Können Sie dann automatisch davon ausgehen, dass die Durchquerung sicher ist?

Ebenso wenig dürften – als grundsätzlich hochgiftig bekannte – Substanzen in Medikamenten verwendet werden, wenn nicht sichergestellt ist, dass sie frei von Risiken sind. Zudem ignoriert das PEI damit all jene Erkenntnisse, die zur Unsicherheit von Aluminiumzusätzen bereits vorliegen.

Die Einschätzung des PEI könnte man deshalb wenigstens als grob fahrlässig ansehen. Wäre ich Gesundheitsminister dieser Republik, würde ich den Chef des PEI – und alle seine Vorgänger, soweit sie noch leben – zu einem sehr intensiven Interview einladen.

Für 2) gilt ähnliches. Ob die Verwendung von Aluminiumverbindungen in bestimmten Dosierungen unbedenklich ist, kann nur durch entsprechende Studien, am besten durch mindestens ein Jahr lang laufende doppelblinde Placebostudien, bestimmt werden. Solche Sicherheitsstudien, insbesondere bei Injektion dieser Substanzen unter die Haut oder in den Muskel, werden von Seiten des PEI nicht von den Herstellern verlangt.

Somit ist das PEI selbst eine der Hauptursachen für das Fehlen von Sicherheitsdaten. Wobei das PEI bei kritischen Anfragen in der Regel auf europäische Regelungen verweist. Laut dem Europäischen Arzneibuch dürfen Humanimpfstoffe bis zu 1,25 ml Aluminium je Dosis enthalten. Wie die verantwortlichen Experten ohne die entsprechenden Sicherheitsstudien auf diesen – möglicherweise willkürlich – festgelegten Grenzwert kommen, wissen wir nicht. Aus meiner persönlichen Sicht wäre es die Aufgabe einer nationalen Behörde wie dem PEI, hier einzugreifen und eine öffentliche Diskussion über den Sinn solcher aus der Luft gegriffenen Grenzwerte in die Wege zu leiten.

Zu 3): Wir haben bereits Zitate angeführt, die zeigen, dass die sogenannte Depotwirkung nur auf einer Hypothese beruht. Dass die Depotwirkung sich auf der einen Seite immunverstärkend, aber auf der anderen Seite als risikosenkend auswirken soll, ist vor allem angesichts der Erkenntnisse über das ASIA-Syndrom nicht nachvollziehbar und bedarf entsprechender klinischer Studien. Auch die grundsätzliche Schwerlöslichkeit von Aluminiumhydroxid ist für sich kein Beweis für seine Sicherheit.

„Grau ist alle Theorie“ weist Mephisto in Goethes Faust seinen Schüler auf die Unzulänglichkeit eines nur theoretischen Wissens hin. Die tatsächlichen langfristigen Auswirkungen von Aluminiumverstärkern können nur in verblindeten Placebostudien festgestellt werden.

Warum verzichten unsere Impfexperten und Behörden auf diese Sicherheitsstudien?

Zum Aluminiumgehalt in Impfstoffen hat das PEI im März 2015 im Bulletin für Arzneimittelsicherheit folgende Stellungnahme veröffentlicht:

> *„Aluminiumsalze werden seit etwa 80 Jahren erfolgreich als Adjuvanzien in inaktivierten Impfstoffen und Toxoidimpfstoffen zur Wirkungsverstärkung eingesetzt.“*

Dies ist im Grunde ein Zirkelschluss: Da man die verwendete geringe Menge an Aluminium von Anfang an für unbedenklich hielt, wurde auch nie intensiv nach schädlichen Auswirkungen gesucht. Wenn aus diesem Grund kaum Daten darüber vorliegen, kann daraus nicht geschlossen werden, dass es diese schädlichen Auswirkungen nicht gibt.

Zudem wäre angesichts der offenen Fragen zu Wirksamkeit und Sicherheit von Impfstoffen die Definition von „erfolgreich“ zu hinterfragen.

Weiter im Zitat:

> *„Bei diesen Impfstoffen wäre eine effektive Impfung ohne die Unterstützung nur schlecht oder gar nicht möglich."*

Dieser Satz gibt uns möglicherweise einen Hinweis auf die Gründe für die „Weiß-wasch-Politik" des PEI, wenn es um Aluminium-Zusätze geht: Der Großteil der Impfstoffe müsste sofort vom Markt genommen werden. Dahinter steht möglicherweise die Furcht, dass weitgehend verschwundene Seuchen wieder auftauchen könnten. Statt genau zu untersuchen, ob diese diffuse Furcht berechtigt ist, wird sie durch die Lobbyisten der Hersteller noch angeheizt. Sie ist schließlich das Hauptverkaufsargument für Impfstoffe.

Weiter im Zitat:

> *„Die Impfantigene (z.B. Diphtherie- oder Tetanustoxoide) sind dabei an schwer lösliches Aluminiumhydroxid oder -phosphat adsorbiert (Adsorbat-Impfstoffe)."*

Diese „Schwerlöslichkeit" wird von Impfexperten seit Jahrzehnten als „Depotwirkung" interpretiert, die einerseits die Immunreaktion verstärke, andererseits aber wird suggeriert, dass sie die Risiken minimiere. Kann man wirklich beides gleichzeitig haben? Dies wäre nur durch ergebnisoffene Sicherheitsstudien zu beweisen.

Weiter im Zitat:

> *„Das Europäische Arzneibuch (Ph. Eur.) begrenzt in der Monografie „Impfstoffe für den Menschen" den Aluminiumgehalt auf 1,25 mg pro Dosis."*

Etwas anders ausgedrückt, erlaubt die EU die Anwendung begrenzter Mengen Aluminium in Impfstoffen, ohne dass je durch Sicherheitsstudien dessen Unbedenklichkeit gezeigt wurde.

Weiter im Zitat:

> *„Die in Europa zugelassenen Impfstoffe liegen alle deutlich unter diesem Grenzwert (Bereich 0,125–0,82 mg Aluminium/ Dosis). Für Impfstoffe besteht auf europäischer Ebene die Empfehlung, enthaltene Adjuvanzien quantitativ in der Produktinformation anzugeben. Die in der Zulassung festgelegte Aluminiummenge in einer Impfstoffdosis kann daher in den Fach- und Gebrauchsinformationen der einzelnen Impfstoffe nachgelesen werden."*

Dazu gibt es einige offene Fragen:

1. Ist diese Dosis auf einen drei Monate alten Säugling mit 6 kg Gewicht abgestimmt, oder auf einen Erwachsenen mit einem Gewicht von 80 kg?
2. Dieser Wert wird bereits durch die Parallele zur Sechsfach-Impfung gegen Meningokokken oder Pneumokokken gegebene Impfung überschritten.
3. Durch die Depotwirkung injizierter Aluminiumsalze häuft sich die Menge des Aluminiums im Körper mit jeder weiteren Impfung an. Wie wirkt sich das auf die Gesundheit aus?

Weiter im Zitat:

„Adsorbatimpfstoffe werden intramuskulär verabreicht. Bekannte lokale Nebenwirkungen im Zusammenhang mit dem Aluminiumadjuvans in Impfstoffen sind Verhärtungen (subkutane Knötchen, Zysten, Granulome) an der Injektionsstelle, die als Fremdkörperreaktion auf das Adsorbens gewertet werden.

Es wird davon ausgegangen, dass kleinste Mengen aluminiumadjuvantierter Impfstoffe beim Durchstechen der Haut in der Subkutis Granulome auslösen können. Im weiteren Verlauf können daraus sterile Abszesse oder Zysten entstehen, die in der Regel abheilen, in seltenen Fällen chirurgisch entfernt werden.

Die Häufigkeit wird allgemein als selten eingestuft. Allerdings weist eine kürzlich publizierte Studie aus Schweden mit 4.758 Säuglingen, die mit einem DTaP-Kombinationsimpfstoff zur Grundimmunisierung allein oder zusammen mit einem Pneumokokkenimpfstoff (beide aluminiumadsorbiert) geimpft worden waren, auf eine höhere Häufigkeit von Granulomen hin:

In dieser Studie wurde eine Häufigkeit von juckenden Granulomen von 0,83 Prozent festgestellt. Das Risiko für eine Granulombildung stieg mit der Anzahl verabreichter Impfungen an.

Die Granulome traten im Mittel etwa 2,5 Monate nach Impfung auf und dauerten 22 Monate an. Bei 85 Prozent der Impflinge mit Granulomen konnte eine Kontaktallergie gegen Aluminium nachgewiesen werden. Auch wenn kontrovers diskutiert wird, ob die Injektionstechnik bei der Granulomentstehung die entscheidende

> *Rolle spielt, ist die Empfehlung einer tiefen intramuskulären Applikation von Adsorbatimpfstoffen nach wie vor zu beachten."*

Eine Entwarnung ist dies nicht gerade. Man könnte diese Stellungnahme als Versuch des PEI verstehen, die grundsätzliche Aluminium-Problematik auf eine Kontroverse über Injektionstechniken zu reduzieren. Dies wäre jedoch für die Klärung der Risiken kaum zielführend.

Weiter im Zitat:

> *„(...) Ein eindeutiger wissenschaftlicher Beleg, dass das Aluminium in den Impfstoffen tatsächlich ein monokausaler Auslöser einer MMF ist, fehlt jedoch bisher. Es gibt Hinweise, dass die Persistenz beziehungsweise die Rückbildung von genetischen Determinanten abhängen. So wurde eine erhöhte Häufigkeit von MMF bei Personen mit einem bestimmten HLA-Typ (HLA-DRB1*01-Allele), der u. a. bei Zwillingen mit MMF identifiziert worden war, beobachtet."*

Auch dies ist keine Entwarnung. Im Grunde spricht das für einen Gentest *vor* jeder Impfung mit Aluminium-Adjuvantien, um Schaden von den geimpften Personen abzuwenden.

Weiter im Zitat:

> *„Klar differenziert werden muss in jedem Fall zwischen den lokal entzündlichen Veränderungen (MMF) und dem von einigen Autoren (vornehmlich aus Frankreich) postulierten Syndrom (MMFS), in dem ein kausaler Zusammenhang zwischen MMF und systemischen, klinischen Symptomen (wie z.B. Myalgien, chronische Müdigkeit, kognitive Dysfunktion) bis hin zu verschiedenen neurologischen Erkrankungen hergestellt wird. Es gibt bisher keine Daten, die einen solchen kausalen Zusammenhang belegen. Ebenfalls fehlt eine Vorstellung für den pathophysiologischen Mechanismus eines solchen Zusammenhangs."*

Erstens gibt es wohl auch keine Daten, *„die einen solchen kausalen Zusammenhang"* ausschließen, sonst würde das PEI sie hier zweifelsohne anführen. Zweitens kann das fehlende Wissen darüber, wie genau ein Gift seine Wirkung entfaltet, nicht als Argument dienen, dieses Gift als unbedenklich einzustufen.

Weiter im Zitat:

> *„Das Global Advisory Committee for Vaccine Safety (GACVS) der Weltgesundheitsorganisation (WHO) hat anlässlich seiner Sitzung im Dezember 2003 die Ergebnisse einer Fall-Kontroll-Studie aus Frankreich diskutiert, die den möglichen Zusammenhang zwischen lokalen MMF-Läsionen nach Impfung und systemischen Reaktionen untersucht hat.*
>
> *Das GACVS kam zu dem Ergebnis, dass eine Persistenz von aluminiumhaltigen Makrophagen an der Injektionsstelle nicht mit spezifischen klinischen Symptomen oder Krankheiten assoziiert ist.*
>
> *In einer weiteren Stellungnahme 2008 hat das Gremium außerdem festgestellt, dass neuere Daten aus Untersuchungen an Tieren die Annahme stützen, dass MMF ein Marker für entzündliche Reaktionen als Folge des Persistierens von Aluminium an der Injektionsstelle darstellt, ohne weitere systemische Symptome auszulösen."*

Auch für ein Expertengremium der WHO gilt, dass Entwarnungen für giftige Impfstoffzusätze erst dann gegeben werden können, wenn entsprechende klinische Placebo-Studien die Unbedenklichkeit belegen. Stattdessen heißt es im epidemiologischen Wochenbericht der WHO vom 8. August 2003:

> *„Bezüglich der Sicherheit von aluminiumhaltigen Impfstoffen kam das Komitee zu dem Schluss, dass keine zusätzlichen Daten vorliegen, die in einer Änderung seiner früheren Stellungnahmen zur Macrophagischen Myofasciitis und der Anwendung von aluminiumhaltigen Impfstoffen resultieren. Die GAVC wiederholt ihre früheren Stellungnahmen, wonach es keine Änderungen der aktuellen Empfehlungen für den Gebrauch von aluminiumhaltigen Impfstoffen und ihrer intramuskulären Verabreichung gibt."*

Während ich dieses Buch fertigstelle und die Stellungnahme des PEI abrufe, befinden wir uns im November 2018. Die Reaktionszeit des PEI und der WHO auf neue wissenschaftliche Erkenntnisse, welche die Sicherheit der verwendeten Adjuvantien in Frage stellen, beträgt somit mindestens 15 Jahre. In diesem Zeitraum wurden weitere Millionen von – bis dahin mehr oder weniger gesunden – Menschen und Tieren mit möglicherweise hochbedenklichen Impfstoffen behandelt.

Es ist also durchaus nachvollziehbar, wenn manche Kritiker der deutschen und internationalen Impfpolitik eine gewisse Einseitigkeit im Umgang der Behörden mit den verfügbaren Fakten zur Impfstoffsicherheit feststellen. Die Angst vor dem Wiederauftauchen längst überwundener tödlicher Seuchen macht die zuständigen Behörden für die möglichen Risiken von Impfungen blind.

Weitere bedenkliche Zusatzstoffe

Ein weiterer in vielen Tierimpfstoffen als Wirkverstärker enthaltener Zusatzstoff sind die sogenannten Saponine. Diese töten laut Wikipedia rote Blutkörperchen ab und können die Durchlässigkeit der Darmwand erhöhen. Die Saponin-Dosis in BTVPUR ist bezeichnenderweise mit HE angegeben: Das ist eine Maßeinheit für die hervorgerufene Auflösung von roten Blutkörperchen. Kein Wunder, dass der Organismus darauf mit Vollalarm reagiert!

Etliche Impfstoffe enthalten weder Thiomersal oder Aluminiumhydroxid, aber z. B. Mineralölmischungen als Wirkverstärker. Studien, welche Auswirkungen diese Zusatzstoffe auf die Gesundheit eines Tieres haben können, sind mir nicht bekannt. Da das Immunsystem bei allen Adjuvantien grundsätzlich mit einem Vollalarm reagiert, dürfte klar sein, dass auch Mineralöle sehr gesundheitsschädlich sein können.

Teil 6

Das Meldesystem für Impfkomplikationen

In Deutschland erfasste Meldungen

Wie wir bereits in Teil 3 festgestellt haben, ist die Aussagekraft von Zulassungsstudien, welche die Mindestanforderungen im Europäischen Arzneibuch knapp erfüllen, nicht unbedingt das, was ein Tierhalter von einem offiziell zugelassenen Impfstoff erwarten würde.

Dies muss aber natürlich nicht automatisch bedeuten, dass ein derart zugelassener Impfstoff unsicher und unwirksam sein muss. Durch den breiten Feldeinsatz eines neuen Impfstoffs besteht die Möglichkeit, zusätzliche Daten zu erfassen, die eine belastbarere Aussage erlauben.

Eine ganz wichtige Datenquelle ist das Meldesystem für Impfkomplikationen (und Impfversager). Diese Meldungen landen bei der deutschen Zulassungsbehörde, also dem PEI. Bei den Humanimpfungen gibt es seit 2001 mit dem Inkrafttreten des Infektionsschutzgesetzes (IfSG) eine Meldepflicht für jeden Verdachtsfall einer Impfkomplikation, d. h. für jede Erkrankung im zeitlichen Zusammenhang mit einer Impfung, für die es keine andere plausible Erklärung gibt.

Trotz dieser gesetzlich verankerten Meldepflicht für Ärzte und Heilpraktiker, die laut IfSG bei Zuwiderhandlung mit einem Bußgeld bis zu 25.000 Euro belegt werden kann, veränderte sich jedoch das Meldeverhalten der Mediziner in der Praxis kaum. Im Gegenteil: Die Meldungen gingen zunächst sogar wieder zurück![1]

1 *Hans U. P. Tolzin: „Macht Impfen Sinn? Band I", Tolzin Verlag 2012*

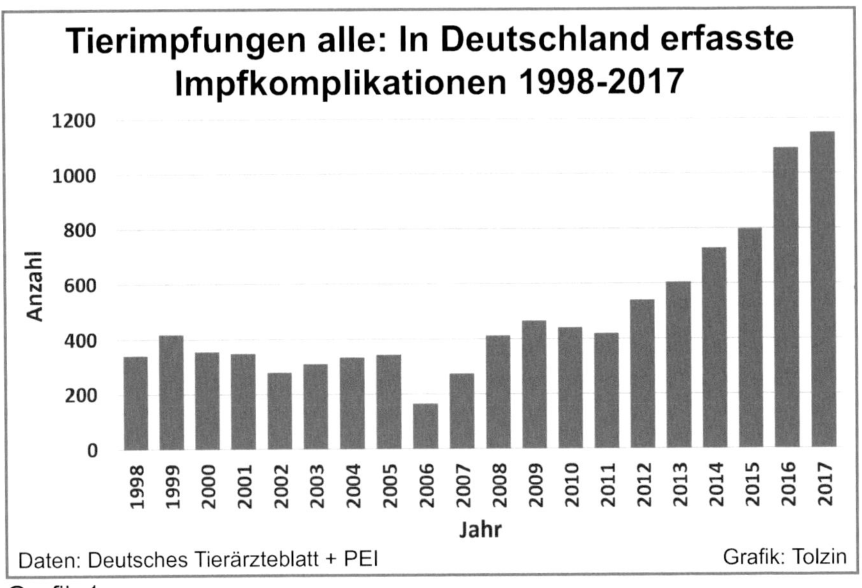

Grafik 1

Je nach Quelle liegen die Schätzungen für die tatsächliche Melderate bei 5 Prozent bis hin zu 1 Promille.[2] Bei einer anonymen Umfrage, die ich im Rahmen des Stuttgarter Impfsymposiums vor einigen Jahren durchführte, kam bei den anwesenden Heilpraktikern und Naturheilärzten eine Melderate von 0,8 Prozent heraus.

Die Mehrheit der schulmedizinisch arbeitenden – und Impfungen viel unkritischer gegenüberstehenden – Medizinier dürften eine sogar noch weit darunterliegende Melderate aufweisen, wahrscheinlich nicht mehr als 1 Promille.

Anders ausgedrückt liegt die Dunkelziffer bei mindestens 95 %, vielleicht sogar bei 99,99 %. Diese Dunkelziffer wird jedoch vom PEI als der zuständigen Bundesbehörde z. B. bei der Korrektur der Komplikationshäufigkeiten in den Produktinformationen völlig ignoriert. Man begnügt sich beim PEI vielmehr mit der Aussage: [3]

> *„Da die Untererfassung der Meldungen von Impfkomplikationen nicht bekannt oder abzuschätzen ist und keine Daten zu verab-*

2 *siehe https://www.impfkritik.de/impfstoffsicherheit*

3 *Bundesgesundheitsblatt, Dez. 2004, S. 11621*

> *reichten Impfungen als Nenner vorliegen, kann keine Aussage über die Häufigkeit bestimmter unerwünschter Reaktionen gemacht werden."*

Diese Aussage stammt aus dem Jahr 2004, ist aber heute noch genauso gültig wie damals. Wohlgemerkt: Hier geht es um Impfstoffe, die vor allem (bis dahin gesunden) Säuglingen und Kleinkindern verabreicht werden.

Und die für Impfstoffsicherheit zuständige Bundesbehörde kann *„keine Aussage über die Häufigkeit bestimmter unerwünschter Reaktionen"* machen?

Das lässt für den Veterinärbereich, in dem es ja nicht um unsere Kinder, sondern „nur" um Tiere geht, nichts Gutes erahnen.

Gemeldete Impfkomplikationen für alle Tierarten (Grafik 1)

Die beim PEI eingegangenen und regelmäßig im Deutschen Tierärzteblatt veröffentlichten Meldungen von Impfkomplikationen sind ab dem Jahr 1998 verfügbar.

Wir sehen, dass die Gesamtzahl der für alle Tierarten eingegangenen Meldungen bis 2005 in einem Bereich von etwa 300 bis 400 Meldungen liegt, im Jahr 2006 deutlich einbricht und danach teilweise exponentiell bis 2017 auf über 1.100 Fälle ansteigt.

Die Ursachen für den Verlauf und insbesondere den deutlichen Anstieg ab 2012 sind unbekannt. Zur Klärung müsste man die Anzahl der je Produkt und Tierart verimpften Impfstoffdosen wissen. Diese Daten werden jedoch vom PEI als zu schützendes Geschäftsgeheimnis der Hersteller betrachtet und unter Verschluss gehalten.[4]

Somit wissen wir nicht, inwieweit der Kurvenverlauf mit bestimmten Produkten zusammenhängt, die entweder grundsätzlich ein schlechtes Nebenwirkungsprofil besitzen oder bei denen bestimmte Produktions-Chargen Qualitätsmängel aufweisen.

Ob der Kurvenverlauf von Grafik 1 mit der zunehmenden Anzahl von Impfstoffen und/oder mit einer steigenden Durchimpfungsrate zu tun

4 *siehe auch impf-report.de, IFG-Anfrage Nr. 089*

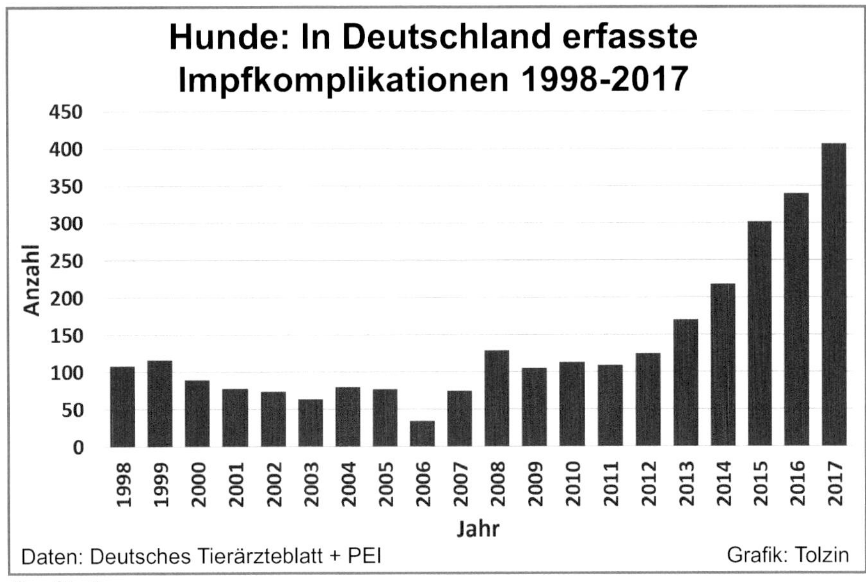

Grafik 2

hat, ist ebenfalls unbekannt, da das PEI auch diese Daten nicht veröffentlicht.

Darüber hinaus kann aus Grafik 1 nicht ersehen werden, ob der Anstieg vielleicht durch ein besseres Meldeverhalten der Tierärzte verursacht worden ist. Die Melderate ist bei veterinären Impfkomplikationen noch weniger Thema als bei Humanimpfungen.

Dafür, dass sich das Meldeverhalten über die Jahre verändert hätte, habe ich auch keinen Hinweis in den Publikationen des PEI oder des deutschen Tierärzteblatts gefunden. Offenbar sind die zuständigen Bundesbehörden, die StIKo Vet sowie die Deutsche Tierärztekammer mit dem Meldeverhalten der Tierärzte zufrieden.

Meldestatistik Hunde (Grafik 2)

Die Meldungen nach der Impfung von Hunden machen etwa ein Drittel aller erfassten Meldungen nach Tierimpfungen aus. Daraus lässt sich leider nur wenig ableiten, da wir die jährliche Anzahl der je Tierart verimpften Dosen nicht kennen.

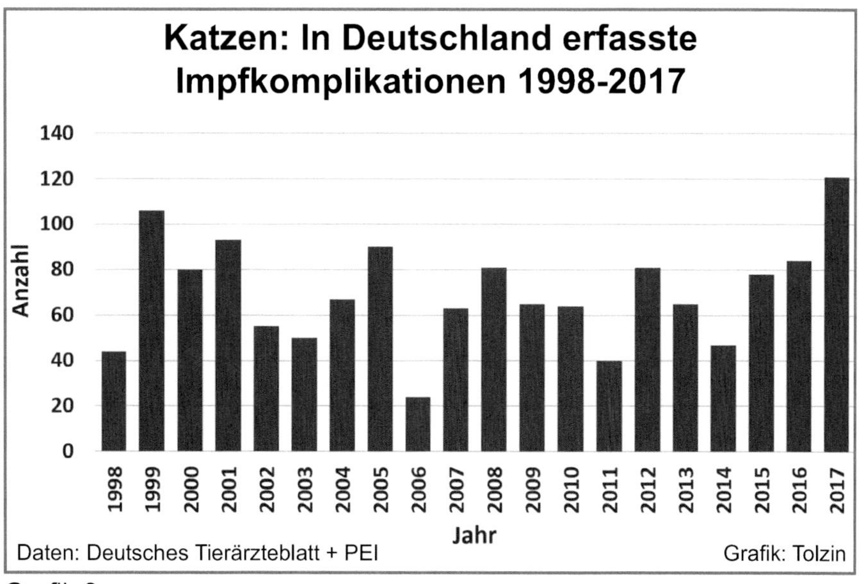

Grafik 3

Der Kurvenverlauf spiegelt im Großen und Ganzen den Kurvenverlauf bei der Gesamtzahl aller Tierimpfungen wieder. Auch hier wissen wir nicht, ob die deutliche Steigerung ab 2012 mit einem verbesserten Meldeverhalten, mit bestimmten Produkten, einer steigenden Durchimpfungsrate oder zunehmender Anzahl empfohlener Impfungen zusammenhängt.

Meldestatistik Katzen (Grafik 3)

Die Meldungen von Impfkomplikationen bei Katzen zeigen mehr oder weniger stabile Schwankungen im Bereich von 20 bis 120 Meldungen jährlich. Eine deutliche Steigerung ab 2012 ist hier nicht erkennbar. Allerdings erreichen die Meldungen im Jahr 2017 ein bisheriges Maximum. Ob sich diese Tendenz fortsetzt, muss abgewartet werden.

Auch hier wissen wir nicht, was der Kurvenverlauf bedeutet: Sind alle in Frage kommenden Faktoren, also Meldeverhalten, Nebenwirkungsprofil bestimmter Produkte, Durchimpfungsraten und Anzahl der Impfungen während der letzten 20 Jahre weitgehend stabil geblieben? Und: Welche Faktoren haben sich eventuell doch geändert?

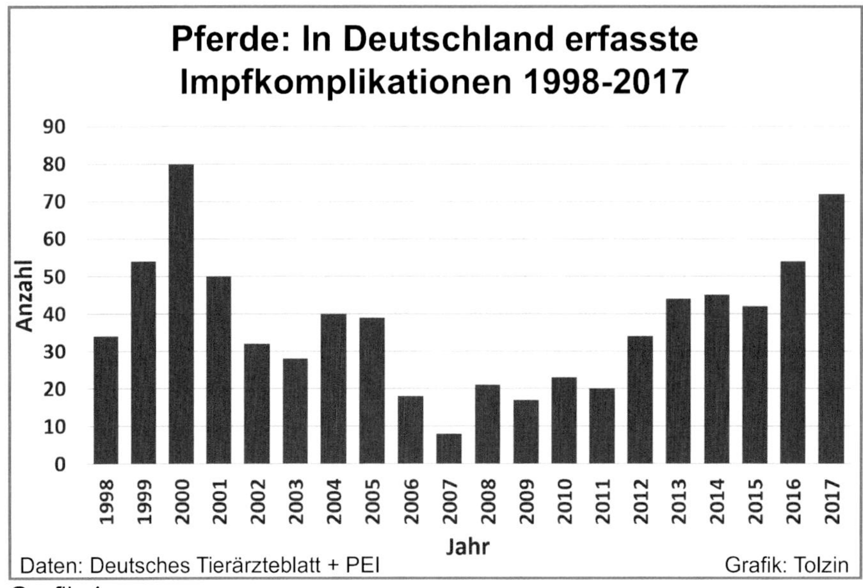

Grafik 4

Meldestatistik Pferde (Grafik 4)

Hier ist der Verlauf der Kurve etwas ungewöhnlich. Wir haben ab 2000 einen Rückgang der Meldungen mit einem Tiefpunkt im Jahr 2007 und danach einen mehr oder weniger kontinuierlichen Anstieg bis 2017. Das Ganze spielt sich jedoch auf einem relativ niedrigen Niveau zwischen 8 und 80 Meldungen jährlich ab. Möglicherweise handelt es sich um Schwankungen, die sich in den nächsten Jahren auf vergleichbarer Ebene wiederholen werden. Leider hat das PEI die Meldezahlen erst ab 1998 veröffentlicht. Die Daten aus den Jahren davor liegen mir nicht vor.

Meldestatistik Rinder (Grafik 5)

Die Meldestatistik für Komplikationen nach der Impfung von Rindern liegt bis etwa 2007 im Bereich zwischen 40 und 60 Meldungen jährlich, um sich danach recht schnell ungefähr zu verdoppeln. Welche Faktoren für diese Zunahme verantwortlich sind, wissen wir nicht, da uns die jährliche Anzahl der Impfungen je Produkt und Tierart sowie Auswertungen des Meldeverhaltens der Tierärzte fehlen. Auch das PEI scheint

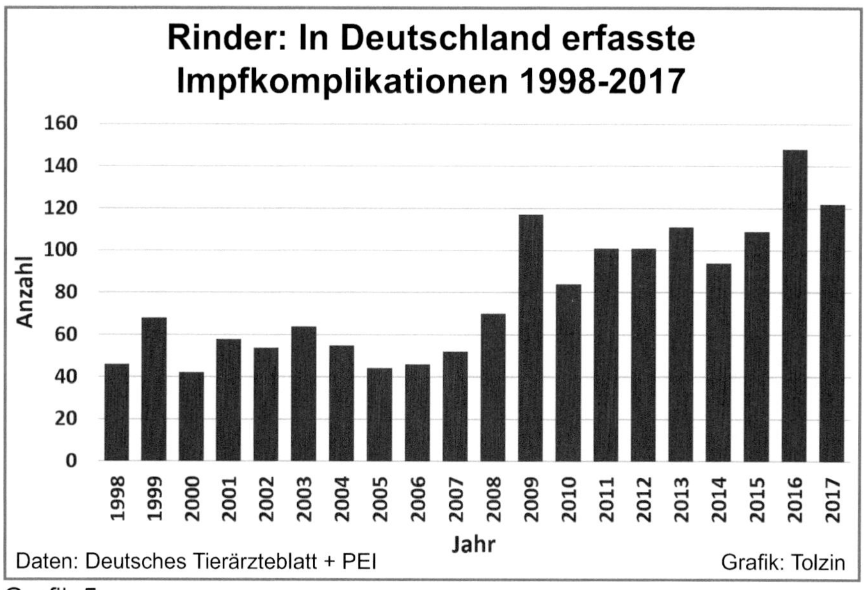

Grafik 5

derartige Auswertungen nicht vorzunehmen – zumindest habe ich bisher keine entsprechenden Publikationen gefunden.

Meldestatistik Schweine (Grafik 6)

Auch bei den Meldungen von Impfkomplikationen bei den Schweinen hält sich die Anzahl bis 2007 bei etwa 50 Meldungen jährlich, um dann schließlich auf den vierfachen Wert anzusteigen. Ob die Ursache bei bestimmten Impfstoffen zu suchen ist, bei der Anzahl von Impfungen oder beim Meldeverhalten der Tierärzte, wissen wir leider nicht.

Meldestatistik Schafe und Ziegen (Grafik 7)

Die Zahl der Meldungen nach der Impfung von Schafen und Ziegen liegt weit unter den Meldezahlen der anderen Tierarten. Sie liegen jährlich zwischen 0 (2005) und 10 (2016). Vermutlich werden Schafe und Ziegen wesentlich seltener geimpft als andere Tierarten, aber konkrete Zahlen habe ich dazu leider nicht. Wie bei anderen Tierarten gibt es einen Wendepunkt, hier im Jahr 2005. Danach ist eine Zunahme der

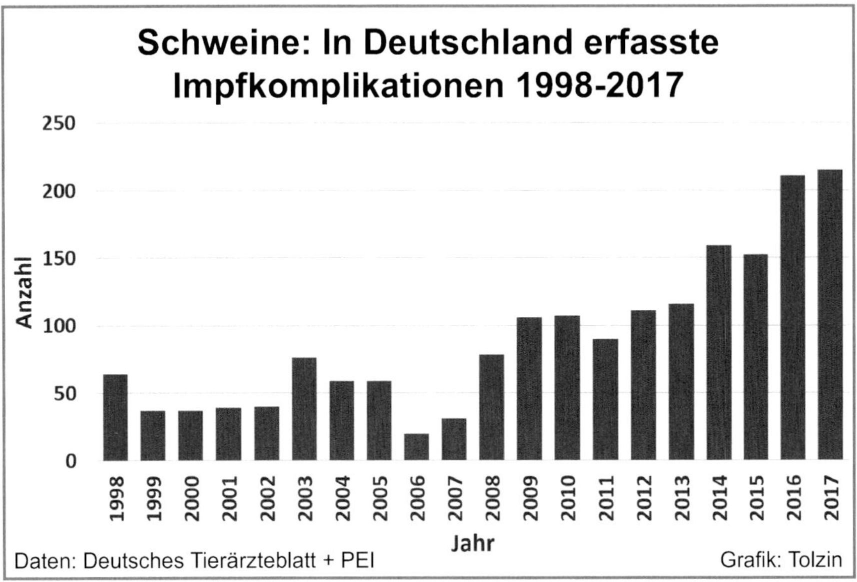

Grafik 6

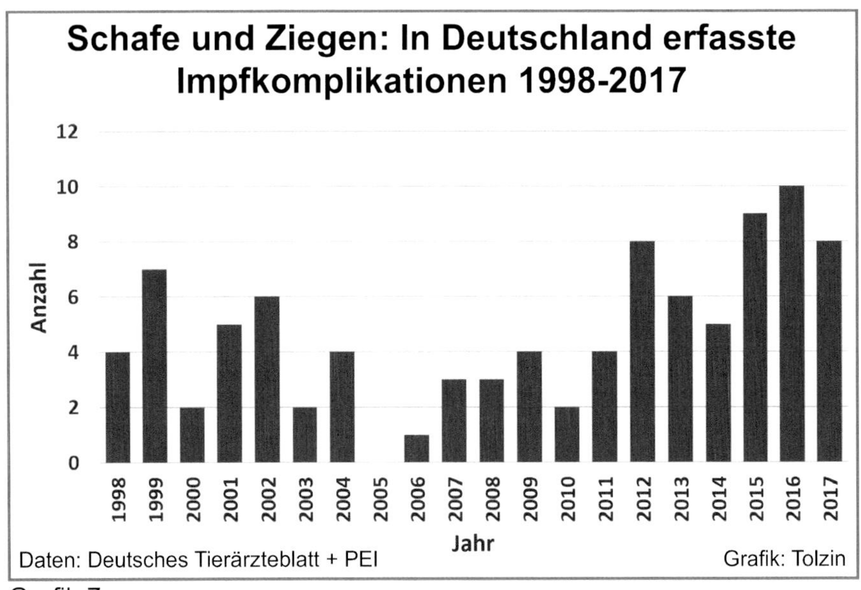

Grafik 7

Fälle zu beobachten. Allerdings wäre es bei derart geringen Fallzahlen gewagt, von deutlichen Tendenzen zu sprechen. Es bleiben die Meldezahlen der nächsten Jahre abzuwarten.

Meldestatistik Kaninchen (Grafik 8)

Bei den Kaninchen ist der Kurvenverlauf durchaus bemerkenswert. Bis zum Jahr 2011 bleiben die jährlichen Meldezahlen meistens bei 10 bis 20 Fällen, um sich danach innerhalb weniger Jahre zu verzehnfachen. Auch hier wäre es sehr interessant zu wissen, ob dies z. B. an der Einführung neuer Impfstoffe liegen könnte, an verdorbenen Produktions-Chargen oder an einem veränderten Meldeverhalten der Tierärzte.

Meldestatistik Hühner (Grafik 9)

Obwohl wir in diesem Buch eigentlich nur die Impfungen von nicht wild lebenden Säugetieren besprechen, möchte ich sämtliche verfügbaren Meldedaten vorstellen. Deshalb habe ich die Meldung von Impfkomplikationen nach der Impfung von Hühnern und Tauben mit aufgeführt.

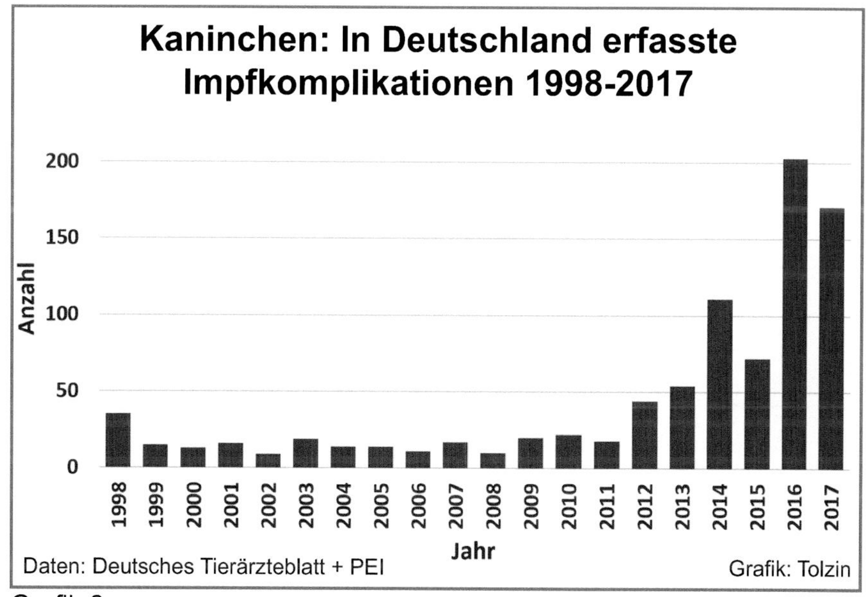

Grafik 8

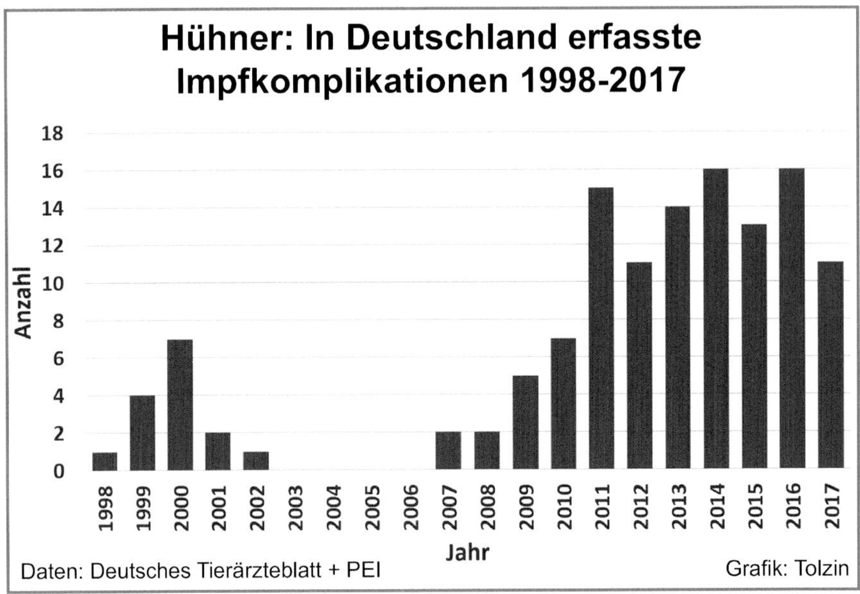

Grafik 9

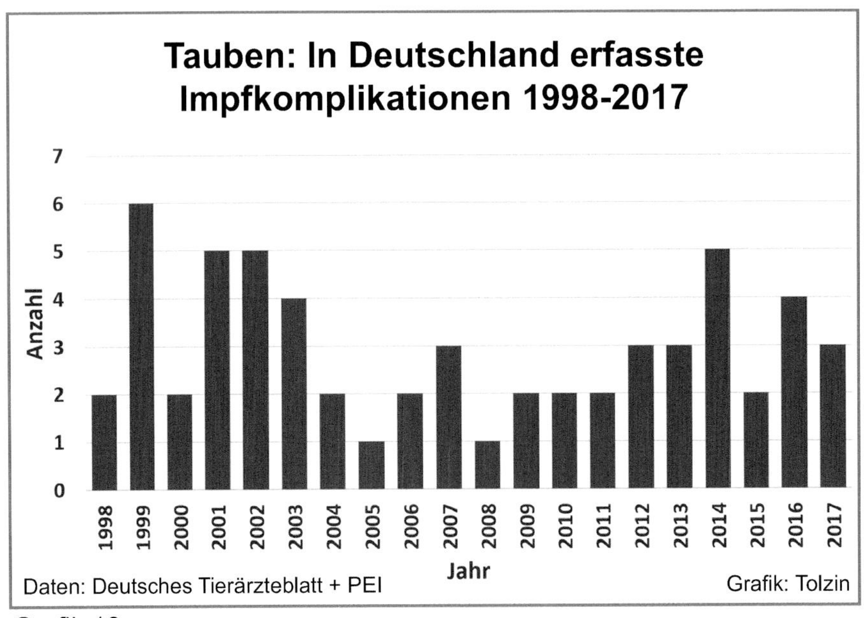

Grafik 10

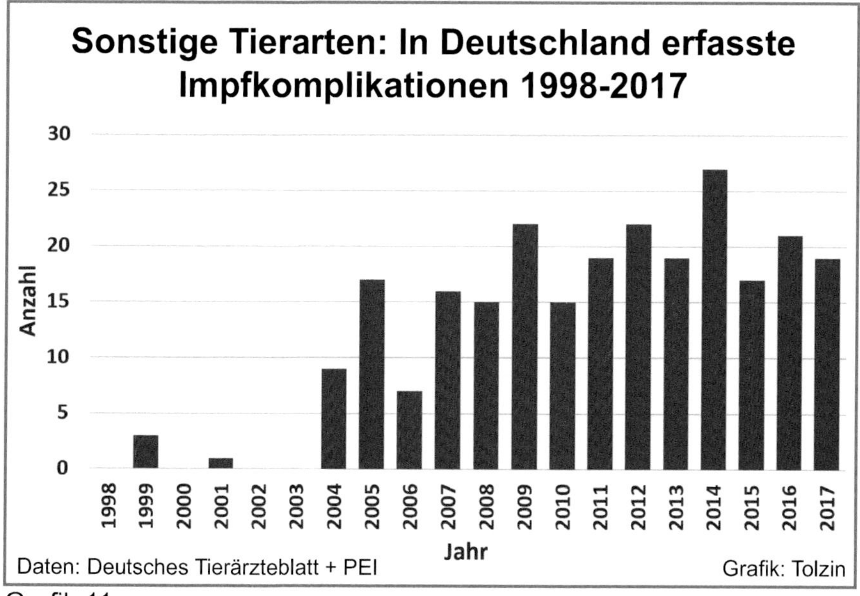

Grafik 11

Die Meldungen bei Hühnern liegen zwischen 0 und 16 Meldungen pro Jahr. Auch wenn dies zu geringe Meldezahlen sind, um von deutlichen Tendenzen zu sprechen, ist doch interessant, dass wir auch hier einen Rückgang auf einen absoluten Tiefpunkt haben und ab 2009 im (Verhältnis gesehen) deutlich ansteigen.

Meldestatistik Tauben (Grafik 10)

Die Fallzahlen bei Tauben liegen zwischen 1 und 6 Fällen pro Jahr und damit noch unter den Fallzahlen bei den Hühnern. Die Fallzahlen sind hier meines Erachtens zu niedrig, um eine Tendenz feststellen zu können.

Meldestatistik Sonstige Tierarten (Grafik 11)

Zu den sonstigen Tierarten zählen z. B. Füchse, Marder, Fische oder Truthähne. Die jährlichen Fallzahlen sind vergleichsweise niedrig. Sie liegen zwischen 0 und 27 Meldungen im Jahr.

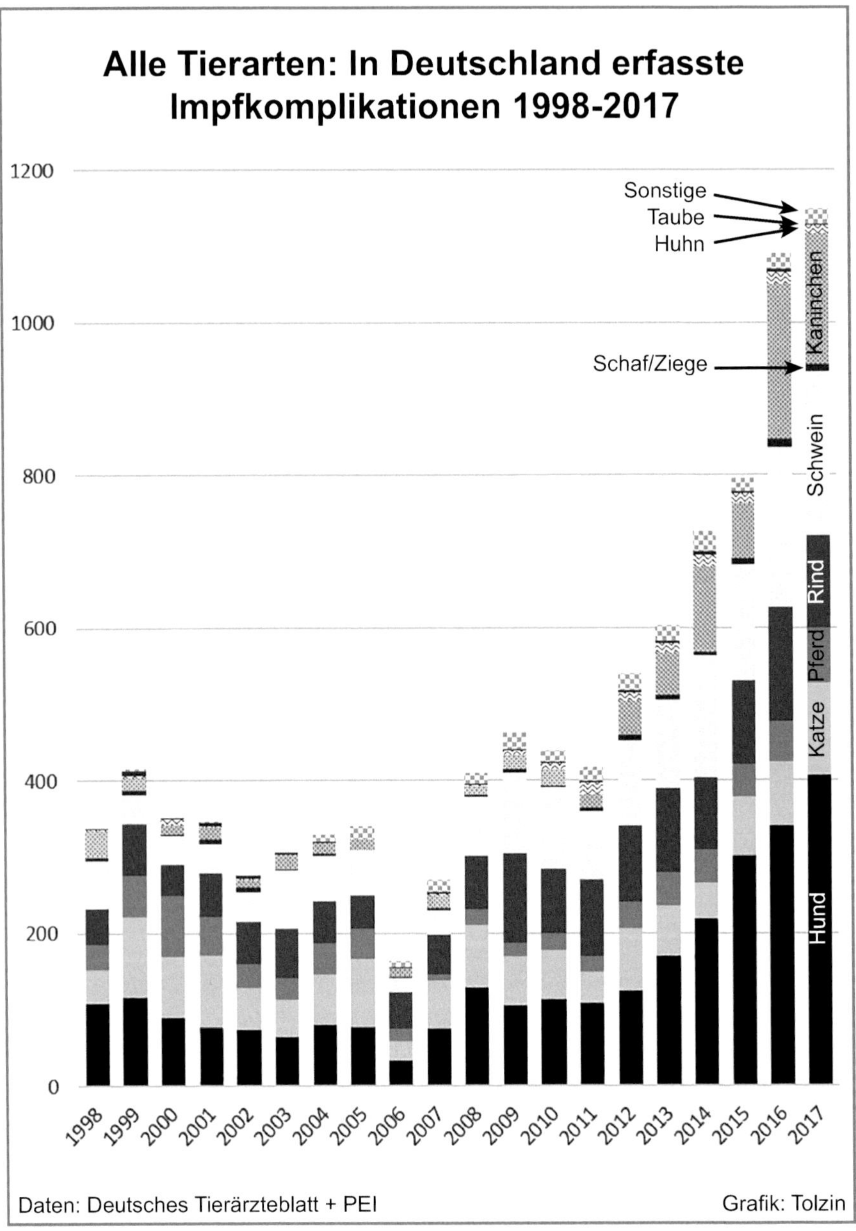
Alle Tierarten: In Deutschland erfasste Impfkomplikationen 1998-2017
1200
1000
800
600
400
200
0
Sonstige
Taube
Huhn
Kaninchen
Schaf/Ziege
Schwein
Rind
Pferd
Katze
Hund
1998
1999
2000
2001
2002
2003
2004
2005
2006
2007
2008
2009
2010
2011
2012
2013
2014
2015
2016
2017
Daten: Deutsches Tierärzteblatt + PEI
Grafik: Tolzin

Grafik 12

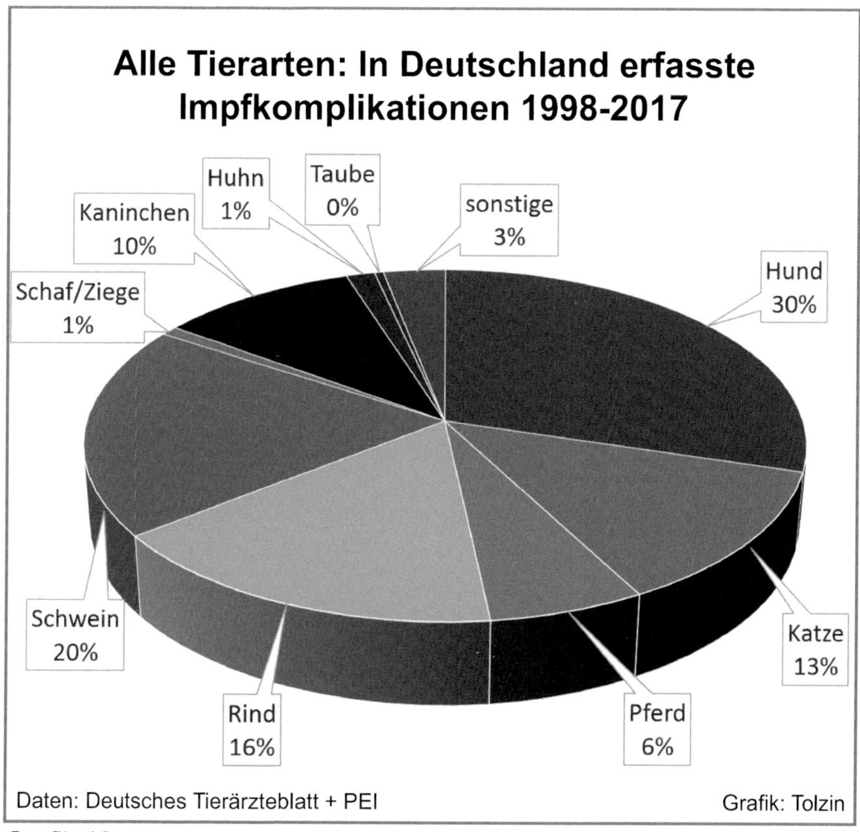

Grafik 13

Die Relevanz der Meldungen ist schwer zu beurteilen, da wir sie nicht mit der Anzahl der verimpften Dosen je Impfstoff und Tierart in Bezug setzen können. Die entsprechenden Daten werden vom PEI nicht veröffentlicht.

Meldestatistik alle Tierarten (Grafik 12 + 13)

In den Grafiken 12 und 13 sehen Sie, wie sich die Meldungen auf die einzelnen Tierarten verteilen:

- 30 % aller Meldungen betreffen Hunde
- 20 % aller Meldungen betreffen Schweine
- 16 % aller Meldungen betreffen Rinder
- 13 % aller Meldungen betreffen Katzen
- 10 % aller Meldungen betreffen Kaninchen
- 6 % aller Meldungen betreffen Pferde
- 1 % aller Meldungen betreffen Schafe und Ziegen
- 1 % aller Meldungen betreffen Hühner
- 0,5 % aller Meldungen betreffen Tauben
- 3 % aller Meldungen betreffen sonstige Tierarten

Um daraus bestimmte Schlussfolgerungen ziehen zu können, z. B. ob bestimmte Tierarten empfindlicher sind als andere, müssten wir wissen, welche Impfstoffe wie häufig pro Jahr verimpft werden. Wie schon mehrfach erwähnt, sind diese Daten aus Sicht des PEI geheim zu halten.

Warum sollte ein Tierarzt melden?

Der Tierarzt ist natürlich zuerst seinem eigenen Gewissen gegenüber verpflichtet, korrekt, effektiv und im Sinne des von ihm behandelten Tieres und seines Besitzers zu handeln. Dies ist auch unerlässlich für ein echtes Vertrauensverhältnis zwischen Tierhalter und Tierarzt. Die Berufsordnung der Tierärztekammer Niedersachsens fasst dies folgendermaßen in Worte:[5]

> *„(1) Tierärztinnen und Tierärzte dienen dem Allgemeinwohl und tragen bei der Ausübung ihres Berufes in hohem Maß Verantwortung für die Gesundheit von Mensch und Tier. Aufgrund der fachlichen Kenntnisse und Fähigkeiten ist jede Tierärztin und jeder Tierarzt in besonderer Weise zum Schutz der Tiere berufen und verpflichtet.*
>
> *(2) Tierärztinnen und Tierärzte haben insbesondere die Aufgabe, Leiden und Krankheiten der Tiere zu verhüten, zu lindern und zu heilen, das Leben und das Wohlbefinden der Tiere zu schützen und sie vor Schäden zu bewahren, zur Entwicklung und Erhaltung gesunder Tiere in allen Haltungsformen beizutragen und*

5 *Berufsordnung der Tierärztekammer Niedersachsens, Stand vom 20. Nov..2013, § 2*

den Menschen vor Gefahren und Schäden durch vom Tier übertragbare Krankheiten oder durch Lebensmittel und Erzeugnisse tierischer Herkunft zu schützen.

(3) Es ist ebenso Aufgabe der Tierärztinnen und Tierärzte, zum Schutz von Mensch, Tier und Umwelt die Qualität und Sicherheit sowohl von Tieren als auch nicht von Tieren stammender Lebensmittel und Bedarfsgegenstände sowie die Qualität und Sicherheit von Arzneimitteln und von Futtermitteln zu gewährleisten."

Darüber hinaus heißt es in § 8 dieser Berufsordnung:

„(2) Arzneimittelnebenwirkungen oder -mängel, die während der Ausübung tierärztlicher Tätigkeit bekannt werden, sind der zuständigen Behörde oder der Arzneimittelkommission der Bundestierärztekammer unverzüglich mitzuteilen."

Wenn sich eine Impfung als gesundheitsschädlich erweist, muss der Tierarzt also angemessen reagieren. Dazu gehört die Meldung von möglichen oder wahrscheinlichen Impfkomplikationen und Impfschäden an die für Arzneimittelsicherheit zuständigen Behörden.

Konkrete Konsequenzen bei einer unterlassenen Meldung werden in der Berufsordnung nicht erwähnt. In § 22 heißt es nur:

„Werden über Tierärztinnen und Tierärzte Tatsachen bekannt, die den Verdacht eines Berufsvergehens rechtfertigen, so ist nach Maßgabe des Kammergesetzes für die Heilberufe zu verfahren."

Sehr ernst ist das wohl nicht zu nehmen, wenn wir das mit dem Humanbereich vergleichen. Dort gibt es zwar eine ausdrückliche gesetzliche Meldepflicht für Ärzte und Heilpraktiker, und die Unterlassung einer Meldung wird mit bis zu 25.000 Euro Bußgeld belegt. Trotzdem ist mir bisher kein einziger Fall bekannt geworden, in dem die Unterlassung einer Meldung zu einer Konsequenz geführt hätte.

Auch die von der StIKo Vet herausgegebene „Leitlinie zur Impfung von Kleintieren" (4. Auflage, 2017) spricht die Meldung von unerwünschten Impffolgen an:

„Dennoch lassen sich unerwünschte Tierarzneimittelwirkungen nicht ausschließen. Die Zahl der Impfungen sollte daher auf das notwendige Maß beschränkt bleiben. Ebenso ist es wichtig, das Vorkommen von unerwünschten Wirkungen zu überwachen und

potenzielle Nebenwirkungen aufzuzeichnen. Dies geschieht zentral durch das PEI. Ein Meldeformular für unerwünschte Wirkungen steht auf der Internetseite des PEI zum Abruf bereit.

Der Tierarzt ist zwar nicht direkt gesetzlich, jedoch im Rahmen seines Berufsethos und seiner Berufsordnung verpflichtet, jede mögliche Impfkomplikation zu melden, entweder an seine Landestierärztekammer oder direkt an das PEI.

Warum melden Tierärzte nicht?

Wie bei Humanimpfungen machen viele Tierhalter die Erfahrung, dass ihr Tierarzt den möglichen Zusammenhang einer plötzlichen Erkrankung mit einer zuvor durchgeführten Impfung geradezu kategorisch ablehnt.

1. Erwartungshaltung

Die meisten Tierärzte handeln dabei durchaus nach bestem Wissen und Gewissen. Wie die meisten Menschen geht auch ein Tierarzt in der Regel davon aus, dass die offizielle Zulassung eines Impfstoffs ein Beleg dafür ist, dass der Impfstoff sicher ist, also Impfschäden so gut wie nie vorkommen. Dies wird in der von der StIKo Vet herausgegebenen „Leitlinie zur Impfung von Kleintieren (Stand Aug. 2009) folgendermaßen ausgedrückt:

> *„Im Rahmen dieser Zulassung werden die Wirksamkeit und die Unschädlichkeit bzw. die Verträglichkeit und Sicherheit der Impfstoffe geprüft. Daher sind unerwünschte Nebenwirkungen bei den Impfstoffen für Hunde und Katzen außerordentlich selten.“*

Der Glaube an die Sicherheit eines Impfstoffs lässt einen Zusammenhang als unwahrscheinlich erscheinen, so dass die Meldung eines möglichen Impfschadens oder einer Impfkomplikation unterbleibt.

Weil die Meldungen dann entsprechend selten sind, wird dies wiederum als Bestätigung für die Sicherheit des Impfstoffs angesehen. So führt der Glaube an die Sicherheit zur Bestätigung der Sicherheit. Dies ist somit ein typischer Zirkelschluss, bei dem das zu Beweisende bei der Beweisführung bereits vorausgesetzt wird.

In der aktuellen Auflage der Leitlinie vom März 2017 wurde der zweite Satz des obigen Zitats inzwischen komplett gestrichen. Vielleicht ist es den Autoren selbst schon aufgefallen, dass sie hier einem Zirkelschluss erlegen sind.

2. Bequemlichkeit

Auch der Tag eines Tierarztes hat nicht mehr als 24 Stunden. Die Meldung einer möglichen Impfkomplikation ist ein gewisser geistiger und zeitlicher Aufwand – den letztlich niemand bezahlt. Wenn also der Tierhalter nicht von sich aus auf den Gedanken eines Zusammenhangs mit der Impfung kommt und den Tierarzt daraufhin anspricht – warum sich dann die Mühe machen? Schließlich sind die Impfstoffe ja erwiesenermaßen sicher...

3. Vertrauensverhältnis zum Tierhalter

Wenn der Tierarzt gegenüber dem Tierhalter einräumen muss, dass die Impfung, die er ihm möglicherweise zuvor so vehement empfohlen hat, seinem Tier einen schweren gesundheitlichen Schaden zugefügt hat, dann muss er natürlich befürchten, dass dies das Vertrauen gegenüber dem Tierarzt erschüttert. Und das Vertrauensverhältnis ist natürlich eine wichtige Grundlage für die Zusammenarbeit – und für weitere Aufträge.

4. Finanzielle Abhängigkeit von Impfungen

Für die meisten Tierärzte ist die Durchführung von Impfungen ein wesentlicher Teil ihres Einkommens. Sie werden nicht nur vom Tierhalter selbst, sondern oft auch von den Veterinärämtern mit Impfaktionen beauftragt. Wenn sie nun anfangen, mögliche Impfkomplikationen zu thematisieren, sägen sie sich gewissermaßen selbst den Ast ab, auf dem sie finanziell sitzen.

5. Fehlende Erfahrung mit Impfschäden

Da es offiziell so gut wie keine Impfschäden bei Tieren gibt, hat die Schulmedizin auch keine effektiven Behandlungsmethoden für diese Fälle entwickelt. Der Tierarzt sieht sich also unter Umständen nicht nur damit konfrontiert, einem ihm anvertrauen Tier einen gesundheitlichen Schaden zugefügt zu haben, sondern darüber hinaus weiß er trotz einer intensiven jahrelangen Ausbildung oft gar nicht, wie er damit umgehen soll.

Da ist es oft leichter, eine Diagnose zu stellen, in der die Impfung als Ursache nicht vorkommt.

6. Mögliches schuldhaftes Verhalten

Auch in der Fachliteratur finden wir einen Hinweis auf mögliche Gründe für die Unterlassung einer Komplikationsmeldung: [6]

> *„Den Mitarbeitern der Behörden ist bewusst, dass UAW[7] ungern kommuniziert werden, da sie von Laien mit einem verschuldeten Misserfolg der Therapie verwechselt werden könnten. (...) Eine Meldung von UAW an die Bundesoberbehörden ist mit keinerlei negativen Konsequenzen für den meldenden Tierarzt verbunden.*
>
> *Die Behörden bewerten ausschließlich einen Zusammenhang zwischen Arzneimittelgabe und Nebenwirkung und nicht die Korrektheit oder Notwendigkeit einer Behandlung.*
>
> *Personenbezogene Daten von Tierhalter und Tierarzt werden vertraulich behandelt und nicht an Dritte (z. B. PU,[8] andere Behörden) weitergegeben. Die Mitarbeiter in den Behörden, die UAW-Meldungen bearbeiten, sind Tierärzte mit Praxiserfahrung."*

Wenn sich also ein Tierarzt nicht ganz sicher ist, ob er die Impfung(en) korrekt verabreicht hat, neigt er dazu, eine mögliche Impfkomplikation nicht zu melden, um sich nicht selbst in Schwierigkeiten zu bringen.

Mein Tierarzt meldet nicht. Was tun?

Der Tierarzt ist laut Berufsordnung und Leitlinien verpflichtet, mögliche Impfkomplikationen entweder an die Landestierärztekammer oder direkt an das PEI zu melden. Wenn er dies nicht tut, können Sie die nachfolgend beschriebenen Maßnahmen ergreifen:

1. Beschwerde bei der zuständigen Tierärztekammer

Wenn Ihr Tierarzt eine mögliche Impfkomplikation nicht meldet, selbst nachdem Sie ihn darauf angesprochen haben, können Sie seine Ver-

6 *Deutsches Tierärzteblatt, 9/2015, S.1276*

7 *UAW = Unerwünschte Arzneimittelwirkung*

8 *PU = Pharmazeutischer Unternehmer*

letzung der Berufsordnung bei der zuständigen Landestierärztekammer melden. Um eine mögliche Trägheit der Mitarbeiter dieser Institution zu überwinden, sollten Sie dies unbedingt schriftlich tun und auch auf eine schriftliche Stellungnahme bestehen. Unterbleibt die schriftliche Stellungnahme, sollten Sie alle ein bis zwei Wochen solange schriftlich nachhaken, bis Ihnen eine Stellungnahme vorliegt.

Bleiben Sie unter allen Umständen höflich und sachlich und unterlassen Sie jeden Anschein von Schuldzuweisungen. Die zuständigen Mitarbeiter der Tierärztekammer, die in der Regel ebenfalls einem „Impfstoff-Sicherheits-Zirkelschluss" unterliegen, werden auf diese Weise gezwungen, Sie ernst zu nehmen und den betreffenden Tierarzt zu einer Stellungnahme aufzufordern.

Kommen solche Beschwerden über einen Tierarzt mehrmals vor, wird er schließlich bei seiner Kammer aktenkundig. Irgendwann wird er zu einem Gespräch unter Kollegen gebeten werden und muss eine freundliche, aber grundsätzlich unangenehme Ermahnung über sich ergehen lassen. Dies dürfte in den meisten Fällen zu einer nachhaltigen Verhaltensänderung führen.

2. Selbst an das PEI melden

Für die Arzneimittelsicherheit ist es unbedingt notwendig, dass möglichst viele mögliche Impfkomplikationen an das PEI gemeldet werden, so dass diese Behörde umgehend auf eine deutliche Zunahme bei bestimmten Impfungen oder Impfstoffen angemessen reagieren kann.

Diese „angemessene Reaktion" ist um so wahrscheinlicher, je mehr die Behördenmitarbeiter den Eindruck haben, dass ihnen die Öffentlichkeit auf die Finger schaut.

Sie können diese Meldung auch selbst vornehmen. Das PEI bietet dazu auf der Webseite

http://www.vet-uaw.de

ein Meldeformular an. Falls Sie mit dem Meldeformular nicht zurechtkommen, können Sie auch formlos schriftlich oder per Email an die zuständige Landestierärztekammer oder an das PEI melden.

Post- und Email-Adresse des PEI:

Paul-Ehrlich-Institut
Paul-Ehrlich-Str. 51-59
63225 Langen
presse@pei.de

Da auch beim PEI eine gewisse Trägheit herrscht, wenn es um Impfkomplikationen geht (dazu weiter unten gleich mehr), sollten Sie nach vier Wochen nachhaken und nach der eindeutigen Fallnummer fragen, mit der Ihre Meldung erfasst wurde. Erhalten Sie keine Antwort, empfehle ich, alle ein bis zwei Wochen nachzufragen, so lange, bis Sie Ihre Fallnummer haben. Anhand der Fallnummer können Sie alle paar Monate nachfragen, ob es beim PEI neue Erkenntnisse bezüglich der Impfung bzw. des Impfstoffs gibt.

Der Aufbau eines Drucks von „unten", von den Tierhaltern aus, ist meines Erachtens der einzige Weg, an dem zu nachlässigen Umgang mit der Impfstoffsicherheit etwas zu ändern.

Was macht das PEI eigentlich mit den Meldedaten?

Während ich dieses Buch (im November 2018) fertigstelle, läuft eine Anfrage nach dem Informationsfreiheitsgesetz (IFG) an das PEI, in der ich die anonymisierten Daten aller Meldungen seit 2001 anfordere. Diese enthalten u. a. die Namen der betroffenen Impfstoffe und die aufgetretenen Nebenwirkungen. Inzwischen hat mir das PEI die Daten von zwei Jahrgängen übermittelt. Die Zusammenstellung der restlichen Jahre werde noch Monate dauern, teilte man mir mit.

Das PEI hat diese Daten demnach nicht abrufbereit in einer Datenbank gespeichert. Wenn sie diese Daten nicht abrufbereit in einer Datenbank gespeichert hat, kann sie auch keine Auswertungen bezüglich bestimmter Impfungen, Impfstoffe, Tierarten oder Nebenwirkungen vornehmen.

Daraus lässt sich die Schlussfolgerung ziehen, dass das PEI derartige Auswertungen nicht für notwendig hält und demnach auch nicht durchführt.

Und dies, obwohl man doch gerade beim PEI am besten wissen müsste, wie wenig belastbar die Daten zur Impfstoffsicherheit aus dem europäischen Zulassungsverfahren sind.

Entsprechend wenig aussagekräftig sind die vom PEI erfassten Meldedaten, wie die Behörde selbst bei ihrer Veröffentlichung der (groben) jährlichen Meldedaten einräumt:

> *„Die in dieser Rubrik aufgeführten Informationen basieren auf Spontanmeldungen von Verdachtsfällen, welche die in der veterinärmedizinischen Praxis tatsächlich auftretenden unerwünschten Arzneimittelwirkungen (UAWs) nur zum Teil erfassen. UAWs werden nur dann erwähnt, wenn mindestens drei unabhängige Meldungen zu einer Substanzklasse erfolgt sind.*
>
> *Die Auflistung hat deskriptiven Charakter und kann nur als Orientierung dienen. Rückschlüsse auf Inzidenzen (Verhältnis der UAW zur Zahl der Behandlungen) sind, basierend auf dem Spontanmeldesystem, nicht möglich.*
>
> *Auch ein Vergleich zwischen bestimmten Wirkstoffen oder Präparaten in Bezug auf ihre Verträglichkeit, Sicherheit oder Wirksamkeit ist auf Basis dieser Meldungen nicht vertretbar. Es sei darauf hingewiesen, dass es bei einer häufigen Anwendung auch zu einer häufigeren Meldung von UAWs kommen kann.*[9]

Das PEI ist mit diesem Status des Wissens über die Risiken von Tierimpfstoffen offenbar zufrieden.

Sind Sie das als Tierhalter ebenfalls?

Sobald ich die Meldedaten ab 2001 vollständig vorliegen habe, werde ich sie in eine überarbeitete Auflage dieses Buches einpflegen.

Für einen Vergleich von konkurrierenden Impfstoffen werden diese Daten nicht ausreichen, da das PEI die Anzahl der jährlich verimpften Dosen geheim hält.

Jedoch wird man dann wesentlich leichter feststellen können, ob bestimmte beobachtete Impfkomplikationen häufiger auftreten. Ist dies der Fall, steigt damit die Wahrscheinlichkeit, dass es sich tatsächlich um Impffolgen handelt.

9 *Deutsches Tierärzteblatt 9/2015, S. 1272*

Teil 7

Beispiel Pferdeseuche

Entsetzen auf dem Ertel-Hof in Thüringen

Kaum eine andere Tierkrankheit wird von Pferdebesitzern so gefürchtet wie die „equine infektiöse Anämie“ (EIA), umgangssprachlich auch „Pferdeseuche“ oder „Pferde-AIDS“ genannt.

Ein EIA-positiver Labortest bedeutet in der Regel die sofortige Tötung der betroffenen Tiere. Doch ein von mir untersuchter angeblicher EIA-Ausbruch auf einem Hof in Thüringen stellt die bisherige Diagnose- und Tötungspraxis der zuständigen Behörden in Frage.

Die Liebe zum Pferd liegt der Familie Ertel gewissermaßen im Blut. Ihr Bauernhof in der kleinen thüringischen Ortschaft Golmsdorf bei Jena kann auf eine etwa 100jährige Tradition der Pferdewirtschaft zurückblicken.

Selbst der letzte Krieg und die darauf folgenden politischen Veränderungen konnten diese Tradition nicht unterbrechen: Der Betrieb wurde zwar in die örtliche Landwirtschaftliche Produktionsgenossenschaft (LPG) eingegliedert, die Pferde blieben jedoch in ihren gewohnten Ställen auf dem Hof der Ertels. Auch die Zusammenarbeit in der örtlichen LPG war unproblematisch: Man kannte sich untereinander und machte aus der neuen Situation gemeinsam das Beste.

Nach der Wende gründeten die Ertels zusammen mit anderen Pferdebegeisterten einen Reitverein und kauften der LPG die Pferde ab. Wieder mussten die Pferde nicht umziehen und durften in ihrer gewohnten Umgebung bleiben.

Von den 15 im Oktober 2006 auf dem verwinkelten Bauernhof der Ertels untergestellten Pferden gehören sechs dem Reitverein, drei der Familie selbst und weitere sechs sind vorübergehende oder dauernde Gäste auf dem Hof.

Die Ertels pflegen ihre Tiere. Dazu gehört auch die jährliche Influenza-Impfung. Dies allerdings nicht nur aus reiner Sorge um die Gesundheit des Pferdes: *„Ohne Impfpass kann ein Pferd an keinem Turnier teilnehmen und darf eine Stute nicht zum Hengst“*, berichtet Nora Ertel, die Tochter des Hauses, die zwar inzwischen mit ihrem Mann in einem Nachbarort lebt, aber fast täglich bei den Pferden anzutreffen ist.

Am Freitag, den 13. Oktober 2006, werden 10 der Pferde routinemäßig gegen Influenza geimpft. Von einigen der Gastpferde liegt kein Auftrag zum Impfen vor, und drei Pferde sind gerade wegen unterschiedlicher Beschwerden in Behandlung. Von den Impfungen und auch den anderen Behandlungen wird noch die Rede sein.

Am 23. Oktober beauftragt Familienoberhaupt und Vereinsvorsitzender Lothar Ertel die Tierärztin des Hofes, Blutproben zu entnehmen und auf “equine infektiöse Anämie” (EIA), auch Pferdeseuche genannt, untersuchen zu lassen.

Der Grund: Eine Fuchsjagd steht bevor und Ertel möchte sichergehen, dass der Bestand gesund und nicht ansteckend ist. Erst kürzlich war über den Hof für mehrere Stunden eine Sperre erhoben worden, da man im September an einem Turnier teilgenommen hatte, bei dem ein anderes teilnehmendes Pferd später in den Verdacht geraten war, an EIA erkrankt zu sein.

Die Pferdeseuche gilt als hoch ansteckend und ist nach einigen Jahren Abwesenheit kürzlich erstmals wieder in Deutschland – ausgerechnet im Raum Jena-Erfurt – aufgetreten. Die Veterinärbehörden in Thüringen stehen deswegen seit Monaten mehr oder weniger in ständiger Alarmbereitschaft.

Am 24. Oktober werden im Untersuchungsamt Stendal die Blutproben im Rahmen des sog. Coggins-Tests „angesetzt“. Bei diesem Labortest, der Antikörper gegen das EIA-Virus nachweisen soll, liegt ein Ergebnis erst nach drei Tagen vor. Gibt es nach drei Tagen keine charakteristische Einfärbung des Testkits, gilt die Probe als Virus-negativ. Kommt es im Laufe der drei Tage bzw. 72 Stunden zur Verfärbung der Probe, gilt sie als Virus-positiv und das betreffende Tier als tödlich erkrankt und hoch ansteckend.

Am 27. Oktober stellt das Untersuchungsamt Stendal bei 11 der 15 Blutproben das Ergebnis „EIA-positiv“ fest und informiert sofort das thüringische Ministerium für Soziales, Familie und Gesundheit. Dieses beauftragt umgehend den zuständigen Amtstierarzt, die notwendigen Seuchenschutz- und Quarantäne-Maßnahmen zu veranlassen.

Gegen 15:15 Uhr klingelt bei Ertels das Telefon. Benjamin, der Sohn des Hauses, geht an den Apparat. Er studiert eigentlich Landwirtschaft in Dresden, ist aber derzeit zuhause, da die Eltern für einige Tage verreist sind.

Der Schock ist groß: Verdacht auf Pferdeseuche bedeutet normalerweise die Tötung zumindest der betroffenen Tiere, wenn nicht sogar des gesamten Bestandes innerhalb von 24 Stunden.

Benjamin protestiert: Die Pferde seien alle gesund und hätten außer den üblichen Wehwehchen nichts, was einen Verdacht auf einen EIA-Ausbruch rechtfertigen könne.

Auch dem Amtstierarzt kommt das suspekt vor. Zudem ist es ungewöhnlich, dass so viele Pferde auf einmal positiv getestet werden. Sie verbleiben, dass die Quarantäne-Maßnahmen sofort umzusetzen sind und sich der Amtstierarzt noch mal meldet.

Das tut er auch eine halbe Stunde später. Er habe Rücksprache mit dem Ministerium gehalten und dieses habe eine zweite Probenentnahme angeordnet. Gegen 18:00 Uhr gibt das Amt den Pferdehaltern auch die Namen der positiv getesteten Pferde telefonisch bekannt.

Obwohl Lothar Ertel die Untersuchung selbst beauftragt hat und dementsprechend auch selbst bezahlt, hat er vom Stendaler Labor bis jetzt keine direkte Rückmeldung und erst recht keine schriftliche Bestätigung des Seuchenverdachts erhalten. Falls der Amtstierarzt bzw. das Ministerium die sofortige Tötung der Tiere anordnet, haben die Ertels und der Reitverein nichts in der Hand.

Die Geschwister Benjamin und Nora Ertel befragen Freunde, surfen im Internet und führen zahlreiche Telefonate. Was sie erfahren, bestärkt sie darin, sich von den Behörden nicht einschüchtern zu lassen und um das Leben ihrer Pferde zu kämpfen.

Am gleichen Abend entnimmt die Tierärztin, die den Ertel-Hof regelmäßig betreut, den Pferden eine zweite Blutprobe. Die Geschwister Ertel bringen die Proben auf dem schnellsten Weg mit dem Wagen nach Bad

Langensalza und geben sie an der Pforte des Landesamtes für Lebensmittelsicherheit und Verbraucherschutz ab. Dort werden die Proben dann am nächsten Morgen angesetzt.

Samstag, der 28. Oktober: Am frühen Morgen kündigt sich der Amtstierarzt telefonisch für 14:00 Uhr an. Als er auf den Hof kommt, hat er einen Kollegen als Zeugen dabei. Sie informieren die Ertels darüber, dass der sog. „ELISA-Test" negativ verlaufen sei.

Wie der Coggins-Test weist auch der ELISA Antikörper nach. Er gilt als weniger zuverlässig, dafür liegt jedoch das Ergebnis wesentlich früher vor. Man ist etwas beruhigt, denn nach Erfahrung der Amtsärzte habe es bisher nach einem negativen ELISA noch keinen positiven Coggins gegeben, höchstens umgekehrt.

Die Amtsärzte erfassen den Tierbestand und begutachten die Pferdepässe. Die Frage, welche Tiere vorher geimpft worden waren, wird nicht gestellt. Dafür werden die Pferdekontakte der letzten 12 Monate abgefragt. Die Amtstierärzte werden bleich, als sie hören, dass im Juli auf dem Gelände des Hofes ein Reitturnier mit 350 Pferden stattgefunden hat...

Sie teilen den Ertels mit, dass die Blutproben von Bad Langensalza zusätzlich auch zum Friedrich-Löffler-Institut (FLI) auf die Insel Riems geschickt wurden und man sie dort parallel untersuchen wird.

Sonntag, der 29. Oktober: Die Ertels rufen beim Amtstierarzt an und fragen nach den Testergebnissen von Riems und Bad Langensalza. Es lägen noch keine Ergebnisse vor, die kämen erst Montag oder Dienstag. Die Familie Ertel – und mit ihnen der Vorstand des Vereins – muss sich also gedulden. Vorsichtig wagt man zu hoffen, dass alles gut ausgeht.

Montag, der 30. Oktober: Gegen 13:00 Uhr steht plötzlich und unangekündigt ein Kamerateam des MDR vor der Tür und überrumpelt Lothar Ertel mit der Nachricht, dass die Testergebnisse „wahrscheinlich negativ" ausgefallen seien. Sie drehen ein Interview mit ihm, das noch am gleichen Abend im Fernsehen gesendet wird.

Während des Interviews erreicht ein zweiter Anruf den Redakteur. Es sei jetzt sicher, dass die Testergebnisse negativ seien.

Lothar Ertel ist verblüfft: Die ganze Welt scheint die entscheidenden Testergebnisse früher zu kennen als diejenigen, die Stunde für Stunde um das Leben ihrer Pferde bangen.

15:00 Uhr: Benjamin Ertel ruft beim Amtstierarzt an. Der wimmelt ihn ab: Es gehe gerade nicht, man müsse noch etwas besprechen, er würde zurückrufen. Keine Aussage zum Testergebnis.

17:30 Uhr: Anruf vom stellvertretenden Amtstierarzt und offizielle Bekanntgabe des negativen Befundes vom FLI. Der Betrieb sei weiter „Beobachtungsbestand". Kontakt zu anderen Pferden sei nicht erlaubt und nach 21 Tagen sei ein weiterer Bluttest zu machen. Um ganz sicher zu gehen.

Es gibt immer noch nichts Schriftliches für die Ertels, weder über die amtlichen Anordnungen, noch über negative Laborergebnisse. Sie fühlen sich wie Bälle in einem Ping-Pong-Spiel.

Dienstag, 31. Oktober: Nichts passiert, es ist aber auch Feiertag.

Vorwurf der Probenmanipulation

Mittwoch, der 1. November: 13:45 Uhr. Anruf vom Veterinäramt des Kreises. Lothar Ertel geht an den Apparat. Es wird nochmals bestätigt, dass die Tests negativ verlaufen seien und nach 21 Tagen nochmals Blut entnommen werden soll.

14:15 Uhr: Erneuter Anruf des Beamten. Er revidiert seine Aussage von vorher. Der Bestand sei weiterhin gesperrt. Das Thüringer Ministerium erhebe jetzt den Vorwurf der Probenmanipulation durch Familie Ertel. In „Reiterkreisen" würden Gerüchte herumgehen, wonach der Verein die Proben manipuliert habe.

15:30 Uhr: Schon wieder ein Anruf des Amtstierarztes. Eine dritte Blutentnahme unter Aufsicht des Amtstierarztes sei angeordnet worden. Die Probe dürfe auf keinen Fall von der Tierärztin des Betriebes entnommen werden. Die Andeutung, es müsse wohl Feinde geben, wird wiederholt. Lothar Ertel bestreitet dies vehement.

Die Ertels mutmaßen, dass das Ministerium nicht wahrhaben will, dass die Testergebnisse plötzlich von positiv auf negativ schwenken können. Das kann die gesamte Tierseuchenpolitik des Ministeriums in Frage stellen...

Die Tatsache, dass die Geschwister Ertel die Blutprobe selbst zum Labor gebracht hatten, könnte ein reiner Vorwand sein. Von Feinden oder Neidern ist den Ertels und dem Verein jedoch nichts bekannt.

Die Tierärztin wird unterdessen unter enormen Druck gesetzt. Man wirft ihr Voreingenommenheit vor, da sie vor mehr als 10 Jahren selbst beim Reiterverein geritten sei und ihn deshalb schützen wolle.

Die Anschuldigungen sind völlig haltlos, doch die Ärztin steht vor dem Abschluss ihrer Doktorarbeit und muss zudem um ihre Zulassung fürchten. Sie unterschreibt eine eidesstattliche Erklärung, wonach bei der Probenentnahme alles mit rechten Dingen zugegangen sei.

Die Pferdehalter haben genug und wehren sich

15:40 Uhr: Benjamin Ertel hat jetzt genug. Er ruft beim Amtstierarzt an, beschwert sich und hakt noch mal nach, was denn jetzt genau Fakt ist. Entschieden weist er den Vorwurf der Manipulation zurück und erklärt, dass die Missstände viel mehr auf Seiten der Behörden liegen und die Informationspolitik für die Betroffenen untragbar sei. Er sagt:

> *„Wir haben definitiv nichts an die Öffentlichkeit gegeben. Trotzdem wusste das Fernsehen die Ergebnisse noch vor uns! Wir sind regelmäßig die Letzten, die hier Infos kriegen, obwohl es uns ja am meisten angeht! Die Behörde stellt immer nur Forderungen, wir haben aber von ihr immer noch keine einzige schriftliche Stellungnahme!"*

Parallel ruft Lothar Ertel beim Reitverband an und schildert dort den Vorgang. Der Reitverband hakt wiederum beim Ministerium nach. Die Ertels und der Reitverein stehen nicht allein. Freunde werden aktiv und setzen sich für ein korrektes und nachvollziehbares Vorgehen der Behörden ein.

17:30 Uhr: Der Amtstierarzt kommt und setzt sich mit dem Vereinsvorstand zusammen. Das Ministerium habe die Vorwürfe wieder relativiert. Der Protest hat also geholfen: Man erhält sogar erstmals schriftliche Unterlagen über den aktuellen Stand der Angelegenheit. Die eidesstattlichen Erklärungen der Geschwister Ertel, auf die man ursprünglich großen Wert gelegt hatte, sind kein Thema mehr.

Jetzt erfolgt eine dritte Blutentnahme, diesmal – auf Forderung der Tierhalter – mit anonymisierten Probenfläschchen. Die Ertels haben kein Vertrauen mehr in einen korrekten Ablauf. Man soll im Labor die Proben nicht zuordnen können und somit nicht wissen, wie die Tests der einzelnen Pferde zuvor ausgegangen waren.

Eine zweite Probe wird in den Kühlschrank gestellt – für alle Fälle. Der Amtstierarzt bringt die Proben diesmal persönlich nach Bad Langensalza ins Labor.

Donnerstag, der 2. November: Es kommt die telefonische Nachricht, dass der ELISA durchgängig negativ verlaufen sei.

Freitag, der 3. November: Über einen weiteren Anruf wird den Ertels mitgeteilt, dass jetzt sämtliche Tests, auch die von der ersten Blutentnahme, negativ seien.

Samstag, der 4. November: Ein amtliches Schreiben, das endgültig Entwarnung gibt, flattert in den Briefkasten.

Einfach nur Glück oder besondere Umstände?

Familie Ertel und der Golmsdorfer Reitverein hatten Glück. Es hätte nicht viel gefehlt und es wäre die Anweisung zum Töten des Pferdebestandes gekommen, so wie bei einigen anderen Pferdebesitzern der Gegend, deren Tiere EIA-positiv getestet worden waren.

Ein wichtiger Aspekt war sicherlich, dass ganze 11 positive Testergebnisse in einem Bestand als sehr ungewöhnlich angesehen wurden und dies auch dem Amtstierarzt zu denken gab.

Doch das hätte sicherlich nicht ausgereicht, wenn die Familie Ertel und der Golmsdorfer Reitverein in ihrem Umfeld in keinem guten Ansehen stehen würden. In den kleinen Ortschaften rund um Jena und in der Thüringer Pferdeszene, wo jeder jeden kennt, kennt man eben auch die Ertels. In diesem Fall war es sicherlich nicht unerheblich, dass sich Freunde für sie einsetzten.

Darüber hinaus war wichtig, dass die Betroffenen sich selbst zur Wehr setzten und ihre Rechte einforderten. Zu guter Letzt war natürlich der entscheidende Faktor, dass nach einem eindeutig positiven Ergebnis insgesamt fünf weitere Tests negativ verlaufen waren.

Wer weiß, wie es ausgegangen wäre, hätte auch nur einer dieser vier Punkte gefehlt. Dann wären die Pferde heute vielleicht tot und eine Familie zutiefst erschüttert – in ihrer Liebe zu den Pferden, aber auch in ihrem Glauben an ein korrektes Vorgehen der zuständigen Veterinär-Behörden.

Warum waren 11 Blutproben EIA-positiv?

Doch die entscheidende Frage haben wir bisher noch gar nicht angesprochen: Wie kommt es, dass 11 von 15 Blutproben EIA-positiv testeten? Diese Frage ist ja nicht ganz unerheblich: Immerhin hätte das Testergebnis fast den Tod von mindestens 11 Pferden zur Folge gehabt.

Doch das zuständige Ministerium in Thüringen, die Behörden und die Labors scheinen sich für diese brennende Frage am allerwenigsten zu interessieren. Alles was wir dazu lesen, ist der lapidare Bescheid vom „Zweckverband Veterinär- und Lebensmittelüberwachungsamt Jena-Saale-Holzland (ZVL)“:

> *„Wie uns das Untersuchungsamt Stendal per Fax mitgeteilt hat, waren die falsch positiven Ergebnisse auf unspezifische Reaktionen zurückzuführen.“*

„Unspezifische Reaktionen“ heißt es da. Aber uns – und vor allem alle Pferdehalter unter den Lesern – dürfte natürlich sehr interessieren, wodurch die „unspezifischen Reaktionen“ ausgelöst wurden. Weiterhin wäre interessant, wie viele der bisherigen Erkrankungsfälle in Wahrheit auf solchen „unspezifischen Reaktionen“ beruhen und natürlich, wie sie künftig ausgeschlossen werden können.

Denn die vier Umstände, die den Pferden in Golmsdorf das Leben retteten, kommen ja nicht in jedem Fall eines akuten Verdachts auf Pferdeseuche zusammen:

1. Ungewöhnliche Häufung
2. Freunde, die sich einsetzen
3. Wehrhafte Betroffene
4. Fünf negative Testergebnisse

Impfungen und Medikamente kurz vor der Blutentnahme

Was also könnte zu den 11 EIA-positiven Testergebnissen auf dem Hof der Familie Ertel in Golmsdorf geführt haben? Stellt man die wichtigsten Daten aller in Golmsdorf getesteten 15 Pferde nebeneinander, springt es uns geradezu ins Auge (siehe Tabelle auf nächster Seite):

Alle 11 positiv getesteten Pferde waren innerhalb von 10 Tagen vor der Probenentnahme entweder gegen Influenza geimpft oder aber einer medikamentösen Behandlung unterzogen worden. Wenn also das Labor in Stendal schreibt, Ursache der falsch-positiven Testergebnisse seien „unspezifische Reaktionen", dann kann dies eigentlich nur bedeuten, dass der Test nicht nur auf spezifische EIA-Antikörper, sondern auch auf sonstige Antikörper, z. B. gegen Influenza, reagiert hat.

Darüber hinaus scheint die Unspezifität zumindest des Coggins-Tests auch die Folgen von diversen medikamentösen Behandlungen zu betreffen: Entweder reagiert der Test auf die Medikamente selbst oder auf die Antikörper, die der Organismus als Abwehrreaktion auf die von ihm als Fremdkörper eingestuften Substanzen bildet.

Beim ersten Test in Stendal hatte man keinen ELISA-Test vorgenommen. Da der ELISA als noch unspezifischer als der Coggins gilt, ist zu vermuten, dass dieser innerhalb der magischen 10 Tage zwischen Impfung und Probenentnahme ebenfalls positiv verlaufen wäre. Doch sicher kann man sich natürlich nicht sein. Hier wären gründliche Testreihen durch die zuständigen Institute – und vor allem der politische Wille zur Klärung dieser Frage – notwendig.

Wenn nun jede Impfung und jede Medikamentengabe, vielleicht auch jede Infektion, innerhalb von 10 Tagen vor der Durchführung eines EIA-Tests diesen positiv werden lassen kann, muss man sich fragen, welchen Sinn ein Test überhaupt hat. Was genau sagt ein positiver ELISA oder Coggins über den Gesundheitszustand eines Tieres aus?

Wenn ein Pferd nach einer Impfung mit Symptomen erkrankt, die zum weiten Spektrum der equinen infektiösen Anämie gehören und der Labortest durch eine „unspezifische Reaktion" positiv verläuft, dann muss man kein Prophet sein, um vorauszusagen, dass der jeweils zuständige Amtstierarzt unverzüglich die Tötung der Tiere anordnen wird.

Niemand kommt normalerweise auf den Gedanken, die Erkrankung könnte auf Nebenwirkungen von Impfstoffen oder Medikamenten zurückzuführen sein – es sei denn, es kommt in einem Betrieb zu einer ungewöhnlichen Häufung ohne jedes Krankheitssymptom. Wie es in Golmsdorf geschehen ist.

Wenn Kreuzreaktionen Labortests durchkreuzen

Wir kommen also unweigerlich zu der Frage, wie die Labortests eigentlich geeicht sind. Angeblich reagieren sie nur auf Antikörper, die für ein ganz spezifisches Virus typisch sind. Demnach müsste in jedem testpositiven Tier zuverlässig das spezifische Virus nachweisbar sein. Und dies muss in ergebnisoffenen und doppelblind durchgeführten Studien dokumentiert sein.

Zu befürchten ist, dass die EIA-Antikörpertests, ebenso wie alle ähnlichen Tests, zu denen ich bisher recherchierte, gar nicht durch ein strenges Eichverfahren gegangen sind. Im Grunde kann so ein Test nur anhand des spezifischen Virus geeicht werden. Das spezifische Virus muss wiederum zumindest ein einziges Mal in einer hochaufgereinigten Form vorgelegen haben, damit man seine spezifischen Eigenschaften zuverlässig bestimmen und von denen anderer Viren (z.B. Influenza) unterscheiden konnte.

In der Praxis ist es jedoch üblicherweise so, dass man eine Gruppe von erkrankten Menschen oder Tieren mit Symptomen nimmt, deren Ursache man sich nicht erklären kann. Dann wird so lange mit Antikörper- oder auch DNS-Testsystemen experimentiert, bis sie zuverlässig bei dieser Gruppe positiv reagieren und bei einer gesunden Vergleichsgruppe nicht.

Gegenproben mit Erkrankten, die zwar eine andere Diagnose, aber ein ähnliches Symptombild aufweisen, gibt es nicht. Dies konnte ich z.B. bei einem SARS-Test, den das Robert-Koch-Institut (RKI) im Jahre 2003 zusammen mit der Firma Euroimmun entwickelte, nachvollziehen.[1]

Beim AIDS-Virus kennt man etwa 70 sogenannte „Kreuzreaktionen“. Das heißt, es gibt 70 Ursachen, die mit HIV nichts zu tun haben, aber dennoch für einen HIV-positives Testergebnis sorgen können, darunter die Hepatitis B-Impfung, virale Schluckimpfungen, Operationen, Krebs oder eine gewöhnliche Grippe.[2]

Dennoch wird ein positiver Test in der Regel als Todesurteil angesehen. Selbst wenn der Betroffene in Wahrheit gesund ist, wird der Glaube an

1 *Tolzin, Hans U. P.: „Die Seuchen-Erfinder“, Tolzin-Verlag 2012, S. 187ff*

2 *Christine Johnson, „Continuum“, vol. 4 no. 3, siehe auch: Leitner, Michael: „Mythos HIV“, videel Verlag 2000, S. 179ff*

seinen bevorstehenden Tod wie ein Voodoo-Zauber seine Lebenskraft angreifen. Den Rest „schaffen" die Nebenwirkungen der AIDS-Medikamente. Viele von ihnen sind laut Beipackzettel in der Lage, schwere AIDS-Symptome hervorzurufen

Übertragen auf die Pferde müssen wir uns die Frage stellen, wie viele ihrer Krankheiten und Seuchen auf Medikamenten-Nebenwirkungen zurückzuführen sind.

Das FLI schickte mir auf Anfrage Unterlagen zu den im Fall Ertel verwendeten Labortests. Darin war jedoch kein Hinweis auf mögliche „Kreuzreaktionen", also andere Auslöser für ein positives Testergebnis, zu finden.

Die kritische Diskussion über die Aussagekraft und Eichung von Labortests zur Virusdiagnose kam erstmals Anfang der 80er Jahre nach dem Erscheinen von AIDS auf. Die Kritiker, darunter renommierte Wissenschaftler, argumentieren damit, dass die Testsysteme niemals anhand der behaupteten Ursache, dem AIDS-Virus, geeicht werden konnten, da dieses bis heute nicht in hochaufgereinigter Form vorliegt.

Dass der EIA-Test doch nicht ganz so spezifisch ist, wie die Behörden behaupten, wurde bereits 1988 festgestellt. In einer Publikation von US-Forschern wird die sog. „Kreuzreaktivität" zwischen dem Virus der EIA und Bestandteilen des AIDS-Virus beschrieben.[3]

Dass eine im Labor festgestellte Kreuzreaktivität mit HIV auch in der Praxis eine relevante Rolle spielt, erscheint eher unwahrscheinlich.

Doch bereits 1977, also 11 Jahre vorher, beschreiben Wissenschaftler, dass nach Impfungen bis zu 3 Monate lang Antikörper nachweisbar sind, die mit dem EIA-Virus kreuzreagieren.[4]

Dies alles scheint dem Thüringer Ministerium für Soziales, Familie und Gesundheit nicht bekannt zu sein. Demnach hinkt man dort fast 30 Jahre hinter dem aktuellen Stand der Wissenschaft her.

3 *Montelaro RC et al:: „Characterization of the Serological Cross-reactivity between Glycoproteins of the Human Immunodeficiency Virus and Equine Infectious Anaemia Virus", Journal of General Virology, Vol 69, 1711-1717*

4 *Gaskin JM et al.: „Equine antibody to bovine serum induced by several equine vaccines as a source of extraneous precipitin lines in the agar gel immunodiffusion test for equine infectious anemia", Am J Vet Res. 1977 Mar;38(3):373-7*

Name des Pferdes	Elena	Eskado	Lenny	Greta	Santos	Modino	Must
Geburtsdatum	1994	1995	2004	1996	2000	1991	1989
Stute / Wallach	Stute	Wallach	Wallach	Stute	Wallach	Wallach	Wall
Bisherige Impfungen (ca.)	24	22	8	20	12	27	30
Besitzer	Ertel	Ertel	Ertel	Verein	Verein	Verein	Vere
allgemeiner Gesundheitszustand	neigt zu Lahmheit	Arthritis	gesund	gesund	Ekzeme	gesund	chro Sehn scha Arthr
Impfung gegen Influenza am 13.10.06, "Duvaxyn IE Plus"	**ja**	**ja**	**ja**	**ja**	**ja**	**ja**	nein
Behandlung	–	–	–	–	–	–	**14. Okt.**
Probe vom 23. Okt., Labor Stendal, Coggins-Test	**positiv**	**positiv**	**positiv**	**positiv**	**positiv**	**positiv**	**posi**
Probe vom 27. Okt., Labor Bad Langensalza, Coggins + ELISA	negativ	negativ	negativ	negativ	negativ	negativ	nega
Probe vom 27. Okt., Labor Riems, Coggins + ELISA	negativ	negativ	negativ	negativ	negativ	negativ	nega
Probe vom 1. Nov., Labor Bad Langensalza, Coggins + ELISA	negativ	negativ	negativ	negativ	negativ	negativ	neg
Probe vom 23. Okt., in Labor Riems wiederholt	negativ	negativ	negativ	negativ	negativ	negativ	neg
Probe vom 23. Okt., in Labor Stendal wiederholt	negativ	negativ	negativ	negativ	negativ	negativ	neg

***Anmerkungen zu den Behandlungen von drei Pferden:**

„Mustang“: War zum Impfzeitpunkt in der Tierklinik. Behandlung: 0,4 ml Butorphanol id-Agonist-Antagonist), 1 ml Hyonate (Hyaluronsäure, Schmerzmittel), 20 ml Phenylbut gel (antianalgetisch u. antiphlogistisch, entzündungshemmend, schmerzlindernd, fiebe kend); 25 ml Veracin comp.; 10 ml Xylacin 2 % (sedidativ/hypnotisch, muskelentspan

o	Dorfjunge	Biggi	Elixier	Rasty	Spacy	Luna	Nadir
7	1982	1986	1999	1993	k. A.	k. A.	1996
lach	Wallach	Stute	Wallach	Wallach	Stute	Stute	Wallach
	38	33	17	18	k. A.	k. A.	20
ein	Gastpferd	Gastpferd	Verein	Gastpferd	Gastpferd	Gastpferd	Gastpferd
Auge blind	extremes chron. Ekzem, Koliken	Hufrollen-entzündung und Husten	Hufrollen-entzündung	neigt zu Lahmheit	gesund	gesund	neigt zu Lahmheit u. Husten
	nein	nein	**ja**	**ja**	nein	nein	**ja**
	17. Okt.*	**17. Okt.***	–	–	–	–	–
itiv	**positiv**	**positiv**	negativ	negativ	negativ	negativ	**positiv**
ativ	negativ	negativ	negativ	negativ	negativ	negativ	negativ
ativ	negativ	negativ	negativ	negativ	negativ	negativ	negativ
ativ	negativ	negativ	negativ	negativ	negativ	negativ	negativ
ativ	negativ	negativ	negativ	negativ	negativ	negativ	negativ
ativ	negativ	negativ	negativ	negativ	negativ	negativ	negativ

getisch), 20 ml Xylocitin 2 %

fjunge": 0,7 ml Domosedan (Beruhigungsmittel); Flunixin, 12,5 ml, (Enzündungshem-steroidähnlich)

gi": Celestovet, (Corticosteroid-Suspension)

Da innerhalb Deutschlands ausschließlich in Thüringen Fälle von Pferdeseuche gemeldet wurden, könnte wohl entweder innerhalb des erwähnten Ministeriums oder im oberen Bereich der Veterinärämter jemand sitzen, der maßgeblich für die möglicherweise falschpositiven EIA-Testergebnisse in Thüringen verantwortlich ist.

Vielleicht spielt aber auch die Tatsache eine Rolle, dass eine der drei Außenstellen des FLI in Jena ansässig ist. Das FLI stand bereits zu DDR-Zeiten bei der Bevölkerung im Ruf, selbst für die Verbreitung der Maul- und Klauenseuche verantwortlich gewesen zu sein. Interessanterweise fand man die ersten Fälle von Vogelgrippe auf deutschem Boden in unmittelbarer Nähe der Insel Riems – nur wenige Monate, nachdem man dort begonnen hatte, mit H5N1 zu experimentieren.

Wie dem auch sei: Für alle Pferdezüchter Thüringens muss dieser Zustand einer ständig drohenden Behörden-Willkür mehr als unerträglich sein.

Laborpositiv und doch gesund?

Darüber hinaus ist zu beachten, dass es meinen Recherchen zufolge keinen einzigen Erreger gibt, der für sich alleine und ohne zusätzliche krankheitsbegünstigende Faktoren einen Mensch oder ein Tier krank machen kann. Für EIA habe ich das bisher nicht untersucht, aber z. B. ist bei Polio bekannt, dass über 90 Prozent aller Infizierten keinerlei Krankheitssymptome zeigen.

So gut wie jeder Mensch kommt im Laufe seines Lebens mit HPV in Kontakt, das für Gebärmutterhalskrebs, Genitalwarzen und Krebs im Anal- sowie Mund-Rachen-Bereich verantwortlich gemacht wird. Und doch erkrankt nur ein ganz geringer Bruchteil. Und von denen die erkranken, gesunden die meisten von alleine wieder.

Auch bei den Masern kennt man die sogenannte „stille Feiung“, d. h. das unbemerkte Durchmachen der Masern. Selbst bei AIDS und Ebola ist dieses Phänomen bekannt, dass Infizierte nicht automatisch erkranken.

Deshalb wäre es durchaus interessant zu erfahren, wie hoch der Anteil der gesunden Pferde ist, die im Prinzip laborpositiv sind.

Im Grunde macht dieses Phänomen vor jeder Diagnosestellung eine unbedingte Differenzialdiagnose notwendig, d. h. das Überprüfen aller in Frage kommenden anderen Ursachen. Und dazu gehören natürlich auch die Nebenwirkungen von Impfungen und anderen medikamentösen Behandlungen.

Solche Differenzialdiagnosen sind jedoch in der Schulmedizin nicht üblich, weder im Human-, noch im Veterinärbereich. Die Ärzte schicken eine Probe an ein Labor, zusammen mit ihrem Erstverdacht. Wird dieser bestätigt, wird nicht weiter nach Ursachen gesucht – selbst wenn die Ursachen ganz woanders liegen.

Ist EIA eine eigenständige Krankheit?

Die equine infektiöse Anämie wird bisweilen auch „Pferde-AIDS" genannt, u. a. weil das Spektrum der Symptome ähnlich weit gefächert und im Grunde kaum greifbar ist. Die möglichen Symptome der Pferdeseuche sind:

Rückfallfieber, Gewichtsverlust, Abgeschlagenheit, reduzierte Nahrungsaufnahme, Ödembildung, Punktblutungen und Anämie.

Im Grunde kann jedes dieser Symptome als eigenständige Krankheit betrachtet werden. Doch im Zusammenhang mit einem positiven Labortest kann jedes dieser Symptome zur EIA-Diagnose führen.

Ähnlich ist es bei AIDS: Die Symptome von etwa 30 seit langem bekannten Krankheiten führen bei einem positiven Testergebnis zur tödlichen Diagnose AIDS.

Dabei werden hier wie dort andere mögliche Ursachen, die als Erklärung für die Erkrankung dienen könnten, einfach ignoriert und unter den Teppich gekehrt. Bei an AIDS erkrankten Menschen ist das in erster Linie eine sehr ungesunde Lebensweise, insbesondere aber Medikamenten- und Drogenmissbrauch. Beim Pferd sind es offensichtlich die Nebenwirkungen von Impfstoffen und sonstigen Medikamenten.

Eine weitere Parallele zwischen AIDS und EIA stellt die Tatsache dar, dass man ohne jedes Symptom erkranken kann. So gibt es seit ca. 30 Jahren sogenannte „langzeitpositive" AIDS-Patienten, die außer einem positiven HIV-Test keine Beschwerden haben. In der Regel haben diese „Langzeitüberlebenden" auch die Chemie-Cocktails, mit denen AIDS üblicherweise behandelt wird, verweigert.

Zurück zu EIA: Wie das FLI auf seiner Webseite berichtet können bis zu 90 % der EIA-positiven Pferde völlig symptomfrei bleiben. Sie werden also nie krank, sind es jedoch per Definition.

Erfahrungen mit ungeimpften Pferden

Diana Herrmann aus Herrischried im südlichen Schwarzwald, Pferdewirtschaftsmeisterin mit 30jähriger Berufspraxis, impft ihre Pferde schon seit vielen Jahren nicht mehr:

> *„Alle, die meine Pferde sehen, bestätigen, dass sie gesünder sind als die meisten Pferde anderer Betriebe. In der Regel werden sie um 10 Jahre jünger geschätzt, als sie tatsächlich sind."*

Zur Pferdeseuche sagt sie:

> *„Jedes Symptom, das der Pferdeseuche zugerechnet wird, kann auch als Nebenwirkung von Impfungen oder medizinischen Behandlungen auftreten. Ich kämpfe bereits seit Jahren darum, dass dieser Zusammenhang beachtet wird. Doch ein positives Testergebnis löst in den Besitzern in der Regel einen derartigen Schock aus, dass sie gar nicht in der Lage sind, die Diagnose kritisch zu hinterfragen."*

Doch obwohl es eine Binsenweisheit ist, dass jede Impfung und jedes schulmedizinische Medikament Nebenwirkungen verursachen kann, wird von Seiten der Behörden und Tierärzteschaft so getan, als gäbe es dieses Risiko gar nicht: Beispielsweise werden auf der tierärztlichen Webseite www.vetion.de ausschließlich andere Infektionen, aber keine Nebenwirkungen als mögliche Differentialdiagnose vorgeschlagen.

Warum nicht?

Teil 8

Beispiel Blauzungenkrankheit

Anlässlich der Blauzungen-Hysterie 2008 hatte ich mich erstmals intensiv mit einer Tierseuche und den entsprechenden Impfungen beschäftigt. Die Art und Weise, wie Behörden und Politik mit dem Thema umgegangen sind, könnte durchaus beispielhaft für alle Infektionskrankheiten bei Tieren gelten.

Der ohnmächtige Seehofer

Am 2. Mai 2008 unterschrieb der damalige Landwirtschaftsminister Horst Seehofer die sogenannte Blauzungenverordnung, mit der er die Zwangsimpfung von Rindern, Schafen und Ziegen mit nicht zugelassenen Impfstoffen anordnete. Gefahr sei im Verzug gewesen, so die Begründung seines Ministeriums.

Doch auf welchen Fakten, welchen Erkenntnissen und welchen Kennzahlen beruht die Entscheidung? Handelt es 2sich um nachvollziehbare sachliche Gründe – oder wiederholt sich hier Seehofers Resignation gegenüber der Pharmaindustrie aus seiner Amtszeit als Bundesgesundheitsminister?

Sucht man nämlich im Internet auf youtube nach dem Namen „Horst Seehofer“ und den Suchbegriff „Pharma“, so findet man dort unter den ersten Einträgen ein Interview, das eine Reporterin des ZDF im Jahr 2005 mit ihm geführt hatte.

Angesprochen auf die sogenannte „Positivliste“, mit der die Politik jahrelang versucht hatte, die steigenden Kosten für Arzneimittel einzudämmen, räumt Seehofer in diesem Interview ein, dass die Pläne für diese Positivliste am Widerstand der Pharmaindustrie gescheitert seien.

Als die Reporterin nachhakt, antwortet Seehofer in sichtbarer Resignation, dass die Politik gegenüber der Pharmaindustrie seit Jahrzehnten mehr oder weniger ohnmächtig sei.

Horst Seehofer ist nicht irgendjemand, sondern war damals der Bundesgesundheitsminister. Wenn es jemanden gibt, der weiß, was im deutschen Gesundheitswesen abläuft, dann er.

Dass die Pharmaindustrie ihre eigenen Interessen verfolgt, ist eine Binsenweisheit. Diese Interessen bestehen darin, unsere Körper als Absatzmarkt für ihre Produkte zu definieren.

Nun sollte gerade das Bundesgesundheitsministerium das „Bollwerk" der Bevölkerung gegen alle entsprechenden Versuche der Konzerne darstellen.

Doch nicht nur menschliche Körper stellen einen Absatzmarkt für pharmazeutische Produkte dar, sondern auch unsere Nutz- und Haustiere. Diese sind im Vergleich zum Menschen sogar interessanter, da bei ihnen die Zulassungs- und Sicherheitsanforderungen ganz offensichtlich niedriger angesetzt sind als bei unseren Kindern.

Bemerkenswert ist nun, dass der gleiche Horst Seehofer, der 2003 öffentlich die Waffen vor der pharmazeutischen Lobby streckte, von 2005 bis Oktober 2008 deutscher Landwirtschaftsminister war. Als solcher hatte er am 2. Mai 2008 die Verordnung zur Blauzungen-Zwangsimpfung von Rindern, Schafen und Ziegen zu unterzeichnen.

Man könnte nun fragen, ob Horst Seehofer seine Resignation aus dem Jahr 2003 inzwischen abgeschüttelt hatte und als Bundesminister für „Ernährung, Landwirtschaft und Verbraucherschutz" (BMELV) nun – erstmals(?) – die Interessen der Verbraucher und der Lebensmittelerzeuger gegenüber den Konzernen vertreten konnte.

„Weil wir uns einig sind"

Ein wesentlicher Unterschied zwischen einer Diktatur und einer Demokratie liegt bekanntermaßen darin, dass ein Minister in einer parlamentarischen Demokratie aus seinem eigenen Selbstverständnis heraus

Das Vollbild der BTD-Symptome

Würden bei einem an der BTD (Bluetongue-Disease = Blauzungenkrankheit) erkrankten Tier sämtliche möglichen Symptome auftreten (was in der Regel jedoch nicht der Fall ist!), dann hätte die Krankheit folgendes Erscheinungsbild:

1. **Fieber**
2. **Maul- und Nasenbereich:** Entzündungen der Nasen- und Mundschleimhaut, des Zahnfleisches, verstärkter Speichelfluss bis hin zum (blutigen) Schaum vor dem Maul, Schwellungen der Zunge und anderer Maulinnenteile, evtl. mit Blaufärbung. Ödeme im gesamten Bereich. Ablösung des Deckgewebes von Zunge, Gaumen, Gaumenplatten, Lippen
3. **Muskulatur:** Muskelschwäche, Steifheit, Lahmheit, Festliegen, Apathie, Teilnahmslosigkeit, Schiefhals
4. **Klauen/Hufe:** Kronsaum-Schwellungen, zum Teil in Verbindung mit Lahmheit, Festliegen, bis hin zu Blutungen in der Klauenlederhaut und Ausschuhen, Entzündungen im Klauenzwischenspalt
5. **Augen:** Bindehautentzündung des Auges, mit erhöhtem Tränenfluss (Konjunktivitis)
6. **Euter/Zitzen:** Entzündungen der Haut
7. **Haut:** Ödeme, ausgehend vom Maul/Kiefer, können sich den Nacken hinunter ausstrecken; Hyperämie der Schnauze, Lippen, Fundament der Hörner, Ohren, Achsel, Leistengegend oder am ganzen Körper
8. **Verdauungsstörungen:** Durchfall, oft mit Blutflecken, oder Blutflecken im Stuhl
9. **Genitalien:** Verstopfung der Vulva und Vagina
10. **Wolle** (beim Schaf) verfilzt und verklebt und kann büschelweise herausgezogen werden
11. **Milchleistung** (Rind) geht zurück oder versiegt ganz
12. **Atmung:** schwerfallend, hohe Atemfrequenz

nicht willkürlich agieren kann, sondern seine Maßnahmen gegenüber dem Volk sachlich und nachvollziehbar begründen muss. Dies gilt für einen deutschen Gesundheits- oder Landwirtschaftsminister natürlich auch dann, wenn er Horst Seehofer heißt.

Ich suchte also damals auf der Webseite des Bundesministeriums für Ernährung, Landwirtschaft und Verbraucherschutz nach konkreten Kriterien für die Entscheidung zur Zwangsimpfungsmaßnahme.

Insbesondere suchte ich nach einer entsprechenden Presseerklärung des Ministeriums. Solche Kriterien müssten meiner Ansicht nach vor allem die Überschreitung einer bestimmten Morbidität, Mortalität, Letalität und Virulenz umfassen. Gleichzeitig muss der Seuchenverlauf jede Hoffnung zunichte machen, dass es sich um ein vorübergehendes Geschehen handelt, das sich von allein wieder reguliert.

Doch ein Hinweis auf knapp 21.000 angeblich im Jahr 2007 von der Blauzungenkrankheit heimgesuchten Betriebe war alles, was auf der Webseite an konkreten Zahlen zu finden war. Auch meine Nachfragen bei der Presseabteilung des BMELV brachte keine zusätzlichen Informationen zutage: Eine Presseerklärung zur Verordnung gebe es nicht.

Nun mag dies noch nicht für den Vorwurf ausreichen, dass es sich bei der Blauzungenverordnung vom 2. Mai 2008 um einen reinen Willkür-Akt gehandelt hat. Allerdings fehlt bis zu diesem Punkt der Analyse auch ein Beweis für das Gegenteil.

Nachfolgend nun die Antwort der Presseabteilung auf meine Anfrage:

> *„Bund, Länder und Verbände sowie alle anderen Mitgliedsstaaten und die Kommission der Europäischen Union (EU-Kommission) waren und sind sich darin einig, dass in der seinerzeitigen (und gegenwärtigen) epidemiologischen Situation die flächendeckende Impfung gegen das Virus der Blauzungenkrankheit Serotyp 8 (BTV-8) in der Europäischen Union die einzige Möglichkeit eines wirksamen Schutzes gegen die Blauzungenkrankheit (BT) ist (knapp 21.000 betroffene Betriebe im Jahr 2007). Vor dem Hintergrund der gravierenden tiergesundheitlichen und wirtschaftlichen Auswirkungen dieser Tierseuche haben alle Beteiligten die Impfkampagne offensiv mitgetragen. Da seinerzeit keine zugelassenen Impfstoffe zur Impfung zur Verfügung standen, hat das Bundesministerium für Ernährung, Landwirtschaft und Verbraucherschutz einen Impfversuch mit den in Deutsch-*

	Rind 12.675 Betriebe	**Schaf 7.835 Betriebe**	**Ziege 242 Betriebe**
Anzahl Tiere	1.304.101	501.997	3.370
Anzahl erkrankte Tiere	22.611	18.724	151
Anzahl gestorbene Tiere*	2.893	12.483	50
Morbidität %	1,96	6,22	5,96
Mortalität %	0,22	2,49	1,48
Letalität %	11,34	40,00	24,88

* einschließlich getöteter Tiere
Quelle TSN: Anzahl Fälle vom 01.05.2007 bis 31.12.2007

Im Jahr 2007 registrierte Erkrankungen und Todesfälle bei Rindern, Schafen und Ziegen. Quelle: Tierseuchenbericht 2007, www.fli.bund.de

Tierart	**Rind**	**Schaf**	**Ziege**
Gesamtzahl Tiere in Deutschland	12.687.000	2.538.000	170.000
Gesamtzahl Höfe in Deutschland	197.000	29.000[1]	12.000[2]
Durchschnitt je Hof	64	87	14
Anteil betroffener Höfe	6,4 %	27 %	?
Anteil betroffener Tiere	0,2 %	1,2 %	?

[1] www.raiffeisen.com [2]Schätzung des impf-reports auf der Grundlage des Tierseuchenberichts 2007

Daten: Tierseuchenbericht 2007, Grafik: impf-report

Gesamtzahl der Rinder, Schafe und Ziegen und der Tierhalter in Deutschland

> *land im Verlauf der Impfkampagne 2008 zur Anwendung kommenden Impfstoffen initiiert, der von Mecklenburg-Vorpommern mit wissenschaftlicher Begleitung des Nationalen Referenzlabors für BT, dem Friedrich-Loeffler-Instituts (FLI), durchgeführt worden ist. Bzgl. der Ergebnisse sowie Antworten zu weiteren Fragen im Zusammenhang mit der BTV-8-Impfung wird auf die Internetseite www.bmelv.de verwiesen."*

Es mag ja interessant sein zu wissen, dass sich alle national und international zuständigen Stellen über die Zwangsmaßnahme einig waren und sie gewissermaßen mit einem seligen Lächeln durchgewunken haben.

Doch eine Antwort auf meine Frage nach den konkreten Entscheidungskriterien enthielt diese Stellungnahme leider nicht. Bis auf eine Ausnahme: Die angeführten 21.000 im Jahr 2007 betroffenen Betriebe. Somit wäre zu prüfen, wie diese Information zu gewichten ist.

Zunächst einmal war die nackte Anzahl natürlich erschreckend hoch. Andererseits waren die betroffenen 21.000 Tierhalter mit der Gesamtzahl aller Tierhalter in Deutschland in Relation zu setzen. Diese belief sich auf ca. 240.000.

Somit waren weniger als 10 % aller Betriebe betroffen. Auf den 21.000 Höfen selbst erhielten niemals alle, sondern etwa 2 % der Rinder und etwa 6 % der Schafe und Ziegen die Blauzungen-Diagnose. Der Rest hatte sich – zumindest zum Zeitpunkt der Erhebung – offensichtlich nicht angesteckt. Die Sterberate lag bei 0,2 % (Rinder), 2,5 % (Schafe) und 1,5 % (Ziegen).

Bezieht man die Erkrankungen (einschließlich der Todesfälle) jedoch nicht auf die Gesamtzahl der Tiere auf den betroffenen Höfen, sondern auf die Gesamtzahl der Tiere in ganz Deutschland, dann waren bei den Rindern zwei von tausend Tieren, bei den Schafen 10 von tausend und bei den Ziegen eines von tausend betroffen. Das sieht dann gleich wesentlich weniger bedrohlich aus.

Zudem muss zwischen den drei zwangsgeimpften Tierarten differenziert werden, denn immerhin lag die Erkrankungsrate bei den Schafen um das 10fache höher als bei den Ziegen und immer noch 5 mal höher als bei den Rindern. Zumindest bei den Ziegen musste also in Frage gestellt werden, ob die Zwangsimpfung überhaupt sinnvoll war – zumal die vom BMELV erwähnte Feldstudie keine Ziegen beinhaltete, weshalb Erfahrungswerte bezüglich der nicht zugelassenen Impfstoffe bei Ziegen komplett fehlten.

In Wahrheit eine Labortest-Epidemie?

Wie man die Bedeutung dieser Zahlen einschätzt, hängt mit Sicherheit vom eigenen Standpunkt gegenüber der Impfung ab. Die nackte Zahl „21.000“ könnte jedoch keinesfalls als alleinige Entscheidungsgrundlage dienen – schon gar nicht ohne Angaben zu den Kriterien und Grenzwerten von Morbidität, Mortalität und Virulenz, die bei einer sachlich begründeten Entscheidung von Seehofers Ministerium herangezogen worden sein mussten.

Ein weiterer wichtiger Aspekt war die allgemeine Tendenz des Seuchenverlaufs. Im Grunde konnte man aus einem oder zwei Jahren Daten-

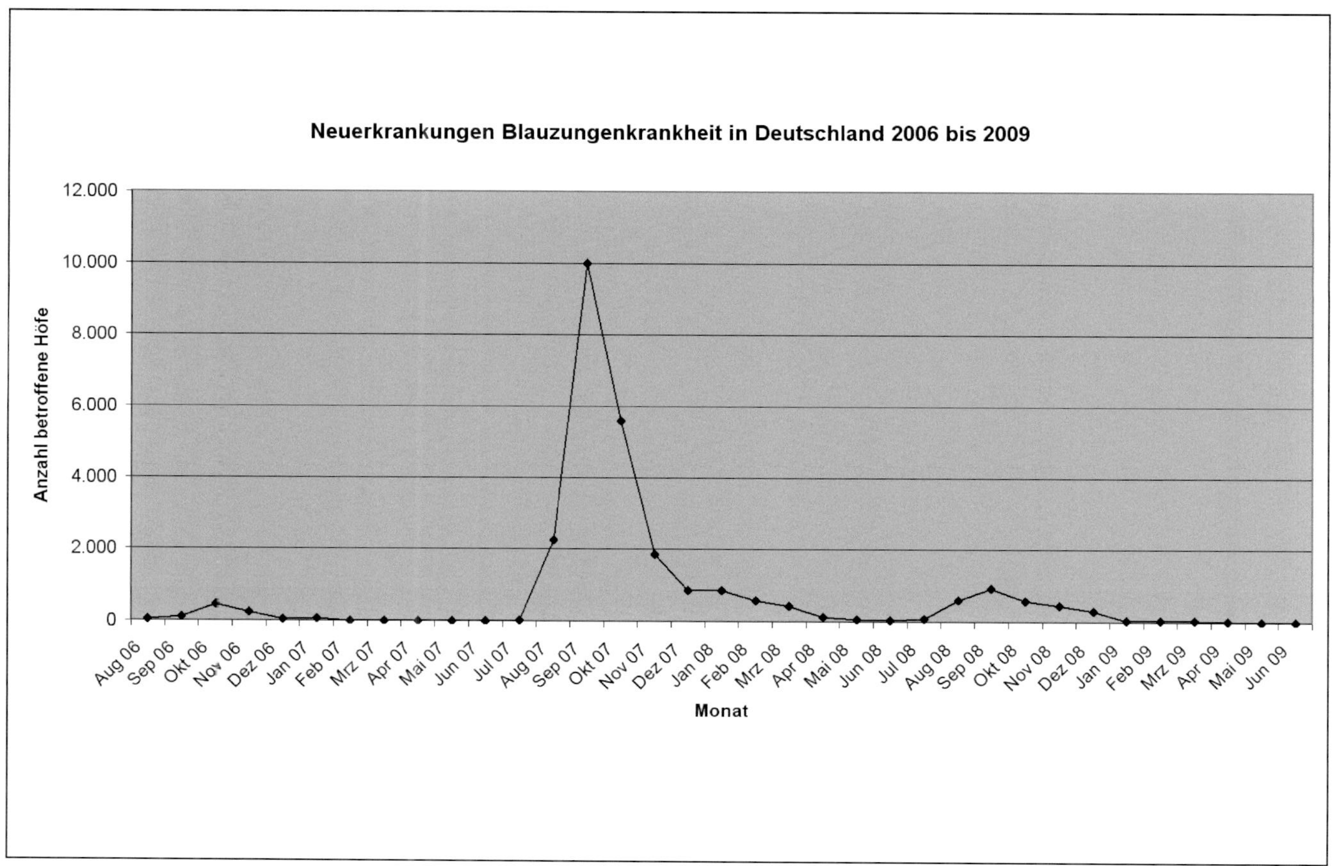

Neuerkrankungen Blauzungenkrankheit in Deutschland 2006 bis 2009
Anzahl betroffene Höfe
12.000
10.000
8.000
6.000
4.000
2.000
0
Aug 06
Sep 06
Okt 06
Nov 06
Dez 06
Jan 07
Feb 07
Mrz 07
Apr 07
Mai 07
Jun 07
Jul 07
Aug 07
Sep 07
Okt 07
Nov 07
Dez 07
Jan 08
Feb 08
Mrz 08
Apr 08
Mai 08
Jun 08
Jul 08
Aug 08
Sep 08
Okt 08
Nov 08
Dez 08
Jan 09
Feb 09
Mrz 09
Apr 09
Mai 09
Jun 09
Monat

erfassung nicht absehen, ob die Tendenz insgesamt steigend war und eventuell sogar eine Ausrottung aller betroffenen Tiere drohte oder nicht.

Schauen wir uns einmal die die Grafik auf der vorherigen Seite an, die die neu erfassten Betriebe mit Blauzungendiagnose von August 2006 bis Juni 2009 darstellt. Hier interessiert uns insbesondere der Kurvenverlauf im Jahr 2007, der ja dem BMELV zufolge das entscheidende Kriterium für die Zwangsanordnung darstellte:

Wir sehen hier einen ungewöhnlich steilen Anstieg im August 2007, mit einem deutlichen Höhepunkt im September. Danach fällt die Kurve ebenso steil wieder ab. Die Mückenart, die angeblich für die Übertragung der Blauzungenkrankheit verantwortlich ist, nennt sich wissenschaftlich Culicoides, oder landläufig Gnitzen.

Die Gnitzen-Saison beginnt in der Regel frühestens im März und endet im November. Danach sind etwa drei Monate „Gnitzenpause" angesagt. Das Wetter entsprach jedoch 2007 nicht unbedingt dem Standard:

> *„Seit Beginn der flächendeckenden Aufzeichnungen 1901 hat es keinen so warmen Jahresanfang gegeben wie 2007. Der April war sogar der trockenste aller Zeiten: Das Rheinland meldete 15 Sommertage mit Temperaturen über 25 Grad. (...) nach dem heißen April kam im Mai der Regen – und das feuchte Wetter blieb mit wenigen Unterbrechungen bis zum Ende des Sommers. (...) Nachdem die Temperaturen bis September immer leicht über dem Schnitt gelegen hatten, wurde es danach kühler. Und schmuddelig: September, Oktober und November waren leicht zu kühl und oft nass. Schon im November fiel in den hohen Lagen Nordrhein-Westfalens der erste Schnee."* [1]

Aus Sicht der offiziellen Lehrmeinung gibt es ohne Gnitzen keine Übertragung von BTV. Gnitzen mögen es jedoch warm und feucht. Die Mückensaison begann 2007 witterungsbedingt im April. Da war es schon ungewöhnlich warm, wenn auch trocken. Im Mai jedoch war es richtig feucht, während die Temperaturen im Vergleich zum April nur wenig zurückgingen. Warum jedoch explodierten die Erkrankungszahlen erst im August? Und warum gingen sie bereits im Oktober – ohne jede Impfung – wieder schlagartig zurück?

1 *Wettermeldung auf www.wdr.de, inzwischen nicht mehr online*

Wie anhand der Wetterdaten im Dreiländereck Deutschland-Niederlande-Belgien (Großraum Aachen) des Jahres 2007 zu sehen ist, braucht man einige Fantasie, um einen Zusammenhang zwischen der Gnitzen-Saison und der Blauzungen-Saison zu erkennen.

Auch eine Untersuchung der Ruhr-Universität Bochum, die im Rahmen einer bundesweiten Untersuchung des BMELV im Jahr 2007 vorgenommen wurde, harmoniert nicht mit dem tatsächlichen Seuchenverlauf: Wie anhand der Wetterdaten zu erwarten war, steigt zunächst die Anzahl der im Rahmen der Studie gefangenen Mücken zwischen April und Juni an, um dann im Juli abzusinken, im August auf ein Mehrfaches anzusteigen und im September wieder stark abzusinken.[2]

Die Rolle der Gnitzen ist hierbei ein ganz eigenes Rätsel. Denn nur ein Bruchteil aller Mücken trägt das Virus in sich: Nicht jede Mücke findet ein an BTD[3] erkranktes Opfer. Wie viele der Mücken, die an einem BTD-erkrankten Tier saugen, danach wirklich das Virus in sich tragen, ist gar nicht erforscht.[4]

Außerdem können nur weibliche Mücken das Virus übertragen und auch nicht alle weiblichen infizierten Mücken finden ein zweites Opfer. Und von denen, die eines finden, geben auch nicht alle das Virus beim Saugen weiter.

Aufgrund der Summe dieser „Hemmschwellen" ist allenfalls eine sanfte Verbreitung der Krankheit denkbar – und ein plötzlicher Anstieg wie im August und September 2007 eher unwahrscheinlich.

Welche anderen Ursachen wären für den merkwürdigen Seuchenverlauf denkbar? Um dies zu klären, müssen wir zunächst einen Schritt von der BTD-Diagnose zurücktreten und sie als das betrachten, worauf sie wirklich beruht, nämlich auf dem Nachweis von spezifischen Eiweißen (Antikörper-Test) oder Gensequenzen (PCR-Test).

Dass diese Eiweißmoleküle oder Genbruchstücke tatsächlich von spezifischen Blauzungen-Viren stammen, ist eine Behauptung, die zu prüfen wäre. Immerhin sind alle Rinder, Schafe und Ziegen sozusagen bis zum Hals angefüllt mit Eiweißen und Erbgut – aus diesem Reservoir bedienen sich Viren schließlich bei ihrer Vermehrung.

2 *http://dgmea.com*

3 *BTD = bluetongue disease = internationale Bezeichnung für „Blauzungenkrankheit"*

4 *Email von Prof. Heinz Mehlhorn vom 27.07.09 an den Autor*

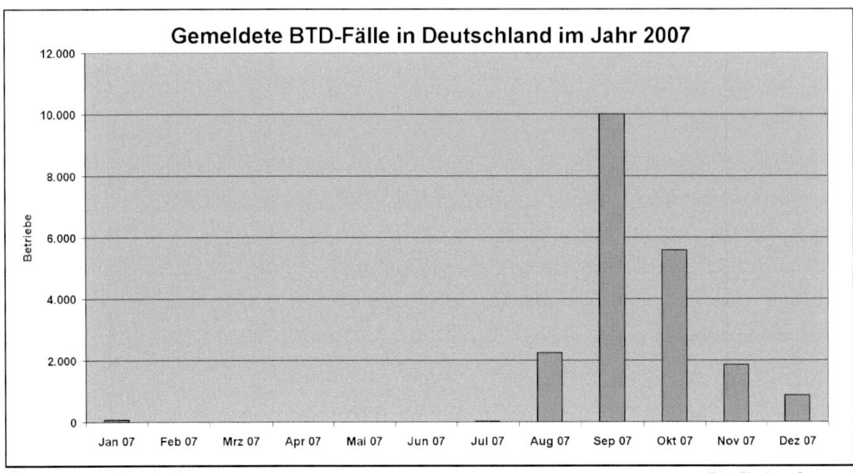

Daten: www.bmelv.de *Grafik: impf-report*

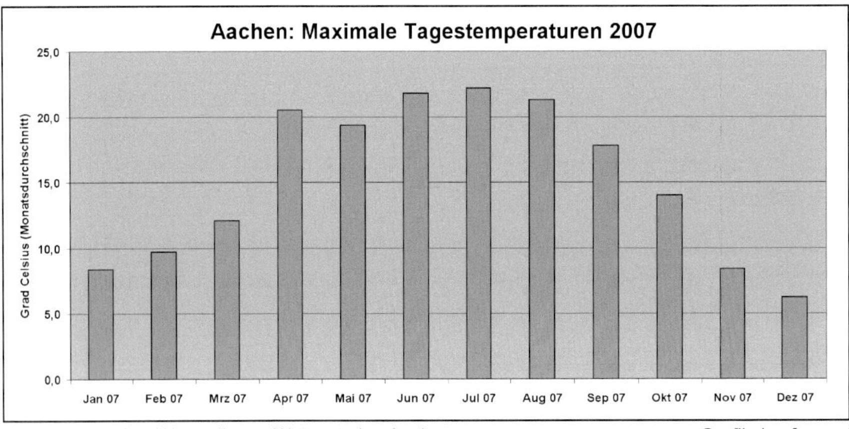

Daten: Deutscher Wetterdienst, Wetterstation Aachen *Grafik: impf-report*

Zudem sterben ständig Zellen ab und ihre Substanz – die unter anderem aus Eiweiß und Gensequenzen besteht – muss von der Müllabfuhr des Körpers neutralisiert und ausgeschieden werden.

Sollten die Tests wirklich auf spezifische Viren reagieren und nicht etwa beispielsweise auf Bestandteile abgestorbener Zellen, darf man mit der Schlussfolgerung trotzdem nicht zu voreilig sein:

Auch der Schulmedizin ist seit vielen Jahren das Phänomen der sogenannten „endogenen Viren" bekannt. Hierbei handelt es sich um Viren,

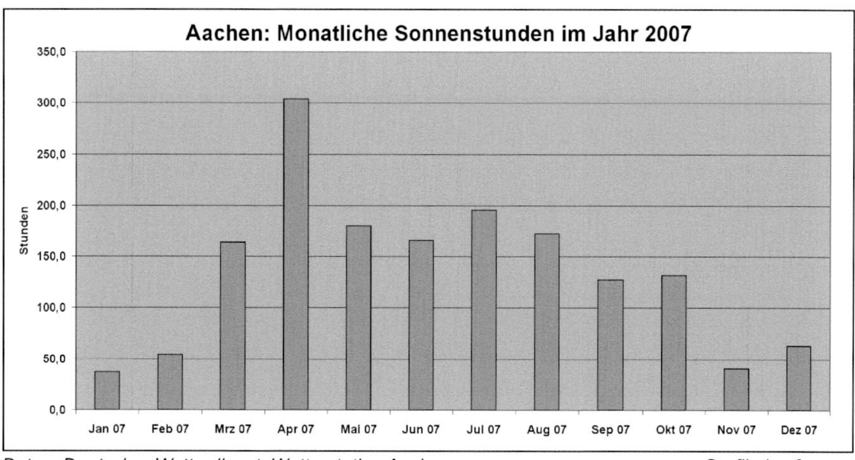

Daten: Deutscher Wetterdienst, Wetterstation Aachen *Grafik: impf-report*

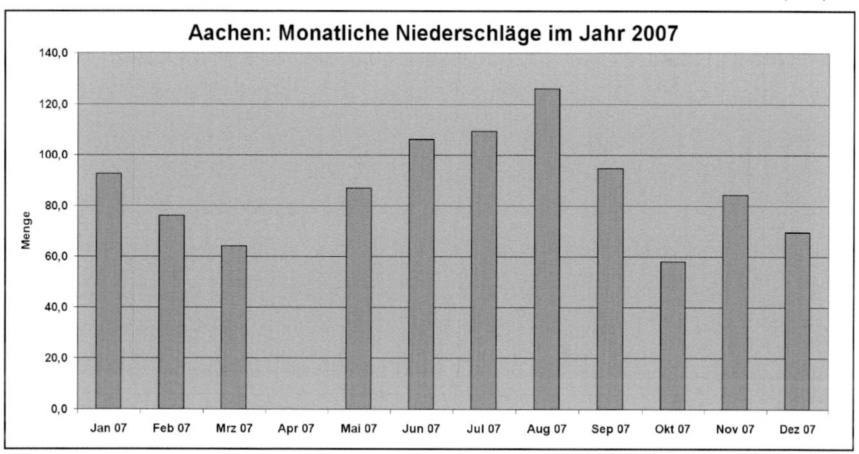

Daten: Deutscher Wetterdienst, Wetterstation Aachen *Grafik: impf-report*

die nicht etwa von außen in den Organismus eingedrungen sind, sondern die von den Zellen selbst als Reaktion auf bestimmte Stressfaktoren ausgestoßen werden.

Als Stressfaktoren kommen die Haltebedingungen in Frage oder Veränderungen bei der Fütterung (z. B. Wechsel zu Genmais), Pestizide, Impfaktionen oder massenhafter Einsatz von Insektiziden.

Solche Stressfaktoren müssten demnach ab August 2007 in besonderer Weise bei vielen Tieren zum Tragen gekommen sein. Um dies im

Einzelfall zu klären, wäre auf jeden Fall eine sorgfältige Anamnese und Differenzialdiagnose vonnöten. Beides ist jedoch im Veterinärwesen nicht üblich.

Es könnte aber auch sein, dass ab August 2007 neue Testsysteme eingeführt wurden, die ein verändertes Ergebnisverhalten zeigen und die Anwesenheit bisher angeblich nicht entdeckter Viren nun aufzudecken vermögen. Doch wie wäre damit der ebenso plötzliche Rückgang im Oktober erklärbar?

Oder aber die Grenzwerte für die behauptete Viruspositivität wurden für die Labors verändert. Denn viele Tests schlagen bei einer unverdünnten Probe grundsätzlich positiv an, weshalb man in den Labors die Probe um einen bestimmten Faktor verdünnt, um das Ergebnis abgestuft beurteilen zu können.

Ein weiterer Faktor ist der Umgang mit den Schutzzonen. Wird ein Tier BTV-positiv getestet, egal ob es gesund oder krank ist, dann werden sofort Sperrzonen eingerichtet, die bis zu 150 km umfassen können.

Innerhalb dieser Sperrzonen wird dann zum einen intensiv untersucht und getestet – und somit auch gefunden – und zum anderen werden, falls die zuständige Behörde dies so anordnet, in großem Stil Insektizide über die Tiere gegossen.

Diese hochgiftigen Mittel können selbst wieder BTD-artige Nebenwirkungen verursachen. Spannend wäre es, ob sich auch die Labortests durch diese Nebenwirkungen beeinflussen lassen. Das Phänomen ist z. B. bei der Pferdeseuche durchaus bekannt.[5]

Allein die Einrichtung von Sperrzonen kann also schon für eine „Epidemie“ sorgen, weil einfach intensiver untersucht wird als vorher. Doch die deutschen Veterinärbehörden, die meisten Tierärzte, die zuständigen Ministerien und das FLI interessieren sich nicht für solche Details. Ihnen reicht ein positiver Labortest und schon ist die Frage der Diagnose geklärt und eine gigantische Seuchenbekämpfungsmaschinerie läuft an.

Ein weiterer möglicher Hintergrund für den Seuchenverlauf wäre ein intensiviertes Testen unabhängig von den Sperrzonen, z. B. im Rahmen von Studien oder einem sogenannten „Monitoring“. Solche besonderen Monitoring-Anstrengungen hat es 2007 auch gegeben. Allerdings begannen die mir bekannten Maßnahmen bereits im März. Man fand auf

5 *siehe Teil 7 in diesem Buch*

diese Weise Anfang Mai einige testpositive Tiere, die allerdings ansonsten gesund waren und die anscheinend auch nicht in den Tierseuchenbericht des Jahres einflossen.

Im Zuge meiner Recherchen stieß ich schließlich auf eine Publikation des FLI, die uns einen Hinweis auf den wahren Grund für den Seuchenverlauf von 2007 geben könnte: Im Sommer 2007 wurden in Deutschland (und anscheinend auch in anderen Ländern) neue PCR-Testsysteme eingeführt, die wesentlich genauer auf die bisher bekannten 24 BTV-Subtypen ansprachen als die bisher verwendeten Testsysteme.

Wurden bisher vorzugsweise Tiere getestet, die vor dem Verkauf standen oder die klinische Symptome zeigten, so wurde mit den neuen Tests das sogenannte Screening, also die systematische Untersuchung, intensiviert.[6]

Die Unterscheidung zwischen Tieren mit klinischen Symptomen und solchen Tieren, die zwar BTV-positiv, jedoch völlig gesund waren, ist in den Publikationen des FLI verwaschen.

Das ist äußerst bedenklich, denn neben der Häufigkeit der Probenentnahme haben Falldefinition und Erfassungskriterien einen entscheidenden Einfluss auf den Verlauf einer Statistik. Wird im Laufe einer Datenerhebung – wie es ab August 2007 vermutlich geschehen ist – einer dieser Faktoren verändert, verliert eine Statistik jegliche Aussagekraft, da die Daten nicht mehr vergleichbar sind.

Wie auch der nachfolgende Artikel über die Feldstudie des FLI in Mecklenburg-Vorpommern zeigt, ist man beim FLI durchaus flexibel bei der Anwendung wissenschaftlicher Methoden, wenn es der Rechtfertigung von Massenimpfungen dient.

Das ist nichts Neues: Das Verhalten des Instituts im Zusammenhang mit der sogenannten Vogelgrippe (H5N1) im Winter 2005/2006 stellte im Grunde eine ebenso systematische wie unnötige Panikmache dar.[7]

Die nackte Zahl der 21.000 im Jahr 2007 gemeldeten BTD-Betriebe reicht als Begründung für Zwangsmaßnahmen nicht aus, denn daraus geht nicht hervor, wie viele Tiere wirklich krank waren, ob überhaupt Tiere erkrankten und dass sich um die sogenannten Indexfälle eine Er-

6 *Franz J. Conraths et. al. „Epidemiology of Bluetongue Virus Serotype 8, Germany“, Emerg Infect Dis. 2009 March; 15(3):433-435*

7 *Tolzin, Hans: „Die Seuchen-Erfinder“, Tolzin Verlag 2012, S. 249ff*

krankungswelle ausbreitete. Weitere konkrete Entscheidungskriterien wurden vom BMELV jedoch nicht genannt.

Es ist möglich oder sogar wahrscheinlich, dass hier kerngesunde Tiere durch fragwürdige Labortests, die über den tatsächlichen Gesundheitszustand eines Tieres nichts aussagen, systematisch für krank erklärt wurden.

Die Meldungen könnten auch als direkte Folge eines fahrlässigen Umgangs des FLI mit Fall- und Erfassungskriterien angesehen werden.

Sollte es für die tatsächlich aufgetretenen BTD-typischen Krankheitssymptome auch andere als infektiöse Ursachen geben, so wird ihre Entdeckung durch die tunnelblickartige Fixierung auf Viren und das systematische Unterlassen von Differenzialdiagnosen nachhaltig verhindert. Diese Politik der zuständigen Behörden und Ministerien sowie die Unterzeichnung der Zwangsverordnung durch Horst Seehofer kann nur als grob fahrlässig bezeichnet werden.

Die Alibi-Studie des FLI

Das Bundeslandwirtschaftsministerium (BMELV) bezog sich in seiner Begründung für die Notwendigkeit der Blauzungen-Zwangsverordnung auf die Zahl der 21.000 im Vorjahr von der Krankheit betroffenen Betriebe.

Als Nachweis dafür, dass der Impfstoff wirksam und sicher sei, wurde hingegen eine vom 18. März bis 13. Mai 2008 in drei Betrieben in Mecklenburg-Vorpommern (M-V) durchgeführte Feldstudie angeführt.

Verantwortlich: Das Friedrich-Löffler-Institut (FLI). Der Zuschlag für die Impfstoffe erfolgte jedoch bereits am 29. März, also nur 11 Tage nach Beginn der Studie![8]

Minister Seehofer unterzeichnete die Zwangsverordnung am 2. Mai, also 11 Tage *vor* dem Ende der Studie! Die Feldstudie kann also keine Entscheidungsgrundlage gewesen sein.

8 *IGGT „Fakten zur Blauzungenimpfung", angegebene Originalquelle: „Dr. Rehm (StMUGV): Tierseuchenbekämpfung, Bekämpfung der Blauzungenkrankheit - Informationen über geplante Impfung, Schreiben vom 11.04.2008 an Regierungen, LGL, BTSK", www.ig-gesunde-tiere.de*

Mindestanforderungen für eine Studie

Will man für zuverlässige Daten über Wirksamkeit und Sicherheit eines Impfstoffs sorgen, so gilt es, eine Studie durchzuführen, die bestimmte Mindestkriterien erfüllt. Diese Kriterien betreffen z. B. die Größe der Testgruppen, die Laufzeit der Studie, die Notwendigkeit einer Placebo-Gruppe, die völlige Unabhängigkeit von den Impfstoffherstellern, die repräsentative Auswahl der Testgruppen, die Transparenz der Daten und der Umgang mit Studienabbrechern unter den Testteilnehmern bzw. Versuchstieren.

Eine naheliegende Orientierungsgröße für eine Feldstudie im Jahr 2008 stellt der Seuchenverlauf des Jahres 2007 dar:

Die Erkrankungsrate im Verhältnis zu der Gesamtpopulation der Rinder lag damals bei zwei Promille, bei den Schafen bei zehn Promille und bei den Ziegen bei einem Promille. Dabei gehen wir davon aus, dass es sich um tatsächlich erkrankte Tiere gehandelt hat und nicht etwa um solche, die nur testpositiv waren. Das waren Tiere, die angeblich das Virus in sich trugen, ansonsten aber völlig gesund waren.

Unter der Annahme, dass die Erkrankungsraten im Folgejahr 2008 mindestens genauso hoch sein würden (bei einer rückläufigen Seuchentendenz hätte eine Zwangsimpfung ja keinerlei Sinn), müssten die jeweiligen Versuchsgruppen eine Größe von *mindestens* 10.000 Tieren umfassen.

Auf diese Weise wäre gewährleistet, dass sowohl in den Impf- als auch in den Placebogruppen genügend Blauzungenfälle auftreten, um die jeweilige Erkrankungsrate vergleichen zu können.

Das bedeutet konkret, dass mindestens 10.000 Tiere mit einem experimentellen Impfstoff geimpft werden müssten und mindestens 10.000 Tiere ein Placebo erhalten.

Um jede bewusste oder unbewusste Beeinflussung bei der Erfassung des Gesundheitszustandes der Versuchstiere ausschließen zu können, muss es sich um eine sogenannte Doppelblindstudie handeln: Weder der Tierhalter noch die Veterinäre der Studie dürfen wissen, ob den Tieren der echte Impfstoff oder aber z. B. eine physiologische Kochsalzlösung als wirkungsloses Scheinmedikament verabreicht wurde.

Die Studie müsste mindestens ein Jahr lang laufen, um auch langfristige Nebenwirkungen, z. B. verursacht durch den Zusatzstoff Aluminiumhydroxid, erfassen zu können.

Im Laufe dieser wenigstens zwölf Monate müsste der Gesundheitszustand der Versuchstiere permanent kontrolliert und protokolliert werden. Erst nach dem Ende der Studie dürfen die erfassten Daten der geimpften und der mit einem Placebo geimpften Tiere entblindet und miteinander verglichen werden.

Nur wenn die geimpften Tiere deutlich gesünder sind als die ungeimpften Tiere, sowohl in Bezug auf die Symptome, gegen die geimpft wird (Wirksamkeit), als auch in Bezug auf den gesamten Gesundheitszustand (Nebenwirkungen), kann man von einer Wirksamkeit im Sinne von *„geimpfte Tiere sind nachweislich gesünder"* sprechen und eine freiwillige oder verpflichtende Impfung in Erwägung ziehen.

Solange keine zuverlässigen Daten dieser Art vorliegen, stellt jede Impfung ein Experiment, ein Spiel mit dem Feuer und jede Zwangsimpfungs-Verordnung einen Willkürakt dar.

Zähes Ringen um den Abschlussbericht

Meine Recherchen ergaben, dass die besagte Feldstudie in Mecklenburg-Vorpommern (M-V) vom FLI durchgeführt worden war. Als ich dort unter Berufung auf das Informationsfreiheitsgesetz (IFG) Einblick in die Studie verlangte, wurde ich gebeten, mich doch an das Landesministerium für Landwirtschaft, Umwelt und Verbraucherschutz in Mecklenburg-Vorpommern zu wenden. Das FLI sei bei der Studie „lediglich begleitend tätig" gewesen. Ich wandte mich also an das Ministerium in M-V, blitzte dort jedoch ebenfalls ab:

> *„Es ist richtig, dass im letzten Jahr in M-V vor Beginn der flächendeckenden BTV-8-Impfung in Deutschland im Auftrag der Bundesländer eine Feldstudie zur Verträglichkeit von BTV-8-Impfstoffen dreier Hersteller mit wissenschaftlicher Begleitung des FLI durchgeführt wurde. Die Wirksamkeitsstudie wurde ausschließlich beim FLI durchgeführt. Die Auswertung des Versuches erfolgte beim FLI, das die Ergebnisse auch zur Publikation gebracht hat. Bezüglich der Ergebnisse und des Designs möchte ich Sie deshalb bitten, Kontakt zum FLI aufzunehmen. Zur Verfügung stellen*

> *kann ich Ihnen eine ppt-Präsentation DE zu den ersten Aussagen zur Studie, die auf der Homepage der EU-KOM eingestellt ist. Da es bei wissenschaftlichen Untersuchungen auch Rechte an den Daten zu berücksichtigen gibt, muss ich Sie um Verständnis bitten, Ihnen nicht mehr zur Verfügung stellen zu können".*

Mit dieser Auskunft im Rücken sprach ich also erneut beim FLI vor und erhielt nun folgende Auskunft:

> *„(...) Ihrem Begehren kann momentan nicht nachgekommen werden: Nach § 6 Satz 1 IFG besteht der Anspruch auf Informationszugang nicht, soweit der Schutz geistigen Eigentums entgegensteht. Im Rahmen dieser Vorschrift ist nicht nur das Verwertungsrecht des Urhebers, sondern auch das Veröffentlichungsrecht zu berücksichtigen (...). Die von Ihnen begehrte Publikation des FLI ist bislang noch nicht zur Veröffentlichung angenommen worden. Um den Erfolg der Veröffentlichung nicht durch eine Vorabveröffentlichung Ihnen gegenüber zu gefährden, berufen wir uns auf § 6 Satz 1 IFG. (...)"*

Aus meiner Sicht muss die uneingeschränkte – und zeitnahe – Transparenz einer derart schwerwiegenden Entscheidung wie der Zwangsimpfverordnung den höchsten Stellenwert haben. Eine Veröffentlichung der Studienpublikation in einer wissenschaftlichen englischsprachigen Fachzeitschrift sollte eine umgehende Bereitstellung der Informationen in deutscher Sprache – z. B. auf der Webseite des FLI – nicht tangieren. Ich schaltete also meinen Rechtsanwalt ein. Dieser schrieb dem FLI einen langen Brief, in dem es abschließend hieß:

> *„Es ist beim besten Willen nicht ersichtlich, welcher Schaden für das geistige Eigentum des FLI durch die Erteilung der erbetenen Information angerichtet werden könnte."*

Auf dieses Schreiben gab es innerhalb der folgenden vier Wochen keine Reaktion, worauf mein Anwalt noch einmal schriftlich nachhakte und die Inanspruchnahme gerichtlicher Hilfe androhte. Daraufhin meldete sich die Pressestelle des FLI telefonisch und drückte die Sorge aus, dass die Veröffentlichung der Publikation in der Fachzeitschrift „Vaccine" gefährdet sei, sollte das FLI die deutsche Version vorab veröffentlichen.

Ich bat nun meinen Anwalt, das FLI darauf hinzuweisen, dass in Züchter- und impfkritischen Kreisen der 42seitige Abschlussbericht des FLI längst kursierte und auch auf der Webseite eines Schafzüchters herunterzuladen sei. Diesen Abschlussbericht kannte ich deshalb auch schon längst. Was ich vom FLI benötigte, war im Grunde nur die Bestätigung der Echtheit dieses bemerkenswerten Dokuments.

Im weiteren Verlauf beharrte das FLI jedoch darauf, mir den Abschlussbericht solange nicht zugänglich zu machen, wie er nicht von „Vaccine" angenommen worden sei. Im übrigen behalte sich das FLI rechtliche Schritte gegen den von mir erwähnten Webseitenbetreiber vor. Da diese Drohung bei einer Fälschung unnötig wäre, hatte ich nun die gewünschte Bestätigung der Echtheit des Dokuments. Sie finden das Original auf meiner Webseite zum Download.[9]

Unzureichende Gruppengrößen

Ziel der Studie sei, so heißt es gleich auf Seite zwei des Berichts, die Überprüfung der Unbedenklichkeit des Einsatzes der Impfstoffe BLUEVAC 8, BTVPUR und ZULVAC 8: Lokale und systemische Reaktionen, erhöhte Sterblichkeit und Leistungsverluste. Weiteres Ziel im Rahmen einer Sub-Studie sei eine „Abschätzung der Wirksamkeit".

Die Versuchsgruppen der Rinder und Schafe waren in Jungtiere (JT) und erwachsene Tiere (AT) aufgeteilt sowie in Geimpfte und Placebo-Geimpfte.

Die Durchschnittsgröße der Gruppen betrug bei den Rindern 150 Tiere und bei den Schafen 91 Tiere. Bei dieser Gruppengröße war natürlich nicht mit BTD-Erkrankungen zu rechnen, zumal Mecklenburg-Vorpommern nicht zu den bevorzugten Ausbreitungsgebieten des Blauzungenvirus gehörte. Ein Vergleich der Erkrankungshäufigkeit bei Geimpften und Ungeimpften war somit völlig unmöglich.

Auch bezüglich der Häufigkeit von Nebenwirkungen lassen derart kleine Versuchsgruppen keine aussagekräftige Schlussfolgerung zu. Dazu kommt noch, dass die Studienverantwortlichen aus jeder Versuchsgruppe noch vor der ersten Impfung 40 Tiere aussuchten, um sie während der Studie näher zu beobachteten. So muss man bei der Beurteilung der Nebenwirkungen von einer tatsächlichen Gruppengröße von nur 40 Tieren ausgehen.

9 *https://www.impfkritik.de/blauzungenkrankheit*

Da die Erkrankungsraten des Jahres 2007 zwischen einem Promille und einem Prozent lagen, sollte eine Feldstudie bezüglich der Nebenwirkungen eine Aussage in der gleichen Größenordnung ermöglichen.

Denn sollte sich herausstellen, dass die Nebenwirkungen den angenommenen maximalen Nutzen überwiegen, hätte die Impfung selbstverständlich keinen Sinn.

Um eine Nebenwirkungshäufigkeit von etwa 1:1000, also einem Promille, mit ausreichend hoher statistischer Wahrscheinlichkeit erfassen zu können, ist aber eben jene von mir eingangs genannte Versuchsgruppengröße von mindestens etwa 10.000 Tieren nötig.

Doch die Formulierung dieser Anforderungen ist natürlich sehr weit von den im Europäischen Arzneibuch definierten Zulassungsbedingungen entfernt. Nimmt man diese als Grundlage, ist die FLI-Feldstudie sogar als vorbildlich anzusehen...

Bescheidene Studienlaufzeit

Je mehr Zeit zwischen einer Impfung und einer Erkrankung vergangen ist, desto schwieriger ist natürlich der Nachweis eines ursächlichen Zusammenhangs.

Dies kann jedoch aus wissenschaftlicher Sicht nicht als Argument dafür dienen, unerklärliche Symptome, die mehrere Wochen oder Monate nach einer Impfung auftreten, von vornherein als *„nicht im Zusammenhang stehend“* zu deklarieren.

Das Problem ist nun, dass die Laufzeit der allermeisten Impfstoff-Zulassungsstudien einfach zu kurz ist, um langfristige Schäden, z. B. durch die in vielen Impfstoffen enthaltenen Nervengifte Thiomersal und Aluminiumhydroxid, überhaupt zu bemerken.

Eine Gesamtlaufzeit von 55 Tagen ist demnach völlig unzureichend, wenn man die tatsächlichen Nebenwirkungen einer Impfung erfassen will. Man scheint die Studienlaufzeit vielmehr darauf abgestimmt zu haben, eine möglichst hohe Serokonversion, also einen Anstieg des sogenannten Antikörpertiters im Blut, nachweisen zu können. Diese ist einige Wochen nach einer Impfung am höchsten:

Drei Wochen nach der zweiten Impfung wurde bei 98,7 Prozent der Tiere ein als ausreichend angesehener Antikörperspiegel nachgewiesen.

Und dieser gilt immer noch als wichtigster Nachweis für die Wirksamkeit bei den Veterinär- wie bei den Humanimpfstoffen.

Doch auch hier müssen wir wieder anmerken, dass die Studie im Vergleich mit den Mindestanforderungen im EAB (14 Tage) mit 55 Tagen sogar eine vergleichsweise vorbildliche Laufzeit hatte.

Dafür, dass ein hoher Antikörpertiter tatsächlich mit Nichterkrankung bzw. mehr Gesundheit einhergeht, konnten die zuständigen Bundesbehörden bisher nicht überzeugend wissenschaftlich beweisen. Selbst die Autoren der Feldstudie schreiben ganz offen:

> *„Ob die ELISA-Ergebnisse Aussagen bezüglich einer schützenden Immunantwort ermöglichen, ist nicht bekannt".*

Zahlreiche Ungenauigkeiten

Auf Seite sechs des 42seitigen Berichts, den mir das FLI nicht geben wollte, findet sich der Hinweis, dass acht der Rinder unbekannten Geschlechts seien. Nun ist es aber bei Rindviechern kaum möglich, sich beim Geschlecht der Tiere zu täuschen – was einiges über die Qualität der Studie bzw. die Qualifikation des Studienpersonals aussagt.

Des Weiteren wurde zwar die Milchmenge gemessen, nicht jedoch die Milchqualität, z. B. anhand der sogenannten Zellzahlen. Jede Behauptung, die von vielen Landwirten nach der Impfung beobachtete Erhöhung der Zellzahlen könne auf keinen Fall auf die Impfung zurückzuführen sein, entbehrt somit jeder sachlichen Grundlage.

Bei den Schafen im Betrieb 1 gab es bei 43 von insgesamt 821 schwarzköpfigen Fleischschafen widersprüchliche Angaben bezüglich ihrer Versuchsgruppen-Zugehörigkeit, so dass sie von der Auswertung ausgeschlossen wurden. Das sind immerhin 5 % der Tiere. Bei derart kleinen Versuchsgruppen kann jedoch bereits ein einziges Tier, das aus der Studie herausfällt, signifikante Auswirkungen auf das Ergebnis haben.

Die korrekte Durchführung der Impfungen und Datenerhebungen wurde nicht etwa durchgängig, sondern nur stichprobenartig von einem einzigen „unabhängigen Mitarbeiter" kontrolliert.

Während vor der ersten Impfung alle Tiere seronegativ (negatives Testergebnis auf Antikörper) waren, waren zwei der Kontrolltiere aus Schafbetrieb 1 seropositiv (positives Testergebnis auf Antikörper) – ohne geimpft worden oder erkrankt gewesen zu sein. Somit hatten 8 % der Placebogruppe auf völlig unerklärliche Weise Antikörper gegen das BTV entwickelt. Auch im Schafbetrieb 2 war dies bei einem Tier der Fall. Kommentar der Studienautoren: *„Verwechslung der Tiere trotz eindeutiger Ohrmarken kann nicht ausgeschlossen werden."*

Entgegen den Vorgaben des Studienprotokolls wurden 100 Schafe aus dem Betrieb 1 versehentlich mit der doppelten Dosis von BTVPUR geimpft. In dieser Gruppe gab es einige Verlammungen. Diese wurden jedoch als „nicht signifikant" gewertet, da es auch am Tag vor der Impfung Verlammungen in vergleichbarer Anzahl gegeben hatte.

Hier zeigt sich, dass eine längere Beobachtung der Tiere vor der ersten Impfung sehr hilfreich gewesen wäre, um einen aussagefähigeren Vergleich vorher-nachher zu ermöglichen.

Bei neun erwachsenen Rindern der Gruppe BTVPUR wurde am 35. Tag ein kurzzeitiger Temperaturanstieg festgestellt. Die Studienautoren halten einen Zusammenhang mit der Impfung für unwahrscheinlich, da sie solche Impfreaktionen nur innerhalb der ersten zwei Tage erwarteten. Damit fallen alle derartigen Reaktionen ab dem 3. Tag nach der Impfung einfach unter den Tisch.

Auch bei den Jungschafen in Betrieb 1 wurde eine Woche nach der Impfung eine deutliche Temperaturerhöhung festgestellt. Auch hier halten die Autoren einen Zusammenhang allein deshalb für unwahrscheinlich, weil sie ihn in diesem zeitlichen Abstand nicht erwarteten. Ein typisches Beispiel, wie die Erwartungen von Studienautoren das Ergebnis beeinflussen können. Auch das nachfolgende Zitat spricht für sich:

> *„Bei der Beschreibung der lokalen Impfreaktionen muss bedacht werden, dass diese nicht nur in den unterschiedlichen Betrieben, sondern auch an unterschiedlichen Tagen von unterschiedlichen Personen und ohne ein einheitliches Protokoll beurteilt wurden."*

Die Schafe im Betrieb 2 waren zudem nicht nach dem Zufallsprinzip den einzelnen Gruppen zugeordnet worden, sondern man wollte etablierte Schafgruppen nicht voneinander trennen. So gab es Versuchsgruppen mit einem ungewöhnlich hohen Anteil an trächtigen Tieren.

Einige Verlammungen im Betrieb 2 wurden als „nicht näher spezifiziert" gekennzeichnet, was darauf hindeutet, dass die Anzahl der jeweils totgeborenen Lämmer gar nicht erfasst wurde. In einem Fall erhielt ein

Schaf, dass mit ZULVAC 8 geimpft worden war, versehentlich eine Boosterimpfung mit BTVPUR.

Challenge-Inokulationen

Vier Wochen nach der zweiten Impfung erhielten insgesamt 47 Rinder und Schafe eine sogenannte Challenge-Inokulation (Injizierung von vermutlich krankmachenden Viren, um die Immunität nach einer Impfung zu testen). Die Tiere wurden dazu in die Isolierstation des FLI gebracht.

Bis auf ein Schaf waren alle geimpften Tiere seropositiv, hatten also Antikörper, die als Schutz gegen eine Erkrankung gelten.

Gleichzeitig waren alle Tiere PCR-negativ, was aus Sicht der Schulmedizin bedeutet, dass man das krankmachende Virus BTV-8 nicht gefunden hatte. Dagegen waren die Tiere aus der Placebogruppe dagegen seronegativ, was natürlich den Erwartungen der Studienautoren entsprach.

Sämtliche 47 Tiere erhielten nun 4 ml mit BTV-8 verseuchtes Rinderblut injiziert. Man versuchte sie also anzustecken und wollte beobachten, welche Tiere krank wurden. Bei den geimpften Rindern blieb der PCR-Nachweis negativ, was als Fehlen einer Infektion mit BTV-8 interpretiert wurde. Dagegen reagierten die ungeimpften Rinder PCR-positiv.

Fünf von sechs Placebo-Schafen und das geimpfte seronegative Schaf hatten ein positives PCR-Ergebnis. Ein weiteres geimpftes Schaf testete PCR-positiv, aber „in derart geringer Konzentration", dass man von einer weiteren Überprüfung absah.

Abgesehen davon, dass derart kleine Versuchsgruppen (5 oder 6 Tiere) keine statistische Aussage für die gesamte Tierpopulation zulassen, sind sowohl die Messwerte zur Immunität (AK-Titer) als auch zum Infektionsstatus (PCR) zu hinterfragen. Wie die Studienautoren selbst schreiben, ist die Aussagekraft des Titers unsicher. Laut Auskunft des FLI sagt auch der PCR-Status nichts über den tatsächlichen Gesundheitszustand eines Tieres aus.[10]

Überraschend war jedoch für mich, dass die Placebo-geimpften Tiere bei der Challenge-Inokulation tatsächlich PCR-positiv reagiert haben sollen. Dies entspricht den Erwartungen der Schulmedizin, wäre aller-

10 eigene Korrespondenz mit dem FLI, Juli 2009

dings die erste Studie, die ich kenne, bei der ein echtes Placebo (also eine reine physiologische Kochsalzlösung) zu einem positiven PCR-Tests geführt hätte.

Da es sich um keine Doppelblindstudie handelt, frage ich mich natürlich, inwieweit hier – sei es nun absichtlich oder unbewusst – manipuliert worden sein könnte.

Fehlgeschlagene Ansteckungsversuche

Bei der Bewertung der Challenge-Inokulation findet sich auch folgendes Zitat:

> *„Einige der ungeimpften, PCR-positiven Schafe zeigten milde klinische Anzeichen einer Erkrankung und erhöhte Körpertemperaturen."*

Angaben über die Reaktionen der geimpften Rinder und Schafe fehlen seltsamerweise, so dass ein Vergleich der aufgetretenen Symptome nach dem Ansteckungsversuch nicht möglich ist.

Es ist jedoch zu vermuten, dass die geimpften Schafe auf das Einbringen von Fremdblut – zumal einer anderen Tiergattung – gleichfalls mit „milden Symptomen" reagierten.

Wichtig ist hier vor allem die Feststellung, dass die ungeimpften Tiere trotz fehlender Antikörper nach dem massiven Ansteckungsversuch mit dem angeblich so gefährlichen Blauzungen-Virus NICHT an der Blauzungenkrankheit erkrankten!

Dies zeigt einmal mehr, wie beschränkt der Nutzen von ELISA- und PCR-Tests bezüglich der Beurteilung des Gesundheitszustandes von Tieren ist. Die Studienautoren gehen jedoch über all diese eklatanten Widersprüche einfach hinweg.

Fazit: Ein wertloser Feldtest?

Die geringe Größe der Testgruppen, die kurze Laufzeit und das Fehlen eines Doppelblind-Designs lässt darauf schließen, dass niemals beabsichtigt war, belastbare Daten über Wirksamkeit und Sicherheit der untersuchten Impfstoffe zu erheben.

Darüber hinaus wurde die Studie sehr schlampig durchgeführt. Das Spektrum der möglichen unbeabsichtigten oder beabsichtigten Manipulationen ist so groß, dass man diese Studie mit Berechtigung als wertlos betrachten kann.

Die Aussage, die Feldstudie habe bewiesen, dass die getesteten Impfstoffe sicher seien, ist mit Vorsicht zu genießen. Zumal nach dem EAB ein Impfstoff aufgrund der definierten Mindestanzahl an Versuchstieren solange als „sicher" gilt, solange nicht mehr als 31 von 100 geimpften Tieren durch die Impfung sterben. Dies ist nämlich bei einer Gruppengröße von 8 Versuchstieren und bei einer Irrtumswahrscheinlichkeit von 5 % durchaus auch dann im Rahmen des Möglichen, wenn von den 8 Tieren keines durch die Impfung stirbt.

Nebenwirkungen & Impfschäden

Glaubt man den zuständigen Ministerien, den Landräten und Veterinärbehörden, dann sind die Blauzungenimpfstoffe sicher und Nebenwirkungen äußerst selten.

Doch zahlreiche Landwirte berichteten genau das Gegenteil. Obwohl Tierärzte und Veterinärbehörden den teilweise immensen Gesundheitsschäden meistens völlig ratlos gegenüberstanden, wurde in der Regel jeder Zusammenhang mit den vorausgegangenen Impfungen kategorisch geleugnet.

Immer mehr Landwirte wollten sich diese Behandlung, die sie als von oben herab und arrogant erlebten, nicht mehr gefallen lassen, organisierten sich und schließlich versammelten sie sich zu Protestveranstaltungen.

Die Katastrophe kam nach der Impfung

Etwa zweihundert Landwirte und Sympathisanten versammelten sich am 16. Juli 2009 vor dem Jakobsbrunnen auf dem Stadtplatz im ostbayerischen Straubing. Mit Plakaten und Bannern protestierten sie gegen die Blauzungenzwangsimpfung, die per Verordnung des Bundeslandwirtschaftsministeriums am 2. Mai 2008 verabschiedet worden war.

Betroffene Landwirte berichteten am Mikrofon von Zwangsgeldern oder gar Kontenpfändungen. Es hatte zahlreiche Versuche gegeben, mit den Landräten ins Gespräch zu kommen.

Doch mit den meisten Landräten war nicht zu reden. Andere Landwirte berichteten, wie es ihren Tieren nach der Impfung ihres Bestandes ergangen ist.

Besonders erschütternd war der Bericht von Heidrun Wolf aus dem hessischen Lautertal. Mit ihrem Mann Rudolf hat sie einen Milchviehbetrieb. Von 143 geimpften Tieren waren jetzt über 100 krank, sechs Tiere verstorben, mindestens 10 Fälle von totalem Milchausfall nach der Geburt.

Das Leid ihrer Tiere geht Heidrun Wolf sichtlich nahe. Die Wolfs haben zwei Kinder und bewirtschaften den Hof in der vierten Generation. 170 Hektar Land haben sie unter ihrer Obhut. Wie es weitergehen soll, wissen sie nicht. Sie hoffen, dass sich die Tiere jetzt schnell wieder erholen würden. Bisher sah es aber nicht danach aus.

Wird der Impfschaden anerkannt, zahlt die Tierseuchenkasse den Verlust. Die Chancen stehen gut, denn der Tierarzt des Hofes plädiert auf Impfschaden. Dennoch war mit einem Wertverlust zu rechnen, abgesehen davon, dass der Tierbestand vielleicht völlig neu aufgebaut werden muss. Den materiellen Schaden schätzen sie auf bisher ca. 100.000 Euro. Doch bislang hatte die Tierseuchenkasse nicht reagiert.

Und wer trägt die Schuld? Die Redner auf der Straubinger Demo schimpften vor allem auf die bayerischen Landräte und auf die bayerische Regierung, denn von dort sei enormer Druck auf die Landwirte ausgeübt worden.

Zahllose Impfschadensberichte

Aus allen deutschsprachigen Ländern, in denen die Impfung zumindest zum Teil zwangsweise durchgeführt wurde, gab es massenhaft Meldungen von starken Nebenwirkungen, Impfschäden und Todesfällen. Repräsentativ für alle anderen zitieren wir nachfolgend Auszüge der Berichte, die vom österreichischen Verein „Schöpfungsverantwortung Tier & Mensch“ (www.tier-mensch.at) zusammengestellt wurden:

> *„Die meisten geimpften Tiere (neun Kühe und vier Kalbinnen) bekamen zur gleichen Zeit Hustenanfälle. Auch Fressunlust und*

Fieber war bei den meisten zu beobachten. Auch war ein Milchleistungsabfall von bis zu 25 % zu bemerken. Zwei Tiere wurden nicht geimpft, bei diesen traten auch keine Krankheitssymptome auf."

„Kuh verendete vier Tage nach Impfung."

„Drei Kühe haben nach der Impfung verworfen."

„Zwei Kühe hatten Aborte nach der Impfung."

„Impfung, drei Kühe lagen nach der Kalbung fest."

„Zwei Kühe verendet. Eine Kuh war bei Impfung schon geschwächt."

„Kuh ein paar Tage nach Impfung verendet, Tierarzt weiß nicht wovon, aber angeblich war es nicht die Impfung!"

„Eine Woche nach der Impfung gebar eine Kuh um 10 Tage zu früh ihr Kalb. Es kam mit den Hinterbeinen zuerst. Das Kalb machte noch einige Atemzüge, dann starb es."

„Nach der ersten Impfung gab es bereits leichte Probleme: Erhöhte Zellzahlen, Milchleistungsabfall, gestörtes Fressverhalten, eine Frühgeburt (Kalb lebte aber); fast alle Kälber haben nach 2-3 Tagen Durchfall bekommen (von der Milch der geimpften Kühe). Man hat es akzeptiert, weil man sich noch nicht damit beschäftigte und auch noch nichts beweisen konnte. Die zweite Impfung war am Donnerstag, den 9. Januar, Vormittag: Der Tierarzt wurde vor der Impfung gebeten, den Bestand zu untersuchen, ob auch alles in Ordnung war, welches er auch tat. Der Tierarzt war sehr bemüht, die Impfung stressfrei durchzuführen, stellte Körperkontakt her, usw. Am Tag danach war es dann eine Katastrophe: Gleich bei den ersten sieben gemolkenen Kühen wurde ein Schalmtest gemacht, wo ein Zellzahlwert von ca. 400.000 bis 500.000 festgestellt wurde. Einige Kühe hatten Klumpen in der Milch (Eiterentzündungen). Ich habe dann den Tierarzt angerufen, welcher auch gleich kam. Er bestätigte auch den Zellgehalt der Gesamtmilch auf mehr als 500.000. Die Farbe der Milch war verändert, diese war schliergrau, Kühe haben Milch zurückgehalten, Fressverhalten war enorm gestört, Kühe standen nur herum und ließen Kopf und Ohren hängen, und man konnte es den Tieren ansehen, dass sie „erledigt" waren. 90 % aller Kühe (von ca. 40) waren be-

troffen. Ich habe mich nicht getraut, diese Milch unseren Kälbern zu füttern. Es wurde dann alles genau dokumentiert, was inzwischen eine Mappe füllt. Die jungen Kühe haben sich nach einigen Tagen relativ schnell wieder gefangen und gaben auch wieder normale Milch. Bei älteren Kühen und schon „alt laktierenden" Kühen dauerte es sehr lange. Es wurden viele Proben genommen und eingesandt. Es wurden aber auch keinerlei Erreger in der Milch festgestellt (Keime, Staphylokokken, ...), was auf eine andere Ursache als die Impfung als Erklärung hindeutete. Somit ist klar, dass es kein anderes „Problem" gab als die Impfung. Am Tag nach der Impfung wurde bei allen betroffenen Kühen Fieber gemessen, und es war kein Fieber feststellbar, also auch keine Grippe, Infektion oder dergleichen. Eine Kuh wurde nicht geimpft, weil diese geschlachtet werden sollte, bei dieser gab es keinerlei Probleme, auch nicht bei der Milch. (...) Die Milchleistung ist nach der Impfung gefallen, zwei Kühe haben auch verworfen. Auch der Haustierarzt, welcher sehr bemüht war, war ratlos. Der Amtstierarzt bestätigte auch, dass keinerlei Erfahrungen hierzu vorliegen."

„Probleme mit Milch nach Impfung (Zellzahlgehalt), Fehlgeburt."

„Tote Kuh nach Impfung."

„Grundsätzliches: Die Zusammenstellung erfasst die Fakten und aufgetretenen Schäden durch die BT-Impfung. Es wird festgestellt, dass am Betrieb seit geraumer Zeit ein vernünftiger Gesundheitsstatus vorliegt. D. h. es gibt keine außerordentlichen Auffälligkeiten. (...) Deutlich festgestellt wird, dass die Impfung am heißesten Tag des Jahres 2008 mit Wetterumstellung (Wettersturz-Kaltfront) stattgefunden hat. Als Zusatzbemerkung wird festgestellt, dass selbstverständlich auch in unserem Betrieb während des Jahres Euterentzündungen vorgekommen sind. In der Regel wurde in der Vergangenheit sofort eine Blutuntersuchung durchgeführt, um nicht sinnlose antibiotische Behandlungen zu versuchen und Resistenzen aufzubauen, sondern konsequent lt. Antibiogramm behandelt. Dabei hatten wir auch sehr gute Erfolge, d. h. es findet in der Regel eine komplette Ausheilung statt. Spezielle Auffälligkeiten nach der Impfung: Die ersten Euterentzündungen (Milchveränderungen) traten ca. 36 Stunden nach der Impfung auf. In keinem Fall war eine akute Entzündung mit Fieber zu verzeich-

nen. Nach dem Erkennen und einer anschließenden Behandlung war meistens ein „Aufhalten" der Milch zu verzeichnen, was auf Schmerzen im Euter hinweist. Die betroffenen Tiere waren alle entweder in einer hochlaktierenden Phase, bzw. vor oder nach der Abkalbung – altmelkende Kühe waren nicht betroffen. (...) Zusammenfassung: Neben den enormen Kosten für Medikamente, der Abwertung der Kühe durch bleibende Folgeschäden und dem Verlust von Milch ist natürlich der zusätzliche Aufwand an Melkarbeit (Behandlungen, separat melken, Schalmtest machen usw.) und die Frustration nicht zu vernachlässigen, wenn praktisch die nachhaltigen Heilungserfolge zu wünschen übrig lassen. Genauso war auch eine Leistungsdepression, speziell bei den Erstlingskühen, zu erkennen."

„Biokuh bekommt nach erster Impfung eine ‚Ohrspeicheldrüsenentzündung'. Sofort gemeldet und ca. 3 Wochen behandelt. Zustand der Kuh wird aber immer schlechter. Amtstierarzt schläfert Kuh ein."

„Eine Woche nach der Impfung Kalb verendet, mit (geimpfter) Muttermilch gefüttert."

„Einen Tag nach Impfung, Bestand hat großteils Durchfall."

„Einen Tag nach Impfung ca. 20 % weniger Milch, ca. 20 Kühe, nach einer Woche zwei Kühe Euterentzündung."

„Kuh verendet fünf Stunden nach Impfung."

„Nach Impfung bei einer Kuh extremer Durchfall (fast verendet)."

„Kuh geimpft, vier Tage später verendet."

„Nach der Impfung, eine Kuh und ein Kalb verendet. Ein Kalb kam tot auf die Welt und blutete aus Nase und Maul."

„Nach der Impfung, zwei Totgeburten."

„Milchleistung nach Impfung um 25 % gesunken, Husten."

„Ziegen bekamen einen Tag nach der Impfung Schüttelfrost, eine Ziege ist verendet."

„Es wurde Anfang Dezember 2008 das erste Mal geimpft und Ende Dezember das zweite Mal. Insgesamt verendeten drei Kühe (bzw. wurden eingeschläfert) und eine Kuh ist immer noch

krank. Zwischen der ersten und zweiten Impfung verendeten zwei Kühe. Einer Kuh ging es nach der ersten Impfung immer schlechter, einen Tag nach der zweiten Impfung musste sie eingeschläfert werden. Eine Kuh bekam Milchfieber und dergleichen, wurde behandelt und verendete dann aber. Eine Kuh macht immer noch Probleme."

„Geimpft wurde am 02.01.2009. Man sah, dass fast alle Tiere nach der Impfung geschwächt waren. Die Milch der Kühe (insgesamt ca. 25 Stück) ist dann immer weniger geworden. Auch der Gesundheitszustand einiger Kühe wurde immer schlechter und schlechter. Nach ca. einer Woche musste dann eine Kuh schon tierärztlich behandelt werden. Auch bei drei anderen Kühen wurde der Zustand immer schlechter, haben wenig gefressen, usw. und wurden auch tierärztlich behandelt. In der Nacht vom 18. auf den 19. Januar sind drei Kühe verendet. Die Milchleistung des gesamten Betriebes ist genau um 50 % gefallen, es konnte nach ca. zwei bis drei Wochen nur mehr die Hälfte der Milchmenge abgeliefert werden. Die vierte kranke Kuh hat sich wieder halbwegs gefangen, es wird sich aber zeigen, wie es bei der Abkalbung geht, da diese trächtig ist. Kühe fressen inzwischen wieder, und Milchleistung geht inzwischen wieder nach oben. Vom Tierarzt wurde auch Schadensmeldung gemacht. Die zweite Impfung wurde natürlich nicht durchgeführt."

„Nach der ersten Impfung kaum Probleme (höchstens Zellzahlen). Nach zweiter Impfung sehr große Probleme. Vormittags wurde das zweite Mal geimpft, am Abend waren schon alle sehr unruhig. Am nächsten Tag hatten schon zwei Kühe Euterentzündungen. Zwei Kühe haben auch abrupt gekalbt, waren zwar fast in der Zeit aber noch überhaupt nicht auf die Geburt vorbereitet. Fast schon jeden Tag hat eine andere Kuh wieder Euterentzündung. Zwei Kühe wurden inzwischen geschlachtet, da die Euterentzündungen zu stark waren. Grundsätzlich waren fast alle (von ca. 30 Kühen) betroffen. Auch Fieber. Auch der Tierarzt sagt, dass die Häufung zu groß ist. Besonders die leistungsstarken Tiere waren sehr stark betroffen. Auch Hochträchtige waren stark betroffen. Bauer war zur Impfung sehr positiv eingestellt."

„Totgeburt, vier Tage nach der Impfung. Kalb kam mitsamt Nachgeburt."

„Am 27. Jänner war der Tierarzt da, am 5. Februar haben zwei trächtige Mutterschafe Durchfall, Krämpfe und Fieber bekommen, obwohl vom Euter her noch keine Anzeichen einer Geburt zu erkennen waren. Am 6. Februar hat eines dieser Mutterschafe (unser robustestes Tier, das immer problemlos abgelammt hat) ein Lamm verworfen. Der Widder hatte auch Durchfall und sah eingefallen und müde aus und ein Lamm von vier Monaten bekam eine akute Augenentzündung. Daraufhin habe ich den Tierarzt gerufen, der meinte auch, um das Muttertier steht es schlecht. Ich habe dann mit Homöopathie und Heublumen zu behandeln begonnen und bis heute haben wir (nur) das tote Lamm zu beklagen."

„Bei uns wurden von 52 impffähigen Rindern 50 geimpft. Im Fressgitter des Laufstalls eingesperrt. Zwei Kalbinnen ließen sich nicht fangen, sind somit nicht geimpft (sind jedoch nirgendwo dokumentiert). Die Impfung war in 10 Min. vorbei. Es wurde mit einer Nadel alles durchgeimpft. Vor Verlassen des Stalles musste ich den Tierarzt zum Stiefelwaschen auffordern, sonst wäre er mit dem Schmutz über das Futter gestiefelt. Eine Kuh hatte ein starkes Euterödem, das am Vortag von einem anderen Tierarzt mit Cortison behandelt wurde und ich somit den Impfarzt darauf aufmerksam gemacht habe. Die Antwort war: Nur Tiere mit fieberhafter Krankheit werden von der Impfung ausgenommen. Die Außenhaut des Euters riss an ein paar Stellen auf. Nach ca. zwei Wochen löste sich eine 3 – 5 cm dicke Schicht voller Eiter ab. Im Vorjahr hatte die Kuh dasselbe Problem, da ging das Ödem aber nach der Cortisonspritze sofort zurück. Mein Tierarzt hat gemeint, am besten wäre es, die Kuh zu schlachten. Nach dem wir immer Urgesteinsmehl einstreuen und ich dies auch auf die ganze offene Wundstelle beim Liegen der Kuh aufstreue, trocknet dies jetzt wieder und verheilt. Zehn Tage nach der Impfung wurde durch die Molkerei eine gängige Milchprobe gemacht (ZZ [=Zellzahlen] 301.000). Zwei Kühe hatten vor der Impfung einen erhöhten Zellgehalt, darum wurden diese nicht mitgeliefert. Normalerweise haben wir bei der Liefermilch eine ZZ von 50.000 bis 90.000. Wir machten am selben Tag noch einen Schalmtest von allen melkenden Kühen. Dabei stellten wir fest, dass 12 Tiere eine leicht erhöhte ZZ und sechs eine sehr hohe ZZ aufwiesen. Seitdem bekommen alle mit erhöhter ZZ einen ¼ Liter Mostessig pro Tag für

die Genesung. Bis auf drei Kühe konnten wir wieder alle heilen. Von drei Kühen warten wir noch auf des Ergebnis der Viertelgemelksproben, welche wir vor einer Woche weggeschickt haben, damit diese gezielt behandelt werden können. Einen Tag nach der Impfung hatte die halbe Tierzahl einen leichten bis schweren Durchfall. Die Behandlung war wieder Mostessig. Ein Monat nach der Impfung haben wir schon mehr Mostessig verbraucht als vorher in sechs Monaten. Die zweite Impfung wurde auf Grund dieser Erfahrung verweigert. Heute haben wir das Schreiben vom Amtstierarzt bekommen, indem wir aufgefordert werden, bis 13. Februar einen Termin mit dem Impfarzt zu vereinbaren."

„Erste Impfung am 20.11.2008, zweite Impfung am 27.12.2008. Tiere waren nicht so fit wie vorher, erhöhte Zellzahlen in Milchproben. Eine Kuh hat eine Euterentzündung, eine Kuh Gelenkbeschwerden und Durchfall, eine Kuh hat Wasser in beiden Hinterfüßen."

„Einige Tiere reagierten mit Durchfall, tränenden Augen u. Nasenausfluss unmittelbar nach der ersten Impfung (am 20.11.08). Später wurde stark erhöhte Zellzahl festgestellt (319.000 - 587.000). Wobei mein Zellzahldurchschnitt im Jahr 2008 bis November bei 78.000 lag. Auch konnte in den Milchproben kein Erreger nachgewiesen werden. Die Unterlagen liegen bei Amtstierarzt. Vor der Impfung wurde ich nicht aufgeklärt. Meine Bedenken wurden nicht ernst genommen und als nicht richtig hingestellt. Ich musste nichts unterschreiben und hatte keine Einsicht in die Unterlagen. Ob eine neue Nadel verwendet wurde, ist mir nicht bekannt, es wurden aber alle Tiere mit einer Nadel durchgeimpft. Die zweite Impfung habe ich abgelehnt, mit dem Verweis auf eine Klärung der stark erhöhten Zellzahlen. Die Milch weist keinerlei Veränderungen, Entzündungen oder sonstiges auf."

„Eine Woche nach der Impfung Kuh verendet."

„Eine Mutterkuh einen Tag nach der Impfung: Rechtes hinteres Euterviertel schwarz, musste notgetötet werden."

„Sämtliche laktierende Kühe (fünf) hatten nach zwei Tagen eine massiv erhöhte Zellzahl. Am Schluss des Melkens kam eine gallertartige Masse, wie bis dato noch nie (bei Mastitis, etc.) gehabt. Nach ca. 1 - 2 Tagen bis auf eine Kuh keine Probleme mehr.

Die betreffende Kuh musste einige Tage mit Medikamenten weiterbehandelt werden. Sechs Abkalbungen vom September bis Dezember 08: Zwei Abkalbungen mit Nachgeburtsproblemen und ein Mal mit Tragsackverdrehung. Es brauchte jedes Mal den Tierarzt. Bis dato hatte er alle 3 - 5 Jahre ein Mal pro Jahr ein Nachgeburtsproblem. Am neu gebauten Laufstall, den die Kühe im Sept. bezogen haben, wird es wohl nicht gelegen sein... Eine Erstlingskuh musste für die ersten fünf Melkungen gespritzt werden, da beim Melken kein Milchfluss einsetzte. Ein bis dato im Betrieb unbekanntes Problem."

„Der Tierarzt hat tatsächlich ohne mit dem Bauer zu reden mit dem Impfen begonnen: Er war wegen einer Fruchtbarkeitsfrage zu einem kleineren Mutterkuhhalter gebeten worden und ‚musste noch etwas aus dem Auto holen'. Der Bauer war dann kurz nicht im Stall und hat die „Impferei" erst gemerkt als der Tierarzt schon fast fertig war. Dieser hatte die Tiere ins Fressgitter gesperrt und flott durchgeimpft. Der Bauer möchte aber nichts unternehmen, da er ja weiterhin „mit dem Tierarzt gut auskommen will". Ich denke, so läuft es öfters ab... Das ist schon eine sehr bedenkliche und überhebliche Vorgangsweise und widerspricht nicht nur dem Beipackzettel: „Nur gesunde Tiere impfen" ... Wenn nicht mal der Bauer über den Zustand der eigenen Tiere befragt wird und sowieso nicht, ob er impfen lassen will."

„Betrieb mit 20 Mutterschafen, geimpft wurde Juli 2008. Herde war dann im schlechten Zustand. Auch Bock war mitgenommen, hat auch Gewicht verloren. Jahresanfang 2009 hätten eigentlich alle lammen sollen, es haben aber gerade 4 Schafe gelammt. Entweder hat der Bock nicht gedeckt bzw. die Schafe haben nicht aufgenommen. Natürlich auch ein enormer wirtschaftlicher Schaden."

„Unsere Tiere wurden am 09.01.2009 das erste Mal gegen Blauzungenkrankheit geimpft. Zwei Tage nach der ersten Impfung Gliedmaßenprobleme beim Stierkalb Mitsubishi, zuerst hinten links danach hinten rechts, anschließend vorne links, dann vorne rechts."

Die Krankheit aus Sicht des FLI

Das Friedrich-Löffler-Institut (FLI) auf der Insel Riems ist eine Bundesbehörde und ihre Stellungnahmen haben im Bereich der Tierkrankheiten Richtliniencharakter. Nachfolgend finden Sie den Inhalt eines Infoblatts des FLI zum Thema Blauzungenkrankheit und damit in komprimierter Form die offizielle Lehrmeinung zum Thema. Dieses Infoblatt finden Sie auf der Webseite des FLI (Stand Juli 2008):

> *„Worum geht es?*
>
> *Die Blauzungenkrankheit (engl. Bluetongue Disease) ist eine nicht ansteckende, von bestimmten blutsaugenden Mückenarten (Gnitzen der Gattung Culicoides) übertragene Infektionskrankheit, an der Wiederkäuer erkranken. Der Erreger, ein Orbivirus, kommt in 24 Serotypen vor, von denen bisher allein 20 in Südafrika gefunden wurden. Das erstmals 2006 in Deutschland gefundene Virus gehört zum Serotyp 8, der vorher nur südlich der Sahara sowie in Mittel- und Südamerika in Erscheinung trat und eventuell auch in Indien und Pakistan vorkommt.*
>
> *Welche Tiere sind betroffen?*
>
> *Wiederkäuer, auch Wildwiederkäuer, sind für die Blauzungenkrankheit empfänglich. Von den im Mittelmeerraum vorkommenden Serotypen sind vor allem Schafe betroffen. Rinder stellen möglicherweise das Reservoir der Erkrankung dar. Während 2006 in rund zwei Drittel der Fälle Rinder und in etwa ein Drittel der Fälle Schafe betroffen waren, zeichnet sich derzeit eine Verteilung der Fälle zu etwa gleichen Teilen auf Rinder und Schafe ab. Schafe zeigen dabei in der Regel deutlichere Symptome. In geringem Umfang wurden auch Infektionen bei Wildwiederkäuern nachgewiesen.*
>
> *Ist die Krankheit für den Menschen gefährlich?*
>
> *Der Erreger der Blauzungenkrankheit ist für den Menschen nicht gefährlich. Fleisch und Milchprodukte können ohne Bedenken verzehrt werden.*

Wie wird die Blauzungenkrankheit übertragen?

Blutsaugende Insekten nehmen das Virus bei einer Blutmahlzeit auf. Nach der Entwicklung im Insekt kann das Virus nach etwa einer Woche bei einer weiteren Blutmahlzeit auf einen anderen Säugetierwirt übertragen werden. Die natürlichen Überträger des Blauzungenvirus (Bluetongue Virus, BTV) sind kleine, 1 - 3 mm lange Mücken (Gnitzen) der Gattung Culicoides. Für ihre Fortpflanzung benötigen die Culicoides-Arten Feuchtigkeit. Die Weibchen legen ihre Eier in sehr unterschiedlichen Biotopen ab, zu denen je nach Gnitzenart nasse, mit organischen Stoffen angereicherte Böden oder Schlamm, feuchtes Laub, verrottende Holz- oder Pflanzenreste, Rinder- oder Pferdedung gehören. Hier entwickeln sich auch die Larven.

Eine Übertragung von BTV kann während der Jahreszeiten (Frühjahr, Sommer, Herbst) erfolgen, in denen die Gnitzen aktiv sind. Die optimalen Temperaturen für die Virusvermehrung in der Gnitze liegen bei 25 °C bis 30 °C über einen Zeitraum von zehn bis fünfzehn Tagen. Längere Wärmeperioden begünstigen die Vermehrung der Mücken und die Virusvermehrung in ihnen. Die Mücken selbst leben 10 bis 20 Tage, wobei sie umso länger leben, je kälter es ist. Temperaturen unter 12 ° C reduzieren ihre Aktivität beträchtlich. Gnitzen können sehr leicht durch den Wind transportiert werden. Daher werden im Seuchenfall große Sperr- und Überwachungszonen eingerichtet (20 km und 150 km Radius).

Einmal infizierte Gnitzen bleiben lebenslang infektiös, eine infizierte Gnitze kann für die Infektion eines Wiederkäuers ausreichen. Infizierte Wiederkäuer vermehren das Virus der Blauzungenkrankheit, übertragen die Infektion aber nicht direkt auf andere Wiederkäuer. Die Verbreitung erfolgt durch Vektoren. Neben den blutsaugenden Mücken kann das Virus auch über das mehrmalige Verwenden von Kanülen bei Behandlungen oder Blutentnahmen verbreitet werden. Daher sind bei tierärztlichen Behandlungen an Wiederkäuern die üblichen Hygienemaßnahmen dringend einzuhalten.

Das Virus bleibt im Blut infizierter Tiere etwa 40 bis 80 Tage aktiv (Virämie). Die Erbinformation des Virus kann aber oft für längere Zeit, z.B. 100 Tage beim Schaf und bis zu 240 Tage beim Rind, mittels PCR (Polymerase-Kettenreaktion) nachgewiesen werden. Antikörper im Blut lassen sich frühestens 7 bis 10 Tage nach der Infektion feststellen.

Wie erkennt man die Krankheit?

Zu den Krankheitszeichen bei Rindern gehören Läsionen im Nasen-Flotzmaulbereich, am Euter und an den Zitzen, Konjunktivitis (Bindehautentzündung) mit verstärktem Tränenfluss, Kronsaum-Schwellungen zum Teil in Verbindung mit Lahmheit, Festliegen, Deckunlust, Rückgang der Milchleistung, Fieber und in schweren Fällen Störungen des Allgemeinbefindens.

Schafe zeigen nach einer Inkubationszeit von wenigen Tagen in milderen Verläufen Apathie, Depression, Fieber und Konjunktivitis, Entzündungen des Zahnfleisches, der Lippen und der Nase, Hyperämie (verstärkte Durchblutung) der Nasen- und Mundschleimhaut, Ödeme und Gesichtsschwellungen, verstärkten Tränenfluss, Nasenausfluss und Entzündungen des Kronsaums mit Lahmheit.

Bei schweren Verläufen treten Atemprobleme, vermehrter Speichelfluss, Blutungen in der Klauenlederhaut mit Ausschuhen sowie eine geschwollene Zunge mit Blaufärbung (Blauzungenkrankheit) auf.

Ähnliche Krankheitsbilder (Differenzialdiagnostik)

Maul- und Klauenseuche, Schafpocken, Bovine Virusdiarrhoe/ Mucosal Disease, Bovines Herpesvirus Typ 1, Bösartiges Katarrhalfieber, Vesikuläre Stomatitis und durch Pflanzenstoffe verursachte Photosensibilität."

Was tun?

Die Symptome der Blauzungenkrankheit passen auch zu vielen anderen hoch ansteckenden Krankheiten. Deshalb ist es bei einem Verdacht sehr wichtig, dass Sie Ihren Tierarzt oder Ihre Tierärztin hinzuziehen.

Die Blauzungenkrankheit ist eine anzeigepflichtige Tierseuche. Neben den Vorschriften der Weltorganisation für Tiergesundheit (OIE) bildet die Richtlinie 2000/75/EG des Rates vom 20. November 2000 eine wichtige Rechtsgrundlage. Diese und weitere gemeinschaftsrechtliche Bestimmungen wurden in Deutschland in der Verordnung zum Schutz gegen die Blauzungenkrankheit sowie in der Verordnung zum Schutz vor der Verschleppung der Blauzungenkrankheit umgesetzt. Hierbei gelten die jeweils aktuellen Fassungen.

Im Seuchenfall gelten weiträumige Verbringungsverbote für Klauentiere und Maßnahmen zur Insektenbekämpfung.

Deutschland und weitere betroffene europäische Länder impfen in diesem Jahr mit inaktivierten Vakzinen gegen BTV 8. Die Impfungen werden im nächsten Jahr fortgeführt.

Der Stand des Wissens im Jahr 1956

Die vielleicht ausführlichste Beschreibung der Blauzungenkrankheit findet sich in der Fachzeitschrift *„Microbiology and Molecular Biology Reviews“* (MMBR) aus dem Jahr 1956. Der Autor Harold R. Cox war Mitarbeiter der *Pearl River Laboratories*, einer Forschungseinrichtung der Industrie. Im Folgenden lesen Sie Auszüge aus dieser Publikation.

Allgemein

Wie die Literatur zeigt, wurde der größte Teil der dokumentierten Forschung an der Blauzungenkrankheit (BTD) in Südafrika geleistet. In diesem Land wurde die Viehwirtschaft durch die Krankheit ernsthaft bedroht, und dies wahrscheinlich sogar seit Beginn der Schafhaltung.

Laut HENNING stellt der „Bericht der Kommission der Rinder- und Schafkrankheiten“ des Jahres 1876 fest:

„Seit vielen Jahren, wenn nicht gar seit der Einführung der Merino-Schafe in die Kolonie, tritt in den Herden häufig eine Krankheit auf, die „das Fieber“ genannt wurde. Diese Krankheit kommt am häufigsten während der Sommermonate vor und ist zu sehr feuchten Zeiten am Schlimmsten.“

Der gleiche Bericht erwähnt auch, dass fette Schafe empfänglicher für „das Fieber“ seien, und dass die Krankheit öfter in Tälern und tiefer liegenden Gebieten angetroffen werde als im Hochland. Schafe, die während der Sommermonate nachts in Ställen untergebracht wurden, waren Berichten zufolge vor der Infektion geschützt.

Die Erkrankungsziffer für „das Fieber" wird auf etwa 30 Prozent geschätzt und die Sterblichkeit bei den betroffenen Tieren auf mehr als 90 Prozent. Die leitenden Symptome sind schmerzende Mäuler und Füße, und die Krankheit ähnelt der Maul- und Klauenseuche (MKS).

1933 wurde die Blauzungenkrankheit (BTD) erstmals bei Rindern beobachtet. In diesen Tieren führte die Krankheit anscheinend zu einer Zunahme von Entzündungen der Mundschleimhaut ähnlich wie bei MKS.

Die BTD wurde erstmals im Jahr 1881 von HUTCHEON erwähnt, der sie „Fieber" oder „Epizootic Katarrh" nannte. Die BTD ist in erster Linie eine Erkrankung von Schafen. Alle Rassen sind empfänglich, afrikanische und persische weniger als Merinos, einige britische Rassen wie Dorset Horns sind es mehr. Junge Schafe von etwa einem Jahr sind ungeschützter und entwickeln im Allgemeinen eine ernstere Form der Krankheit. Schafe, die in Seuchengebieten geboren und aufgezogen wurden, sind widerstandsfähiger als solche, die aus anderen Gebieten in diese Regionen gebracht wurden.

Wie zu erwarten, ist die Empfänglichkeit von individuellen Tieren auch innerhalb gleicher Rasse sehr unterschiedlich. Deshalb kann die Pathogenität eines Virenstrangs nicht aus der Reaktion eines einzelnen Schafes abgeleitet werden. In der Regel kann die Virulenz oder Avirulenz eines Virusstranges anhand der Reaktionen einer Anzahl von Tieren klassifiziert werden, in die sie injiziert wurden.

Säugende Lämmer weisen eine relative Widerstandsfähigkeit auf. NEITZ stellt allerdings fest, dass Lämmer von empfänglichen Mutterschafen ebenfalls empfänglich sind, wenngleich sie weniger ernsthaft auf das Virus reagieren als erwachsene Schafe. Immune Mutterschafe dagegen übertragen passive Immunität durch Antikörper in Kolostrum und Milch auf ihre Lämmer und gewähren dadurch eine Immunität mit einer Dauer von 4 bis zu 68 Tagen.

Die BTD kann Rinder genauso wie Schafe betreffen. Die Krankheit wurde von den Farmern „Seerbeck" [Bedeutung unbekannt,

d. Red.] *oder „Sore-Mouth“ (Wundmaul) genannt. Bezeichnungen wie „ulcerative stomatitis“ und „Pseudo-MKS“ wurden ebenfalls verwendet, um den Zustand zu beschreiben. Rinder sind dennoch sehr viel widerstandsfähiger als Schafe. Die Erkrankungshäufigkeit ist relativ niedrig, Ausbrüche sind sporadisch, und wenn sich gelegentlich ernste klinische Symptome zeigen, ist der Verlauf der Krankheit milder als bei Schafen.*

Ziegen wurden normalerweise unter natürlichen Bedingungen als resistent gegenüber der Krankheit betrachtet. Jedoch wurden bei einer Epidemie in Israel von 1950 - 1951 an einem Ort, an dem die meisten Kühe betroffen waren, zwei Ziegen der Saanen-Rasse mit geschwollenen Lippen, blutiger Mundschleimhaut und deutlichem Speichelfluss beobachtet.

Die Krankheit in Schafen

Die Empfänglichkeit der einzelnen Schafe variiert innerhalb weiter Grenzen. Die Läsionen bei Tieren, die einen milden Strang des Blauzungenvirus injiziert bekommen, können einen ähnlich schwerwiegenden Charakter annehmen wie bei Tieren, denen ein virulenter Strang injiziert wurde.

Die Inkubationszeit schwankt bei einer künstlichen Infektion allgemein zwischen zwei und vier Tagen, kann aber auch 15 bis 18 Tage betragen. Die Inkubationszeit bei natürlichen Infektionen wurde noch nicht mit Bestimmtheit festgelegt, aber man glaubt, dass sie weniger als eine Woche beträgt.

In der Regel ist das erste Anzeichen einer Infektion ein Ansteigen der Körpertemperatur, obwohl es fieberfreie ernste und sogar tödliche Fälle gegeben hat. Die durchschnittliche maximale Temperatur schwankt zwischen 105 und 106 Grad Fahrenheit (= 40,5 - 41 °C), aber Temperaturen darüber und darunter sind häufig. Auch eine irreguläre fieberhafte Reaktion ohne jede sichtbare Störung der Gesundheit des Tieres ist möglich. In einem anderen Fall kann ein Tier ohne jedes Fieber die typischen Anzeichen der BTD entwickeln. Leichtes Fieber zu Beginn der Erkrankung ist jedoch normal.

THEILER teilte die klinischen Symptome in abortive, akute und subakute Typen ein. Der abortive Typ, in dem die einzigen Anzeichen ein Ansteigen der Körpertemperatur darstellen, kann ins-

besondere unter Feldbedingungen leicht übersehen werden. DE KOCK, DU TOIT und NEITZ begegneten dieser milden Infektion in ihren Studien bei Rindern.

Die akute Form der Krankheit erzeugt eine anfängliche Wärmereaktion, die zwischen fünf und sechs Tagen andauert. Die ersten klinischen Anzeichen sind nasaler Ausfluss und Speichelfluss. Die Zunge und die Lippen sind oft unfreiwillig in Bewegung, und die Wangenschleimhaut wird rot. Erwähnenswerte Läsionen der Backen sind nicht früher als etwa 48 Stunden nach dem Temperaturanstieg sichtbar.

Der nasale Ausfluss ist schleimig-eitrig und sogar blutbefleckt. Die Nasenschleimhaut ist stark verstopft und bläulich verfärbt. Die Lippen, die Gaumenplatte, das Zahnfleisch und die Zunge sind oft geschwollen und aufgequollen.

Der Speichel ist eher schaumig als klebrig („stringy"). Es kann Abschälungen des Deckgewebes des Gaumens, der Gaumenplatte und der Gaumenstaffeln, der inneren Teile der Lippen, der Backe und der Zungenspitze geben.

Die Lippensäume bluten leicht, insbesondere bei Bewegung. Blutbefleckter Speichel sammelt sich an. Später setzt Fäulnis ein, und das Maul sondert einen intensiven Geruch ab. Stärkere Verletzungen der Backen bestehen aus groben Wunden und brandigen Geschwüren. Diese Geschwüre treten häufig in gestreckter Linsenform auf, für gewöhnlich auf der Seite der Zungenwurzel gegenüber den Backenzähnen. Meistens werden sie erst nach dem Tod des Tieres entdeckt.

Die ödematöse Zunge ist stark blau oder purpur verfärbt, mit orangen oder gelben Flecken an der Seite. Schlucken ist extrem schwierig. Der Nasenausfluss bildet Krusten, die teilweise die Nasenlöcher blockieren, und die Tiere haben unter Umständen Atemnot aufgrund ihrer eigenen Sekrete. Die Atmung ist oft röchelnd, abhängig von dem Ausmaß des Nasenausflusses. Sie kann sich auf 100 Atemzüge pro Minute beschleunigen. Symptome einer Lungenentzündung sind häufig.

Die Tiere haben oft Durst, obwohl das Tier vielleicht das Maul ins Wasser getaucht hat – allerdings eher, um die Beschwerden zu erleichtern als um zu trinken. Verdauungsstörungen sind häufig und extremer Durchfall, oft mit Blutflecken, kann auftreten. Tritt kein Durchfall auf, können die Blutflecken im Stuhl auftreten.

Bei einigen Tieren erscheinen Läsionen der Füße, drei bis sieben Tage, nachdem die Abheilung der Mauläsionen begonnen hat. Eine leicht violette Verfärbung erscheint in der Ritze zwischen den Klauen. Fallweise schwellen Fesseln und Kronengelenk an, manchmal schmerzhaft, manchmal auch nicht. In seltenen Fällen kann es zum Verlust des Hornschuhs kommen.

Schiefhals wird mit relativ wenigen Fällen von BTD in Verbindung gebracht. Er kann ab dem sechsten Tag auftreten, gewöhnlich jedoch um den 12. Tag herum. Kopf und Nacken krümmen sich nach einer Seite. Der Nacken kann ohne große Schwierigkeiten manuell gerade gerichtet werden, aber sobald der losgelassen wird, schwingt er wieder in die gekrümmte Position.

In der Regel kommt es zu einer rapiden und deutlichen Verschlechterung des Gesamtzustandes. Die Schafe sind träge und teilnahmslos und zeigen eine ausgeprägte Muskelschwäche. Sie stehen steif und lahm, mit gewölbtem Rücken, oder aber sie sind gar nicht in der Lage zu stehen.

Die Steife und Muskelschwäche resultieren offensichtlich aus Muskelläsionen und können auch unabhängig von der Cronitis beobachtet werden. Die Erschöpfung, die in einigen Fällen für Wochen andauern kann, wird durch Fressen vermindert. Einige Schafe verlieren jedoch auch nach Wiedereinsetzen des Fressens weiterhin Gewicht, einhergehend mit einem rapiden Schwund der Muskulatur.

Ödeme im unteren Gesichtsbereich und Kiefer können sich den Nacken herunter ausdehnen. Recht oft gibt es eine Hyperämie der Haut auf der Schnauze, der Lippen, am Fundament der Hörner, Ohren, Achsel und Leistengegend oder sogar des ganzen Körpers.

Die Vulva und Vagina sind manchmal stark verstopft. Die Nährstoffversorgung der Wolle leidet und ganze Wollbüschel können herausgezogen werden oder das Vlies ist verklebt („cast"). Die Nahrung kann erbrochen werden und durch die Nasenlöcher austreten, insbesondere wenn das Tier Zugang zu viel Wasser hatte. Daraus kann sich eine Lungenentzündung ergeben.

In tödlichen Fällen kann der Tod zwischen dem ersten und sechsten Tag nach dem Erscheinen sichtbarer Symptome eintreten, aber manche Tiere leben viel länger. Tiere, die sich anscheinend völlig erholt hatten, können nachträglich kollabieren und drei Wochen oder mehr nach dem ersten Symptom sterben.

Der subakute Typ umfasst die Fälle, in denen die klinischen Zeichen nicht ernsthaft sind, aber die eine starke Auszehrung und anhaltende Schwäche mit sich bringen, bei gelegentlichem Schiefhals und ausgedehntem Genesungszeitraum.

NEITZ und RIEMERSCHMID führten über vier Jahreszeiten hinweg Versuche an geschorenen und ungeschorenen Schafen durch, die überzeugend demonstrierten, dass sowohl Temperaturreaktionen als auch klinische Symptome insbesondere bei Schafen ausgeprägt waren, die der Sonne ausgesetzt waren. Der nachteilige Einfluss von Sonnenschein war sowohl in natürlich infizierten als auch geimpften Schafen ersichtlich. Es traten sowohl Bronchopneumonie als auch multiple Blutungen und Muskeldegenerationen auf. Um solche Komplikationen zu vermeiden, muss in den kalten Monaten geimpft werden und während des Immunisierungszeitraums Schatten bereitgestellt werden.

Die Krankheit in Rindern

Während der intensiven Kampagne, die 1932 - 1933 begann, um die Maul- und Klauenseuche in Südafrika zu bekämpfen, berichteten BEKKER, DE KOCK und QUINLAN über eine zuvor nicht beschriebene Mundhöhlenentzündung bei Rindern, die in Orten weit zerstreut über die Südafrikanische Union erschien. Sie glaubten, dass die Ursache die wohlbekannte Blauzungenkrankheit der Schafe sei.

Ungleich den Schafen zeigten die Rinder für gewöhnlich keine blauen oder blaugrünen Zungen, dafür aber Entzündungsherde mit Nekrosen der Backen- und Nasenschleimhaut. Sämtliche Lebensalter und Rassen waren betroffen, und alle Fälle wurden auf dem offenen Weideland festgestellt. Sehr junge Kälber und Rinder in Ställen waren nicht betroffen.

Die Krankheit wurde nachweislich nicht durch Kontakt übertragen: Selbst wenn erkrankte Kühe mit ihren Kälbern in kleinen Ställen untergebracht waren, und die Kälber am wunden Euter saugten, gab es keine Verbreitung der Infektion. Sichtbare Reaktionen gab es bei Kälbern, die infiziertes Blut injiziert bekamen, und das Virus konnte aus ihnen wiedergewonnen werden. Sie zeigten ein Syndrom, das den natürlich vorkommenden Erkrankungsfällen in Rindern und den Blauzungenfällen in Schafen sehr ähnelte. Verglichen mit den Schafen sind offensichtlich nur wenige Rinder empfänglich, und nur eine kleine Anzahl zeigte alarmierende Symptome.

Wie bei den Schafen bestand das erste Krankheitsanzeichen in einer fieberhaften Reaktion, gefolgt von einer Fiebersenkung, sobald die Maulausschläge erschienen. In vielen Fällen, in denen das Fieber die einzige Reaktion darstellte, wurde die Krankheit völlig übersehen. Manchmal war ein Rückgang des Milchertrags für den Farmer das erste Anzeichen dafür, dass seine Rinder krank waren.

Die am stärksten betroffenen Rinder blieben liegen. Diejenigen, die aufstanden, waren lahm und steif und bewegten sich nur unter Schwierigkeiten, wenn sie angetrieben wurden. Sie machten nur wenig Anstalten zu fressen, und das Wiederkäuen war schwach. Sie machten oft Kaubewegungen und schliffen ihre Zähne ab („ground their teeth“).

In späteren Studien fanden DE KOCK, DU TOIT und NEITZ das Blauzungenvirus in Versuchsrindern wieder, die der Infektion in der Steppe von Tzaneen ausgesetzt waren. Diese Rinder zeigten jedoch keine Anzeichen der Blauzungenkrankheit, wie sie von BEKKER, DE KOCK und QUINLAN beschrieben worden waren, z. B. Läsionen der Backen und Nasenhöhlen, Zitzen- und Euterbeteiligung, Hautveränderungen und Fußläsionen.

Der Tzaneen-Strang erwies sich als fähig, die Immunität von Schafen zu durchbrechen, die mit dem Onderstepoort-Impfstoff geimpft worden waren, obwohl Schafe, die experimentell mit diesem Virus infiziert worden waren, keine typischen Blauzungensymptome zeigten und keines starb. Die Milde der Reaktionen bei geimpften Schafen zeigte, dass der Onderstepoort-Impfstoff eine Basis-Immunität gegen den Tzaneen-Strang gewährte.

MASON und NEITZ schafften es nicht, in Rindern eine erwähnenswerte Erkrankung durch die Inokulation von infiziertem

Schafs- oder Rinderblut zu erzeugen. Eine lokale Läsion wurde in Kälbern nur dann hervorgerufen, wenn die Wangenschleimhautmembrane angeritzt worden war. Mauläsionen erschienen weder nach intranasalen, subkutanen oder intravenösen Inokulationen. Die Autoren schlossen daraus, dass das Blauzungenvirus nur eine nicht sichtbare Erkrankung in Rindern erzeugt.

Sonstiges

In Afrika tritt die Krankheit in deutlich saisonaler Abhängigkeit auf. Sie erreicht ihren Höhepunkt während warmer und feuchter Sommer und in den Landesteilen mit einem starken Regenfall. Die höchste Inzidenz tritt immer in Verbindung mit den feuchtesten Monaten auf: Februar, März und April. Wenn es jedoch bereits im Frühjahr oder Frühsommer heftige Regenfälle gegeben hat, können die erste Fälle von BTD bereits im Dezember oder gar November auftreten.

BTD tritt am häufigsten in Niederungen wie Tälern, Flüssen, Bächen und Schwemmland auf. Im allgemeinen sind Schafe betroffen, die sich am Abend, nachts oder in den frühen Morgenstunden im Freien aufhalten. Die Infektion findet während der kühleren Tageszeiten statt. Gebiete, die in der Nacht für das Schaf als unsicher angesehen werden, sind sicher für Schafe, die nur bei Tageslicht im Freien sind. Der Krankheit kann vorgesorgt werden, indem die Tiere des Nachts in Ställen untergebracht oder zumindest auf Hügel getrieben werden. Dabei sind nicht die absoluten Höhenmeter über dem Meeresspiegel entscheidend, sondern die relative Lage im Vergleich zur Umgebung. (...)

Die ersten Ausbrüche in Nordeuropa

Als Begründung für die Blauzungen-Zwangsimpfverordnung dienen die BTD-Ausbrüche in Nordeuropa im Jahr 2007. Ein Kriterium für die Notwendigkeit einschneidender Zwangsmaßnahmen könnte die beobachteten Erkrankungs- und Sterberaten sein, die man sich deshalb ein bisschen näher anschauen muss. Nachfolgend eine Zusammenstellung der jeweils ersten Ausbrüche in den betroffenen Ländern:

Niederlande, 14. August 2006

Erstmals werden Blauzungen-Erkrankungen in Nordeuropa gemeldet. Es handelt sich um zwei Schafe aus einer Herde von 90 Tieren im niederländischen Kerkrade, nur wenige Kilometer von Aachen entfernt. Die genauen Symptome werden in den Berichten nicht genannt, sie können jedoch nicht sehr schwer gewesen sein, denn Todesfälle werden nicht berichtet.

Warum man überhaupt eine Laboruntersuchung auf das Blauzungenvirus – eine bis dahin in Nordeuropa völlig unbekannte Diagnose – veranlasste, ist nicht bekannt und gehört zu den vielen Rätseln und Ungereimtheiten.

Bekannt ist jedoch, dass in den letzten Jahren insbesondere in den Niederlanden die Testung von Nutzvieh auf alle möglichen Erreger zunehmend intensiviert wurde – was letztlich zu besagtem Labortest und der darauf aufbauenden Diagnose führte. Mit „Labortest" ist in der Regel der sogenannte PCR-Test gemeint, der angeblich spezifische Viren in einer Probe nachweisen kann.

Zum Zeitpunkt des abschließenden Berichts über diesen Ausbruch am 1. August 2007 sind 203 Farmen betroffen und 319 von 10.374 Tieren erkrankt. Das sind etwa drei Prozent Erkrankungsrate. Keine Todesfälle.

Mit dem Ende der Gnitzenzeit gehen auch die Erkrankungsmeldungen zurück und nach 60 Tagen wird das Ende des Ausbruchs erklärt.

Wie der angebliche Erreger den Weg nach Kerkrade gefunden hat, gilt als nicht geklärt. Antivirale Medikamente gegen das BT-Virus vom Subtyp 8 gibt es zu diesem Zeitpunkt ebenso wenig wie Impfstoffe.

Die erkrankten Tiere werden antibiotisch behandelt. Antibiotika helfen jedoch bekanntlich nicht gegen Viren und können starke Nebenwirkungen verursachen.

Der Ausbruch war selbstbegrenzend, d. h. er führte nicht zu einem Flächenbrand, bis sämtliche Tiere in Reichweite dahingerafft wurden, sondern betraf immer nur einen bestimmten Prozentsatz der Herden.

Von einer Einbeziehung anderer Ursachen für erkrankte Tiere wird ebenfalls nicht berichtet. Das ist auch insofern nachvollziehbar, als bei einem positiven Virentest Differenzialdiagnosen weder beim Menschen noch beim Tier üblich sind.

Belgien, 18. August 2006

Von 891 Rindern und Schafen erkranken 24 Tiere in einem Ort, der etwa 120 km von Kerkrade entfernt liegt. Das sind knapp drei Prozent Erkrankungsrate.

Ein Tier stirbt, ein Tier wird gekeult. Im Bericht auf der OIE-Webseite (OIE = Welttiergesundheitsbehörde) heißt es, dass die Symptome für die BTD eher untypisch seien.

Von einer Differenzialdiagnose wird auch hier nichts berichtet.

Im Abschlussbericht vom 14. Dezember 2006 ist von 218 Erkrankungen unter 8.041 Tieren die Rede. Das sind ca. drei Prozent Erkrankungsrate. Darunter 43 Todesfälle, eine Keulung und eine Notschlachtung.

Die restlichen Tiere wurden – vermutlich ohne weitere Behandlung – wieder gesund. Auch hier gilt die Herkunft des Erregers offiziell als ungeklärt.

Deutschland, 21. August 2006

Am 21. August 2006 wird auch in Deutschland – im Kreis Aachen – erstmals ein Ausbruch festgestellt, nur wenige Kilometer von Kerkrade entfernt. 115 von 701 bzw. 234 von 1.436 Rindern und Schafen erkranken. Das sind ca. 16 Prozent Erkrankungsrate. Keine Todesfälle.

Etwas später werden noch einmal drei Erkrankungen unter 162 Tieren bzw. sechs unter 324 Tieren gemeldet. Das entspricht einer Erkrankungsrate von zwei Prozent. Keine Todesfälle.

Die Herkunft des Erregers gilt als ungeklärt. Die erkrankten Tiere werden nicht behandelt. Bis 21. Juni 2007 sind 306 Höfe betroffen, 502 von 23.787 Tieren sind erkrankt. Die Erkrankungsrate beträgt somit zwei Prozent. 19 Todesfälle, 14 Keulungen.

Beim Abschlussbericht vom 5. Mai 2008 sind keine neuen Erkrankungen im Rahmen dieses Ausbruchs zu vermelden.

Warum der erste betroffene Betrieb eine ungewöhnlich hohe Erkrankungsrate aufweist, wird anscheinend gar nicht untersucht.

Frankreich, 31. August 2006

Am 31. August wird aus Frankreich (Ardennen) eine Milchkuh aus einer 96-köpfigen Herde mit moderaten Symptomen gemeldet (sie geht lahm). Bis 7. September sind es weitere drei Farmen in den Ardennen mit insgesamt 860 Rindern. Bei zwei dieser Farmen gibt es je ein einziges testpositives, jedoch völlig gesundes Tier. Auf der dritten Farm zeigt ein Rind starken Speichelfluss, nasalen Ausfluss, Fieber und Blutandrang im Maul. Als Überträger werden Vektoren (allgemein: Virusüberträger, hier: Gnitzen) angesehen.

Bis 25. Oktober findet man im Zuge intensivierter Testungen ein weiteres BTV-positives Tier in einer Herde von 130 Rindern. Zwei Labore bestätigen die Infektion mit unterschiedlichen Methoden. Das betroffene Rind ist jedoch völlig gesund.

Bis 23. November findet man ein weiteres Rind (in einer 63-köpfigen Herde) mit positivem und doppelt bestätigtem Labortest. Auch dieses Tier ist völlig gesund!

Luxemburg, 29. November 2006

Aus Luxemburg trifft die erste Meldung am 29. November 2006 bei der OIE ein. Eines unter 80 Rindern ist erkrankt. Keine Todesfälle. Symptomatische Behandlung. Bis 21. Dezember sind es weitere vier Erkrankungen unter 457 Tieren auf zwei Farmen, bis 17. Januar 2007 ein weiterer Fall in einer Herde von 151.

Bis 16. August gibt es keine neuen Fälle zu berichten. Ein weiterer Ausbruch umfasst 6 von 510 Tieren auf vier Farmen, darunter ein Todesfall. Am 11. September sind es 46 Farmen. Betroffen sind 60 von 4.001 Tieren. 2008 und 2009 gibt es in Luxemburg keine Meldungen von Ausbrüchen mehr.

Zusammenfassung

Diese Auflistung der Ausbrüche ist nicht vollständig und nur beispielhaft. Wer sich selbst einen Überblick verschaffen möchte, der sei auf die Webseiten der OIE verwiesen. Bei der Durchsicht der bisher in Nordeuropa gemeldeten BTD-Ausbrüche habe ich folgenden Eindruck gewonnen:

1. Die Erkrankungsrate liegt in der Regel bei ca. 2 bis 3 Prozent.
2. Die meisten Verläufe sind mild.
3. Die Sterberate liegt im Promillebereich.
4. Es gibt jedoch in Einzelfällen starke Schwankungen.
5. Die individuellen Faktoren, die für diese Schwankungen verantwortlich sind, wurden offensichtlich von den Behörden nicht untersucht, was als grob fahrlässig anzusehen ist.
6. Die Ausbrüche sind in der Regel selbstbegrenzend. Ein „Flächenbrand“ war in keinem Fall zu beobachten.

Ob die beobachtete Erkrankungs- und Sterberate und die Verbreitungsgeschwindigkeit als Begründung ausreichen, um sämtliche Rinder, Schafe und Ziegen mit nicht zugelassenen Impfstoffen, bei denen weder der Wirkungsgrad noch die Risiken bekannt sind, zwangsweise zu beglücken, darf bezweifelt werden.

Irritierend ist, dass offenbar eine ganze Reihe von doppelt BTV-positiv getesteten Tieren völlig gesund waren. Von den Veterinärbehörden wurden sie jedoch so behandelt, als seien sie schwer erkrankt.

Ob ein Tier gesund ist, entscheidet heutzutage also nicht mehr sein tatsächlicher Gesundheitszustand, sondern Tests in einem in der Regel weit entfernten Labor. Ob das für die Landwirtschaft Sinn macht?

Differentialdiagnose: Wer nicht suchet, der nicht findet

Die Aussagekraft von Labortests über Immunität und Gesundheitsstatus ist aus mehreren Gründen sehr mit Vorsicht zu genießen. Doch ihr Einsatz wäre halb so schlimm, würden die Veterinäre sich nicht allzu voreilig auf die Laborergebnisse verlassen und statt vor ihrer Diagnosestellung eine vollständige Anamnese vornehmen.

Dazu gehört auch eine Differenzialdiagnose, das heißt Abgrenzung von anderen Krankheiten, deren Symptome der Blauzungenkrankheit (BTD) ähnlich sind oder gar gleichen.

Und davon gibt es – wie bei den meisten Infektionskrankheiten – eine ganze Menge:

Maul- und Klauenseuche (MKS)

Die MKS kann von der BTD durch ihre Beschränkung auf bestimmte Gebiete durch folgende Faktoren unterschieden werden: Durch ihr verstreutes und saisonales Erscheinen, durch den fehlenden direkten Kontakt bei der Übertragung und den Umstand, dass die Ursache der Infektion nicht bestimmt werden kann. Die Läsionen beider Krankheiten betreffen die gleichen Körperteile, aber die charakteristischen Brandblasen der MKS mit ihren fransigen uneinheitlichen Rändern nach dem Aufbrechen werden in der BTD nicht gesehen.

Die Läsionen der BTD sind im wesentlichen die einer lokalen Entzündung (mit Nekrose der Schleimhaut) und bei Rindern sind Hautläsionen normal. In späteren Stadien sind sich die von beiden Krankheiten verursachten Läsionen sehr ähnlich. MKS kann jedoch nach Ansicht von Cox (1956) sicher ausgeschlossen werden, wenn empfängliche Schafe mit Blut von Rindern inokuliert werden und charakteristische Blauzungen-Symptome entwickeln.

Schweißfieber (Sweating Sickness)

Diese Erkrankung hat in Südafrika die gleiche saisonale Erscheinung wie die BTD, aber sie kommt nicht unter Schafen vor. Sie betrifft hauptsächlich Kälber und Jungrinder. Anders als bei der BTD ist die Sweating Sickness niemals dafür bekannt geworden, ernsthaft in höheren Lagen aufzutreten. Ihr Erscheinen ist auf die subtropischen Regionen des Landes begrenzt.

Sowohl die BTD als auch die Sweating Sickness erzeugen Hyperämien und Nekrosen der Backenschleimhaut. Die nasskalte („moist“) Haut, gefolgt vom großflächigen Abschälen des Deckgewebes, ist jedoch nur für die Sweating Sickness charakteristisch. Darüber hinaus kann - anders als bei BTD – die Sweating Sickness nicht durch Blutinokulation übertragen werden (Cox 1956).

Differenzialdiagnose bei der Blauzungenkrankheit

BTD-Symptome Vollspektrum	**MKS**	**BEF**	**Schafpocken**	**BVD-MD**	**BHV**	**Schweißfieber**	**BKF**	**Photosensibilität**	**Mutterkorn-Vergiftung**	**Vesikuläre Stomatitis**	**Lippengrind**	**Vergiftung Impfstoffe**	**Vergiftung sonst. Medikamente**	**Vergiftung Insektizide**	**Vergiftung Pestizide**	**Denaturiertes Futter (Genmais)**	**Sonstige**
Ursache	Erreger	Erreger	Erreger	Erreger	Erreger	Erreger	Erreger	Pflanzenstoffe	Pilzgifte	Erreger	Erreger	Vergiftung	Vergiftung	Vergiftung	Vergiftung	Vergiftung	?
Fieber	x	x	x	x	x	x	x		x	x	x	?	?	?	?	?	?
Maul/Nase	x	x	x	x	x	x	x	x	x	x	x	?	?	?	?	?	?
Muskulatur	x	x			x		x	x	x	x		?	?	?	?	?	?
Klauen/Hufe	x	x		x			x	x	x	x	x	?	?	?	?	?	?
Augen		x	x		x		x	x	x			?	?	?	?	?	?
Euter/Zitzen	x		x				x	x		x	x	?	?	?	?	?	?
Haut	x	x	x	x		x	x	x	x	x		?	?	?	?	?	?
Verdauung				x	x		x	x	x			?	?	?	?	?	?
Genitalien	x				x		x			x		?	?	?	?	?	?
Wolle (Schaf)		x										?	?	?	?	?	?
Milchleistung (Rind)	x	x	-		x		x	x	x	x		?	?	?	?	?	?
Atmung			x		x		x		x			?	?	?	?	?	?
Fruchtschädigung	x	x	x	x	x			x	x	x		?	?	?	?	?	?
Allgemeinbefinden	x	x	x	x			x	x	x	x	x	?	?	?	?	?	?

Tabelle: impf-report Irrtum und Druckfehler vorbehalten

Dreitagekrankheit (Three day sickness)

Lahmheit, Steifheit und vorübergehende Lähmungserscheinungen sind frühe Symptome und für die Dreitagekrankheit sehr viel typischer als bei der BTD.

Coronitis, Hyperämie und Nekrosen der Wangenschleimhaut treten in der Dreitageskrankheit nicht auf. Die Krankheit tritt unter normalen Umständen nicht bei Schafen auf (Cox 1956).

Schafpocken

Starke Störung des Allgemeinbefindens und damit einhergehender Hautausschlag. Die Tiere erkranken nach etwa 4 - 7 Tagen unter Erscheinungen von Fieber, Traurigkeit, Mattigkeit, verringerte Fresslust, Schwellung der Augenlider, der Lippen- und Nasenränder, sowie unter Rötung und Schwellung der Lidbindehäute.

1 - 2 Tage später treten an den wollefreien, den schwach oder stark bewollten Hautstellen flohstichähnliche rote Flecke auf und einige Tage später an deren Stelle harte, meist flache Knötchen und Knoten von Erbsen- bis Bohnengröße, die fest bleiben oder erweichen und vereitern und hierauf zu einem schwarzbraunen Schorf eintrocknen können.

Am deutlichsten zeigen sich diese Veränderungen an den inneren Schenkelflächen, am Euter und an der unteren Schwanzfläche. Die über den Pocken befindliche Wolle wird lose und lässt sich leicht entfernen.

Die Krankheit dauert beim gewöhnlichen Verlauf etwa drei Wochen. Es sterben an ihr von den Wollschafen etwa 10 - 20 % und von den Afrikanerschafen bis zu 75 % (Deutsches Kolonial-Lexikon, 1920, Band III, S. 256).

Bovine Virusdiarrhoe/Mucosal Disease (BVD-MD)

Infiziert werden Rinder, Schafe und Wildwiederkäuer. BVD kann bei Tieren aller Altersstufen auftreten, Aborte in verschiedenen Trächtigkeitsstadien können vorkommen. (...)

Zunehmende Störung des Allgemeinbefindens, Anorexie, Speicheln, nasser Kehlgang, Fieber, profuser Durchfall mit Tenesmus. Die Fäzes sehen manchmal aus wie Serum und gerinnen auch. Sonst enthalten sie Blut, Schleim und mitunter auch Fibrin.

Am Flotzmaul, den Naseneingängen, vor allem aber an der Maulschleimhaut bilden sich mehr oder weniger ausgeprägte Erosionen. Solche Veränderungen finden sich auch an der Haut im Zwischenklauenspalt. Die Schleimhaut- und Hautveränderungen sind jedoch nicht in jedem Fall deutlich. (Tierärztliche Fakultät der Ludwig-Maximilian-Universität München).

Bovines Herpesvirus Typ 1 (BHV)

Die überwiegend respiratorische Manifestation wird als Infektiöse Bovine Rhinotracheitis (IBR) bezeichnet. Sie geht in ihrer akuten Form mit Fieber bis zu 42° C, serösem Nasenausfluss, einer Hyperämie der Schleimhäute von Flotzmaul und Nase sowie mit Speicheln einher. Bereits zu Beginn der Erkrankung sinkt die Milchleistung der laktierenden Tiere.

Später treten Husten und Augenausfluss auf. Vereinzelt sind auf der Nasenschleimhaut stecknadelkopfgroße, pustelartige Erhebungen zu beobachten. Die Krankheitsdauer beträgt 10 bis 14 Tage. Trächtige Kühe können vor allem im fünften bis achten Trächtigkeitsmonat nach einer Inkubationszeit von drei bis sechs Wochen abortieren. (...) Die genitale Form der Infektion zeigt sich als Infektiöse Pustulöse Vulvovaginitis (IPV) beim weiblichen Tier und als Infektiöse Balanoposthitis (IBP) beim Bullen.

Die Inkubationszeit beträgt ein bis drei Tage. Die Infektion geht oft mit leichtem Fieber, Rötung und Schwellung der Schleimhaut der äußeren Genitalien, Unruhe und schmerzhaftem Harndrang einher. Auf der Genitalschleimhaut bilden sich stecknadelkopf- bis kirschkerngroße, bläschenartige, grauweiße Erhebungen mit gerötetem Hof. Sie können sich zu Pusteln, kruppösen Veränderungen und ulzerativen Erosionen weiterentwickeln.

Das akute Stadium dauert zwei bis vier Tage. Die Läsionen sind etwa 10 bis 14 Tage nach Beginn der Erkrankung abgeheilt. (...) Die neurologische Form, die gelegentlich bei BHV1-infizierten Kälbern auftreten kann, ist durch Muskeltremor, Ataxie und Erblindung charakterisiert. Neben dieser seltenen Manifestation fällt bei Kälbern die IBR in der Regel als fieberhafte Allgemeinerkrankung mit vorwiegend respiratorischen Symptomen auf.

Bakteriell bedingte Pneumonien sind die häufigsten Sekundärinfektionen. Zusätzlich wurde Durchfall als klinisches Symptom einer generalisierten BHV1-Infektion beobachtet (Epidemiologie und Bekämpfung der BHV1-Infektion am Beispiel ausgewählter Betriebe Niedersachsens, Dissertation von Kathrin Wiedl, 2008).

Bösartiges Katarrhalfieber (BKF)

Die Erkrankung kommt weltweit vor und befällt vorwiegend Rinder, aber auch Büffel, Ziegen, Gämsen, Steinböcke, Elche, Rentiere und Giraffen sind empfänglich. Einzelfälle sollen auch bei Schafen vorkommen. (...) Frühe Symptome sind Fieber über 40° C, Muskelzittern, Teilnahmslosigkeit, Pansenatonie (Versagen der Pansenmotorik), Versiegen der Milch, erhöhte Atem- und Herzfrequenz (Tachykardie). Bei der perakuten Form kann bereits der Tod eintreten.

Ab dem ersten oder zweiten Krankheitstag kommt es bei der Kopf-Augen-Form zu Schwellungen der Kopfschleimhäute. Die Entzündung der Bindehäute führt zu vermehrtem Tränenfluss und Zuschwellung des Auges und greift später auch auf die mittlere Augenhaut (Iridozyklitis) über und kann zum Aufbrechen des Augapfels führen. Der Nasenausfluss ist zunächst wässrig und später durch bakterielle Sekundärinfektionen eitrig und mit Fibrin durchsetzt.

Durch die Schwellung der Atemwege ist die Atmung beeinträchtigt, und es kann zu Erstickungsanfällen kommen. Sie kann auch auf die unteren Atemwege übergreifen und zu einer kruppösen Lungenentzündung mit starkem Husten führen.

Ein Übergreifen der Entzündung auf die Stirnhöhle (Sinusitis) kann zur Lockerung der Hörner führen. Die Entzündung der Maulschleimhaut führt nach anfänglicher Rötung zu diphtherieähnlichen Belägen, bei deren Lösung stark gerötete Erosionen zurückbleiben. Die Futteraufnahme ist durch diese schmerzhaften Prozesse stark reduziert.

Bei Übergreifen auf die Schleimhaut des Magen-Darm-Kanals (Intestinale Form) kann es zu einer Entzündung des Magens (Ruminitis, Gastritis) und Darms (Enteritis) mit Kolik, Durchfall oder Verstopfungen kommen. Die milde Form ist durch ein abgeschwächtes Krankheitsbild mit wenigen Erosionen in Mund- und Nasenschleimhaut gekennzeichnet.

Neben den Erkrankungen der Kopfschleimhäute kommt es nicht selten auch zu ähnlichen Veränderungen an den Schleimhäuten der Genitalien. Schließlich kann auch die Haut (Hals, Rücken, Euter, Klauenspalt) betroffen sein. Oft entwickeln sich bei der Kopf-Augen-Form auch zentralnervöse Erscheinungen. Es können Erregungszustände, Gleichgewichtsstörungen, epilepsieähnliche Anfälle und schließlich ein Koma auftreten (wikipedia.de).

METHODS OF INJECTING AND STORING *Culicoides* UNDER EXPERIMENTAL CONDITIONS.

For purposes of injection the *Culicoides* were finely ground by means of a pestle and mortar with the addition of a small quantity of 10 per cent. normal horse or sheep serum in saline and a little sterile quartz sand. After grinding, further serum saline was added and the emulsion spun in a centrifuge at 3,000 r.p.m. for half an hour to remove larger particles of suspended matter. Injections were made intravenously but some animals showed symptoms of shock and several deaths occurred in sheep until a standard procedure was adopted which gave entirely satisfactory results. This consisted of an initial desensitization by injection of 5 c.c. emulsion subcutaneously, followed, half an hour later, by a 10 c.c. intravenous infecting dose.

Um zu beweisen, dass Mücken die Überträger der Blauzungenkrankheit sind, wurden sie eingefangen, zerstampft und als Teil einer Emulsion in gesunde Tiere injiziert. Wurden diese Tiere daraufhin krank, galt der Beweis als erbracht.

Quelle: Du Toit „The Transmission of Blue-Tongue and Horse-Sickness by Culicoides“, Südafrika, 1944, Seite 11

Vesikuläre Stomatitis

Empfängliche Arten: Pferd, Esel, Rind, Schwein, Mensch, kamelartige Tiere, Ziegen, Schafe. (...) Ein- bis dreitägige Inkubationszeit gefolgt von leichtem Fieber. Die Aphthen sind weniger ausgeprägt als bei der Maul- und Klauenseuche und der Vesikulärkrankheit der Schweine. Die Aphthen treten oft nur an einer Lokalisation auf, sei es auf der Zunge, im Maul, an den Zitzen, auf der Rüsselscheibe oder am Klauen- oder Hufrand.

Erheblicher Milchrückgang bei Kühen. Klauenläsionen vor allem beim Schwein. Die klinische Heilung erfolgt in drei bis vier Tagen. Bei Menschen kann die Infektion influenza-ähnliche Symptome auslösen und zu herpesähnlichen Blasen an der Lippe führen. (...) Vesikuläre Stomatitis ist klinisch nicht von der Maul- und Klauenseuche zu unterscheiden. (Bundesamt für Veterinärwesen, Schweiz, BVET).

Photosensibilität (Lichtkrankheit)

Durch bestimmte Pflanzenstoffe verursachte Hautveränderungen am Kopf, insbesondere an den Ohren und am Kronrand. Bei weiblichen Schafen auch das Euter betroffen sein, insbesondere an den Zitzen. Erstes Symptom ist ein mit starkem Juckreiz verbundenes Erythem. Die Tiere kratzen und scheuern sich und suchen schattige Plätze auf.

Je nach Dauer und Stärke der Lichteinwirkung verstärken sich die Hautveränderungen. Es kommt zu ödematösen Schwellungen insbesondere der Ohren, Hautrissen, Austritt von seröser Flüssigkeit, Nekrosen, Ulzerationen und flächenhafte Abstoßungen der Epidermis, insbesondere im Bereich der Augen und Ohren (Lehrbuch der Schafkrankheiten, Behrens et. al, 4. Auflage).

Vergiftungen – Stiefkinder der Differenzialdiagnose

Sämtliche Symptome, die der Blauzungenkrankheit zugerechnet werden, können auch als Folge von Vergiftungen auftreten. Dem Erkennen solcher Ursachen stehen jedoch vier erhebliche Hürden entgegen:

Falls ein Tierarzt überhaupt eine Differenzialdiagnose vornimmt, dann steht die Prüfung möglicher Vergiftungen regelmäßig an allerletzter Stelle (siehe z. B. Infoblatt des FLI zu BTD). Soweit kommt es aber in der Praxis gar nicht, da die Tierärzte die Differenzialdiagnose in der Regel sofort abbrechen, sobald einer der Erregertests positiv anschlägt.

Dass selbst aus schulmedizinischer Sicht diese Tests fragwürdig sind (auch gesunde Tiere können positiv testen!), stört sie nicht, denn schließlich machen es alle so.

Die möglichen Folgen von Vergiftungen sind ein Stiefkind der Forschung. Sie finden beispielsweise in den Beipackzetteln von Pestiziden, Insektiziden oder auch genverändertem Futter kaum Angaben über mögliche Nebenwirkungen. Soweit entsprechende Untersuchungen überhaupt vorgenommen werden, sind sie – wie die Blauzungen-Feldstudie – zu klein dimensioniert und mit zu kurzer Laufzeit, um ein realistisches Bild von – vor allem langfristigen – Nebenwirkungen erfassen zu können.

Landwirte berichten beispielsweise nicht nur von Impfnebenwirkungen, sondern auch von Erkrankungen nach Einsatz von Repellentien zur Abwehr von Insekten. Doch da in den Beipackzetteln kaum bis keine Nebenwirkungen beschrieben sind, winken die meisten Tierärzte ab:

> *„Das kann nicht davon kommen, also muss es eine Infektion sein. Lass uns doch mal einen Labortest machen."*

Auf diese Weise werden Beipackzettel zur sich selbst erfüllenden Prophezeiung. Schauen Sie also, wenn Sie Tierhalter sind, Ihrem Tierarzt bei der nächsten Visite vorsichtshalber über die Schulter.

Die Entdeckung des Blauzungenvirus

Um zu verstehen, wie man zum heutigen Verständnis über das Wesen und die Ursachen der Blauzungenkrankheit gekommen ist, muss man medizinhistorisch vorgehen. Soweit wie möglich sind die Originalpublikationen jener Experimente auswerten, mit denen bewiesen wurde, dass eine Krankheit infektiösen Ursprungs ist. Nachfolgend einige Anmerkungen auf Grundlage einer ersten Sichtung solcher historischer Quellen.

Seit wann das Symptombild bekannt ist, ist unklar

Ob es sich bei der Blauzungenkrankheit um eine völlig neue Krankheit handelt – so wie z. B. Polio, die gegen Ende des 19. Jahrhunderts erstmals gehäuft auftrat – ist schwer zu sagen.

Die erste mögliche Erwähnung der Blauzungenkrankheit stammt aus dem Jahr 1876. In einem Tiergesundheitsbericht Südafrikas ist hier von einer fieberhaften Krankheit der Schafe die Rede. Es gibt jedoch keine weitergehende Beschreibung der Symptome. Auch seit wann diese Krankheit auftrat, lässt dieser Bericht offen. Der Begriff „Blauzunge" wurde erstmals von dem Südafrikaner Spreull etwa gegen 1902 verwendet.

Eindimensionale Ursachenforschung

Spreull war es auch, der 1905 den Beweis antreten wollte, dass es sich bei BTD um eine übertragbare Krankheit handelt: Er injizierte Blut erkrankter Schafe in gesunde Schafe, worauf diese Krankheitssymptome zeigten. Diese Versuche gelten bis heute als Beweis dafür, dass „sich die Krankheit über ein zellfreies Blutfiltrat übertragen lässt" (Koslowsky 2002).

Bewiesen hat er damit jedoch im Grunde nur, dass Schafe Fieber – und unter Umständen weitere Symptome – bekommen, wenn man ihnen Fremdblut injiziert. Damals wie heute sind Kontrollversuche mit Blut von gesunden Tieren unüblich. Diese wären aber notwendig, um zu beweisen, dass die Erkrankung der mit den Blutinjektionen kranker Tiere beglückten Schafe etwas mit der Krankheit der Ausgangsschafe zu tun hat.

Von Ursachenforschungen jenseits der Erregerwelt habe ich in der historischen Literatur bisher nichts gefunden. Dabei wäre jedoch zumindest die sogenannte Mutterkornvergiftung erwähnenswert.

Das Mutterkorn, eine spezielle Pilzart, die in den Ähren von Getreide- und Grassorten wächst, liebt warmes und feuchtes Wetter und feuchte Niederungen. Es kann bei versehentlichem Verzehr die meisten Symptome von BTD verursachen. Vor hundert Jahren waren Mutterkornvergiftungen noch ein weit größeres Problem als heute.

An Vergiftungen hatte man damals ebenfalls nicht gedacht. Dabei kamen nach Erfindung des Pestizid-Sprühgerätes im Jahr 1873 hochgiftige Blei- und Arsenverbindungen zunehmend zum Einsatz (Jim West).

Doch da dieser mögliche Zusammenhang niemals näher erforscht wurde, haben wir dazu bis heute keine zuverlässigen Daten.

Optische Identifizierung unmöglich

Das Elektronenmikroskop (EM), mit dem man erstmals Viren optisch sichtbar machen konnte, wurde in den 30er Jahren des 20ten Jahrhunderts in Deutschland entwickelt und ging 1939 bei Siemens in Serie. Zumindest bis zu diesem Zeitpunkt konnten sämtliche (!) Virushypothesen nicht mehr sein als das – nämlich Hypothesen.

Anstatt auch andere Ursachen einzubeziehen, unternahm man jedoch von Anfang an ausschließlich Injektionsversuche von Blut- und Gewebeproben erkrankter Tiere in den Organismus von gesunden Tieren. Wie schon festgestellt, haben diese Experimente ohne Kontrollversuch keinerlei Aussagekraft über irgendwelche vermeintlichen Krankheitserreger.

Das hinderte jedoch den Südafrikaner Theiler nicht daran, 1906 einen Impfstoff zu entwickeln, der in Südafrika bis 1943 etwa 50 Millionen mal eingesetzt wurde. Einen Impfstoff gegen ein Virus, dessen Existenz eine reine Hypothese darstellte.

Ohne EM gab es keine optische Identifizierung des Erregers. Ohne optische Identifizierung ist jedoch eine Hochaufreinigung und die Erfüllung der Koch'schen Postulate unmöglich. Dennoch behauptet die Wissenschaft bis heute, Spreull und Theiler hätten die grundlegende Beweisführung für die Virushypothese erbracht.

Bei Rindern eine Folge von Impfungen?

Die Diagnose BTD ist bis 1932 in Südafrika bei Rindern unter diesem Namen unbekannt. Die Symptome sind es jedoch nicht: Die Maul- und Klauenseuche (MKS) ist von BTD klinisch nicht unterscheidbar.

Die MKS war in den südafrikanischen Rinderherden jener Zeit ein Problem. Deshalb führte man 1932 - 1933 eine große Impfkampagne durch. Bei Cox findet sich nun eine interessante Formulierung. Demnach habe man während dieser Impfkampagne (!) eine „bisher nicht beschriebene Entzündung der Mundschleimhaut" bei Rindern festgestellt.

Die Diagnose MKS wurde gar nicht erst in Erwägung gezogen. Vermutlich deshalb, weil dies bedeutet hätte, dass sich die MKS-Impfung zumindest teilweise als wirkungslos oder sogar schädlich erwiesen hätte. Also musste das Blauzungenvirus, an dessen Existenz man sich sicher war, vom Schaf auf das Rind hinübergesprungen sein. Woran man allerdings den klinischen Unterschied zwischen BTD und MKS im Maulbereich festmacht, ist mir rätselhaft.

Auf den Gedanken, dass die beobachteten Erkrankungen typische Impfschäden gewesen sein könnten, kam man laut den von mir gesichteten Publikationen nicht. Ein Zusammenhang wurde somit gar nicht erst untersucht – und das bis heute.

Schuldspruch für ohnehin lästige Mücken

Wie würden Sie, lieber Leser, versuchen zu beweisen, dass Mücken die Überträger von BTD sind? Vorschlag: Man nehme ein Rind, das nachweislich an BTD erkrankt ist. Dann fange man so viele Gnitzen – die angeblich krankheitsübertragende Mückenart – wie man kann und sperre diese Gnitzen zusammen mit diesem Rind in einen Stall, der mückensicher abgedichtet ist.

Gleichzeitig sorge man dafür, dass die weiblichen Mücken günstige Ablagemöglichkeiten für ihre Eier finden, so dass sie möglichst schnell wieder bereit für eine neue Blutmahlzeit sind.

Dann locke man die ganzen Mücken bei Dunkelheit mit einem Licht in einen Nachbarstall, in dem ein gesundes Rind steht und stelle sicher, dass auch dieses gesunde Rind reichlich von den Gnitzen gestochen wird.

Erkrankt das bisher gesunde Rind zuverlässig und auch bei wiederholten Versuchen ebenfalls an den Symptomen von BTD, dann liegt die Schlussfolgerung nahe, dass die Gnitzen etwas damit zu tun haben, könnten.

Zur Sicherheit müsste man allerdings noch Kontrollversuche mit gesunden Rindern als „Ausgangsmaterial“ machen, um Fehlinterpretationen auszuschließen. So ungefähr würde ich es machen, wenngleich sicherlich noch eine ganze Reihe von Detailfragen beachtet werden müssten.

Der südafrikanische Amtsarzt R. M. Du Toit hatte jedoch eine völlig andere Vorstellung über die Art der Beweisführung. Anfang der 40er Jahre ließ er in der Wildnis eingefangene und am Blut von erkrankten Tieren gesättigte Mücken einfangen, zerstampfen und zerreiben. Sie wurden zusammen mit Schafs- oder Rinderblut und Quarzsand in einer Salzemulsion zusammengemischt, die danach zentrifugiert wurde.

Diese Emulsion injizierte er gesunden Schafen und Pferden. Bei den ersten Versuchen starben die Schafe reihenweise, bis man eine etwas harmlosere Vorgehensweise fand, die jedoch nicht im Detail beschrieben wird. Die Protokolle des Experiments dokumentieren, dass man fieberhafte Reaktionen und – nicht näher beschriebene – „blauzungentypische Symptome" beobachtete und daraus schloss, dass die Mücken Überträger von BTD seien.

Wider den gesunden Menschenverstand?

Wenn man Schafen oder anderen Nutztieren solche Cocktails verabreicht, darf man sich wirklich nicht wundern, wenn ein Teil der Tiere fieberhaft erkrankt.

Die Beweislage dafür, dass BTD von Viren verursacht und von Mücken übertragen wird, ist also bestenfalls fraglich. Es hat den Anschein, als sei von Anfang an so gut wie ausschließlich die Erregerhypothese in Erwägung gezogen worden.

Dementsprechend wurde so lange experimentiert, bis man „Beweise" für diese Hypothese konstruieren konnte.

Eine zentrale Forderung der Landwirtschaft muss deshalb – neben dem völligen Verzicht auf Zwangsimpfungen – die Neuaufnahme der Ermittlungen gegen die wahren Verursacher der BTD-Symptome sein.

Mein Fazit zur Blauzungenkrankheit

Es spricht einiges dafür, dass es sich bei der Blauzungenkrankheit ursprünglich um eine Mutterkornvergiftung südafrikanischer Schafe gehandelt haben könnte, insbesondere bei weniger widerstandsfähigen europäischen Importrassen wie dem Merinoschaf. Das Mutterkorn tritt mit Vorliebe dort auf, wo es auch Gnitzen gibt.

Der angebliche Überspringen der Krankheit vom Schaf auf das Rind könnte eine Fehlinterpretation von Impfschäden nach einer MKS-Massenimpfaktion bei Rindern gewesen sein.

Dass BTD bei Ziegen auftritt, geht auf eine Einzelbeobachtung in Israel zurück. Die wahren Ursachen von Symptomen aus dem BTD-Spektrum sind individueller Natur, weshalb der Tierarzt vom Tierhalter zu einer sorgfältiger Anamnese angehalten werden sollte.

Die angebliche BTD-Epidemie im Jahre 2007, die zur Zwangsimpfung führte, ist möglicherweise auf die Einführung (und intensive Anwendung) neuer Labortests zurückzuführen.

Weder für die Wirksamkeit noch für die Sicherheit von BTD-Impfstoffen gibt es mich überzeugende Beweise.

Literatur/Quellen

Die ersten Blauzungen-Ausbrüche in Nordeuropa: Siehe Webseiten der Weltgesundheitsbehörde OIE mit Dokumentation der gemeldeten Ausbrüche

http://www.oie.int

http://www.oie.int/wahis/public.php?page=country_reports

Herald R. Cox, „Bluetongue“, Microbiol. Mol. Biol. Rev. 1954 18: 239-253

Jim West, http://whale.to/a/west_h.html

Silvia Koslowsky, „Bluetongue Disease in Deutschland“, Dissertation Berlin 2002

R. M. Du Toit „The Transmission of Blue-Tongue and Horse-Sickness by Culicoides“, Südafrika, 1944

Christopher A. Shaw „Aluminum Adjuvant Linked to Gulf War Illness Induces Motor Neuron Death in Mice“, NeuroMolecular Medicine, February 2007, Volume 9, Issue 1, pps. 83-100

Dr. med. Joachim Mutter, 4. AZK-Konferenz, 27. Juni 2009

Dr. med. Klaus Hartmann, 5. Stuttgarter Impfsymposium, 7. Juni 2008

Prof. Dr. Fritz Eichholtz „Die toxische Gesamtsituation auf dem Gebiet der menschlichen Ernährung: Umrisse einer unbekannten Wissenschaft“, Springer (1956)

Teil 9 Glossar

Abort: Schwangerschafts/Trächtigkeitsabbruch (lat. *aboriri* „abgehen")

Abszess: Eitergeschwulst (lat. *abscessus* „Weggang, Entfernung")

Actinobazillus: Für gewöhnlich stäbchenförmiges Bakterium, das für diverse Entzündungen verantwortlich gemacht wird und oft auch bei Wundinfektionen oder tierischen Bisswunden auftritt.

Adenovirus: Virustyp, der u. a. für Erkrankungen der Atemwege verantwortlich gemacht wird (grch. *adeno* „Drüsen...")

Adjuvans: Hilfsstoff zur Verstärkung der Immunreaktion (lat. *adjuvare* „helfen")

Adsorbat-Impfstoff: Impfstoff, bei dem die Antigene an Partikel eines Verstärkerstoffs angebunden sind (lat. *ad* „zu" + *sorbere* „hinunterschlucken, in sich ziehen")

Aerosol: kolloidale verteilte, unsichtbare feste oder flüssige Schwebstoffe in der Luft oder anderen Gasen (lat. *aer* „Luft" + *Sol* = kolloidale Lösung)

Aktiv-Impfung: durch im Impfstoff enthaltene Antigene wird das Immunsystem angeregt, spezifische Antikörper zur Abwehr zu bilden. Das Immunsystem muss „aktiv" werden. Gegensatz: Passiv-Impfung.

Allergen: Substanz, die bei Kontakt eine Überreaktion des Immunsystems auslöst (grch. *allos* „anders" + *ergon* „Werk")

ALS: Abkürzung für „amyotrophe Lateralsklerose". Fortschreitende schwere Schädigung von motorischen Nervenzellen mit diversen Lähmungssymptomen, die in etwa drei bis fünf Jahren zum Tod führen. Ursache laut Schulmedizin unbekannt (grch. *a* „nicht" + *myos* „Muskel" + *trophe* „Nahrung" + lat. *lateralis* „die Seite betreffend" + grch. *sklerosis* „Verhärtung"). Weitere Namen: Amyotrophe Lateralsklerose, Myatrophe Lateralsklerose, Neuron Disease, Lou-Gehrig-Syndrom, Charcot-Krankheit

Amyloid-Plaque: Ablagerungen von entarteter Eiweißsubstanz, die als Ursache für manche Hirnerkrankungen angesehen werden (grch. *amylon* „Stärke“ + frz. *plaque* „Belag“)

Anamnese: systematische Befragung eines Patienten zur Erfassung der Krankheitsvorgeschichte (grch. *ana* „zurück“ + *mimneskein* „erinnern“)

anaphylaktisch: Überreaktion des Immunsystems gegen wiederholt zugeführte allergieauslösende Substanzen (grch. *ana* „zurück“ + *phylassein* „bewachen“). Kann den ganzen Organismus einbeziehen und zum Tode führen.

Anorexie: extreme Appetitlosigkeit und Unlust zur Nahrungsaufnahme (grch. *a...* „un..., nicht, ohne“ + *orexis* „Appetit“)

Antigen: vom Organismus als Fremdkörper erkannte Partikel und Substanzen, die eine Antikörperproduktion anregen: z. B. Gifte, Mikroben oder Teile von ihnen (engl. *antibody generating* „Antikörper erzeugend“)

Antikörper: spezielle Eiweiß-Kohlehydratverbindungen, die aus Sicht der Schulmedizin vom Immunsystem zur Abwehr schädlicher Fremdpartikel und Erreger ausgeschüttet werden. Sie erinnern in ihrer Form an den Buchstaben Ypsilon „Y“

antiseptisch: alle Maßnahmen zur Bekämpfung von Keimen (grch. *sepsis* „Fäulnis“)

Aphthen: Bläschenausschlag im Mund (grch. *aphthai* „böser Ausschlag, Schwämmchen“)

Applikation: Verabreichung, Injektion (lat. *applicare* „zusammenfügen“)

Arthritiden: Gelenkentzündungen (grch. *arthron* „Glied, Gelenk“ + *-itis* „Entzündung“)

ASIA: Abkürzung von „Autoimmune/inflammatory syndrome induced by adjuvants“ (auf deutsch etwa: „Adjuvansbasiertes Autoimmunsyndrom“), Zusammenfassung unspezifischer Symptome, die durch Verstärkerstoffe in Impfstoffen verursacht werden.

assoziieren: verbinden, verknüpfen (lat. *ad* „zu“ + *socius* „Gefährte“)

Ataxie: Störung der Bewegungskoordination (grch. *ataxia* „ohne Ordnung“)

ATP: Abkürzung für „Adenosintriphosphat“, ein Baustein von Nukleinsäuren in DNS- und RNS-Strängen. Zentraler Energieträger in Zellen und wichtiger Regulator energieliefernder Prozesse (grch. *adeno* „Drüsen…“)

Aujeszky‘sche Krankheit: auch „Pseudowut“, benannt nach dem ungarischen Tierarzt Adadár Aujeszky. Löst Gehirn- und Rückenmarksentzündungen mit zentralnervösen Erscheinungen aus, bei einigen Tierarten mit starkem Juckreiz einhergehend. Mögliche Symptome sind Ataxien und Krämpfe.

Autoimmunreaktion: Krankhafte Abwehrreaktion des Immunsystems gegenüber körpereigenem Gewebe (grch. *autos* „selbst“ + lat. *immunis* „frei, unberührt, rein“)

BHV: Abkürzung für „Bovines Herpesvirus“, ein Virus, das für unspezifische Symptombilder bei Rindern verantwortlich gemacht wird, z. B. Infektion des Atmungstraktes oder der Fortpflanzungsorgane

Bias: Verzerrung eines Forschungsergebnisses durch einen systematischen Fehler (engl. „schief“)

Bioverfügbarkeit: Messwert, der angibt, wie schnell und in welchem Umfang ein Stoff vom Organismus aufgenommen wird und am Wirkort zur Verfügung steht.

Blutplasma: Blut ohne Blutkörperchen, jedoch mit Eiweißstoffen, darunter Immunstoffe und Blutgruppen- und Blutgerinnungssubstanzen, Nährstoffe, Stoffwechselprodukte und Hormone (grch. *plasma* „Gebilde“)

BMELV: Abkürzung für „Bundesministerium für Ernährung, Landwirtschaft und Verbraucherschutz“

Bordetella: Bakteriengattung, von denen ein Teil als Krankheitserreger angesehen wird

Borreliose: Infektionskrankheit mit unspezifischem Symptombild, verursacht durch Borrelien, einer Bakterienart

bovin: das Rind betreffend, (lat. *bovinus* „zum Rind gehörend“, von *bos* „Rind, Kuh“)

Bronchopneumonie: Entzündung der Bronchien und der Lunge (grch. *bronchos* „Kehle, Luftröhre“ + *pneumon* „Lunge“; zu *pneuma* „Atem“)

BRSV: Abkürzung für „Bovines Respiratorisches Syncytialvirus", wird bei Rindern für Entzündungen der Atemwege verantwortlich gemacht (lat. *bovinus* „zum Rind gehörend" + *respirare* „Atem holen" + grch. *syn* „mit, zusammen" + *kytos* „Gefäß, Höhlung, Zelle" + lat. *virus* „Schleim, Gift")

BTD: Abkürzung für „Bluetongue disease" (deutsch: „Blauzungen-krankheit")

BTV: Abkürzung für „Bluetongue virus" (deutsch: „Blauzungen-Virus")

BTV-8: Unterart (Subtyp) des Blauzungen-Virus

BVD/MD: Abkürzung für „Bovine Virusdiarrhoe/Mucosal Disease", eine Durchfallkrankheit bei Rindern (lat. *bovine* „das Rind betreffend" + *virus* „Schleim, Gift" + grch. *diarrhein* „durchfließen" + lat. *mucosa* „Schleimhaut" + engl. *disease* „Krankheit")

canine: engl. „hundeartig" (lat. *canis* „Hund")

canines Herpesvirus (CHV): Virus, das für Welpensterben verantwortlich gemacht wird (lat. *canis* „Hund" + grch. *hepar, hepatos* „Leber" + lat. *virus* „Schleim, Gift")

CFS: Abkürzung für „Chronic fatique syndrom" (deutsch: „Chronisches Erschöpfungssyndrom")

Challenge-Inokulation: Absichtliche Einbringung von Krankheitserregern (engl. *challenge* „Herausforderung" + lat. *inoculare* „impfen")

Charge: Serie von Produkten, die während eines Arbeitsabschnittes und mit den gleichen Rohstoffen gefertigt und verpackt werden (frz. „Last, Bürde")

Chlamydien: Bakterienart, die unter anderem für Erkrankungen der Schleimhäute im Augen-, Atemwegs- und Genitalbereich verantwortlich gemacht wird (grch. *chlamys* „Mantel, Überwurf")

CHV: Abkürzung für „canines Herpesvirus", siehe dort

Circovirus: Virenart mit zirkulärer DNS, die für Erkrankungen bei Vögeln und Schweinen verantwortlich gemacht wird. (lat. *circulus* „Kreis")

Clostridium: Gattung sporenbildender Bakterien, die für verschiedene Erkrankungen verantwortlich gemacht wird (grch. *kloster* „Spindel" + *eidos* „Gestalt")

Coggins-Test: auch „Agargeldiffusionstest" genannt, Labortest zum Nachweis von bestimmten Antigenen oder Antikörpern

Colitis ulcerosa: entzündliche Darmerkrankung mit anhaltenden Durchfällen, Darmblutungen und schmerzhaften Krämpfen (grch. *colon* „Dickdarm“ + *-itis* „Entzündung“; Ulcerosa: *ulcus* „Geschwür“)

Coronitis: Entzündung des Kronsaums am Huf (lt. *corona* „Kranz, Krone“ zu grch. *korone* „Ring“ + grch. *–itis* „Entzündung“)

Cronitis: Entzündung der Kronenlederhaut des Hufes, (lt. *corona* „Kranz, Krone“ zu grch. *korone* „Ring“ + grch. *–itis* „Entzündung“)

Culicoides: eine Gattung der Gnitzen, einer Mückenart (lat. *culex* „Mücke“)

Cytochrom: farbige Proteine (lat. *cytus* „Zelle“ + grch. *chroma* „Farbe“)

Demyelinisierung: krankhafter Rückgang der fettähnlichen Isolierschicht um die Nervenzellen des Rückenmarks (lat. *de* „von, weg, ent-“ + *myelos* „Mark“)

Dendritische Zellen: Zellen mit tentakelartigen Fortsätzen, spielen eine wichtige Rolle bei der Aktivierung der Immunreaktion (lat. *dendriticus* „verzweigt“)

Dermatomyositis: Muskelentzündung mit Hautbeteiligung. Die Ursachen sind unbekannt (grch. *derma* „Haut“ + *myos* „Muskel“ + *-itis* „Entzündung“)

Differentialdiagnose: verfeinerte, gegen ähnliche Krankheiten abgrenzende Diagnose (lat. *differre* „verschieden sein“)

Diskrepanz: Abweichung, Unstimmigkeit, Zwiespalt, Widerspruch, Missverhältnis, Unterschied (lat. *discrepantia* „Uneinigkeit, Nichtübereinstimmung“)

Druse: fiebrige Pferdekrankheit mit eitriger Entzündung der Nasenschleimhaut (althochdeutsch *druos* = „Drüse“)

DTaP: Abkürzung für Dreifach-Impfstoff gegen Diphtherie, Tetanus und (azelluläre) Pertussis

E. coli: Abkürzung für „Escherichia Coli“, zur natürlichen Darmflora gehörendes nützliches Bakterium (lat. *colon* „Darm“. Theodor Escherich war der Kinderarzt, der es erstmals beschrieb.)

EAB: in diesem Buch verwendete Abkürzung für „Europäisches Arzneibuch“

Ebergeruch: geschlechtsspezifischer Geruch männlicher Schweine im Alter ab fünf Monaten, der von Konsumenten vor allem bei der Erhitzung des Eberfleisches als Geruchsbelastung mit unterschiedlicher Intensität wahrgenommen und als unangenehm empfunden wird.

EHV: Abkürzung für „equines Herpesvirus", wird für Entzündungen der Atemwege bei Pferden verantwortlich gemacht (engl. *equine* „pferdeartig" + grch. *herpein* „kriechen")

EIA: Abkürzung für „Equine infektiöse Anämie", auch „ansteckende Blutarmut der Einhufer" (engl. *equine* „pferdeartig" + grch. *an* „nicht" + *haima* „Blut")

ELISA: Abkürzung für „Enzyme-linked Immunosorbent Assay", Labortest, mit dem Proteine, Antikörper, Viren, Hormone, Toxine und Pestizide in einer Probe nachgewiesen werden. Hierbei macht man sich die Eigenschaft spezifischer Antikörper zunutze, die an den nachzuweisenden Stoff (Antigen) binden. (engl. für „Enzymgekoppelter Immunadsorbtionstest")

EMA: Abkürzung für „European Medicines Agency", europäische Zulassungsbehörde für Medikamente

Emulsion: feinste Verteilung einer Flüssigkeit in einer anderen, normalerweise nicht mit ihr mischbaren, z. B. Milch, viele Hautcremes (lat. *emulgere* „ausmelken")

endogen: von innen kommend (grch. *endon* „drinnen, innerhalb" + *gennan* „erzeugen")

Enteritis: Entzündung der Darmwand (grch. *enteron* „Darm" + *-itis* „Entzündung")

Enterotoxidose: Vergiftung des Darms (grch. *enteron* „Darm" + *toxikon* „Pfeilgift" zu *toxon* „Pfeil")

Enzephalopathie: Sammelbegriff für krankhafte Veränderungen des Gehirns (grch. *enkephalos* „im Kopf" + *pathos* „Leiden")

Enzootische Bronchopneumonie: bestandsweise gehäuftes Auftreten von Erkrankungen der Atemwege (grch. *en* „in, an, auf" + zoon „Lebewesen, Tier" + *bronchos* „Kehle, Luftröhre" + *pneumon* „Lunge"; zu *pneuma* „Atem")

Enzootische Pneumonie: bestandsweise gehäuftes Auftreten von Lungenentzündungen (grch. *en* „in, an, auf“ + *zoon* „Lebewesen, Tier“ + *pneumon* „Lunge“; zu *pneuma* „Atem“)

Eosinophile: Erhöhte Anzahl einer bestimmten Art von weißen Blutkörperchen als Teil der Immunreaktion (Eosin ist ein Farbstoff in der Mikrobiologie + grch. *philein* „Vorliebe“)

Epidermis: Oberhaut (grch. *epi* „auf, darüber“ + *derma* „Haut“)

equine: engl. *equine* „pferdeartig“

Erosion: Auswaschung, Abtragung (lat. *erosio* „Zernagung, Durchfressung“)

Europäisches Arzneibuch: vom Europarat verabschiedetes Regelwerk mit Zulassungsanforderungen für Arzneimittel

Europarat: seit 1949 bestehender Zusammenschluss von ca. 40 europäischen Staaten zur Förderung des sozialen u. wirtschaftlichen Fortschrittes u. zur Wahrung der Menschenrechte in den Mitgliedstaaten. *Bitte nicht mit dem europäischen Parlament der EU verwechseln!*

Expression (von Genen): Erzeugung von Proteinen (Eiweißen) aus den im Zellkern enthaltenen genetischen Informationen bzw. „Kopiervorlagen“ (lat. *expressio* „Ausdruck“)

Fäzes: Ausscheidungen, Kot, Stuhl (lat. *faeces*)

Fibrin: Eiweißstoff des Blutes, der bei der Blutgerinnung entsteht, Blutfaserstoff (lat. *fibra* „Faser“)

fibroblastisch: im Bindegewebe faserbildend (lat. *fibra* „Faster“ + grch. *blastos* „Schößling“)

FLI: Abkürzung für Friedrich-Löffler-Institut, deutsche Bundesbehörde für Tierseuchen

GACVS: Global Advisory Committee on Vaccine Safety, Expertenkommission der Weltgesundheitsbehörde WHO zur Impfstoffsicherheit

GBS: Abkürzung für „Guillain-Barré-Syndrom“. Erkrankung der Nervenwurzeln des Rückenmarks. Verschiedene neurologische Symptome können auftreten, vor allem aufsteigende Lähmungen, ähnlich der Polio (Kinderlähmung). Das Syndrom wurde erstmals im ersten Weltkrieg von den französischen Ärzten Georges Charles Guillain und Jean-Alexandre Barré beschrieben.

genetischer Determinant: ein genetisches Merkmal, das eine bestimmte Entwicklungsrichtung des Körpers festlegt (lat. *determinantio* „Begrenzung")

Glässer'sche Krankheit: Infektionskrankheit des Schweines mit Fieber, Fressunlust, Entzündungen von Brust- und Bauchfell mit Ergüssen, verdickte und schmerzhafte Gelenke, Lahmheit und Hirnhautentzündung. Erstmals 1910 von Karl Glässer beschrieben

Gnitzen: Mückenart

Granulom: entzündungsbedingte knotenartige Gewebeneubildung (lat. *granulom* „Körnchen", zu *granum* „Korn")

Guillain-Barré-Syndrom: siehe GBS

H.c.c.: Abkürzung für „Hepatitis contagiosa canis", deutsch: „ansteckende Leberentzündung der Hunde" (grch. *hepar* „Leber" + *-itis* „Entzündung" + lat. *contagiosus* „ansteckend" + *canis* „hundeartig")

Hämoglobin: Farbstoff der roten Blutkörperchen, der Sauerstoff zu den Geweben transportiert (grch. *haima* „Blut" + lat. *globus* „Kugel")

hCG: Abkürzung für „humanes Choriongonadoptropin", ein Schwangerschaftshormon (lat. *humanus* „menschlich" + grch. *chorion* „Haut, Leder, Nachgeburt"). Chorion wird die äußere Fruchthülle des Embryos genannt, Gonadoptropin ein Sexualhormon.

Herpesvirus canis: siehe „canines Herpesvirus"

Hippo: grch. *hippos* „Pferd"

HIV: Abkürzung für "human immunodeficiency virus" ("menschliches Immunschwäche-Virus"), wird als Ursache von AIDS angesehen

Homöostase: Aufrechterhaltung eines Gleichgewichtszustandes durch Selbstregulation (grch. *homoios* „gleichartig" + *statis* „das Stehen")

HPV: Abkürzung für „humanes Papillomavirus", wird unter anderem als Ursache von Gebärmutterhalskrebs angesehen (lat. *humanus* „menschlich" + *papilla* „Warze, Brustwarze")

Humanimpfung: Impfung des Menschen

Hyperämie: verstärkte Durchblutung von Organen (grch. *hyper* „über[mäßig]" + *haima* „Blut")

Immunserum (Passiv-Impfung): Aus dem Blut erkrankter Organismen gewonnene Antikörper, die vorsorglich oder im Rahmen einer Infektion das Immunsystem des Empfängers unterstützen sollen. Dessen Immunsystem hat diese Antikörper nicht selbst gebildet, blieb also „passiv".

Indexfall: der erste im Rahmen eines Ausbruchs gefundene Infizierte und mutmaßlicher Ausgangspunkt einer Ansteckungskette (lat. „Register, Verzeichnis")

Indikation: Heilanzeige, bei einem bestimmten Symptombild angebrachte (angezeigte) Behandlung (lat. *indicare* „anzeigen")

Infektiöse Balanoposthitis (IBP): Eichelvorhautentzündung (grch. *balanos* „Eichel" + *posthe* „Penisvorhaut")

Infektiöse Pustulöse Vulvovaginitis (IPV): Entzündung mit Bläschenbildung der äußeren Geschlechtsorgane des Rindes (lat. *pustula* „Hautbläschen" + *volvere* „sich drehen, wölben" + *vagina* „Scheide" + *-itis* „Entzündung")

Inflammasome: Eiweißkomplexe des Immunsystems, die bei Kontakt mit Antigenen Immunreaktionen und Entzündungen auslösen können (lat. *inflammare* „an-, entzünden")

Inkubationszeit: Zeit zwischen dem Kontakt mit dem Erreger und den ersten Krankheitszeichen (lat. *incubatio* „auf den Eiern liegen, brüten")

Inokulation: absichtliches Einbringen von Krankheitserregern in einen gesunden Organismus (lat. *inoculare* „impfen, einimpfen, aufpfropfen")

Interferone: spezielle Eiweiße, die eine wichtige Rolle bei der Immunabwehr spielen (lat. *interferre* „eingreifen, sich einmischen")

Interleukine: von den weißen Blutkörperchen (Leukozyten) gebildete Signalstoffe, die auf Wachstum, Differenzierung und Aktivität der Zellen des Immunsystems einwirken (lat. *inter* „zwischen, unter" + grch. *leukos* „weiß, hell")

intestinal: Eingeweide, zum Darm gehörend (lat. *intestina* „Eingeweide")

Intracellularis-Infektion: Infektion innerhalb der Körperzellen (lat. *intra* „zwischen, innen, innerhalb" + grch. *kytos* „Höhlung, Zelle")

intramuskulär: in den Muskel hinein

intranasal: in die Nase hinein

intravenös: in die Vene hinein

Inzidenz: Anzahl neuer Erkrankungsfälle (lat. *incidens* „hineinfallend")

kausal: ursächlich (lat. *causa* „Ursache")

Keulung: Töten von erkrankten oder ansteckungsverdächtigen Tieren

klinisch: auf die Symptome bezogen (grch. *kline* „Lager, Bett")

Kolik: schmerzhafte, krampfartige Zusammenziehung eines inneren Organs (grch. *kolon* „Dickdarm")

Kollateralschaden: unbeabsichtigte oder in Kauf genommene Tötung Unbeteiligter bei einem Angriff (lat. *kon* „mit, zusammen, miteinander" + *latus* „Seite")

kompromittieren: bloßstellen, in Verlegenheit bringen (frz. *compromettre* „bloßstellen, gefährden")

Konjunktivitis: Bindehautentzündung (lat. *coniungere* „verbinden" + grch. *–itis* „Entzündung")

Kreuzreaktion: Bildung von Antikörpern nicht nur gegen ein spezifisches Antigen, sondern auch auf ähnliche Erreger bzw. deren Subtypen. Reaktion eines Labortests auf der Zielsubstanz ähnlicher Stoffe

Kronsaum: oberster Teil des Hufes

Krupp: Verstopfung der Atemwege im Bereich des Kehlkopfs (engl. *croup* „Krupp", verwandt mit „Kropf")

kruppös: mit Krupp behaftet, auf Krupp beruhend, von Krupp ausgehend

Laktation: Milchabsonderung der Milchdrüsen, Stillen, Zeit des Stillens (lat. *lactis* „Milch")

Laktose: Milchzucker (lat. *lactis* „Milch")

Langerhanssche Inseln: insulinerzeugende Drüsen innerhalb der Bauchspeicheldrüse (nach dem Pathologen P. Langerhans, 1847-1888)

Läsion: Verletzung (lat. *laesio*)

Lawsonia: Bakteriengattung, wird bei Schweinen für Durchfallerkrankung verantwortlich gemacht.

Lebendimpfstoff: Impfstoff mit vermehrungsfähigen, aber abgeschwächten Impferregern

Leishmanien: intrazelluläre Parasiten, vermehren sich in Sandmücken und befallen Makrophagen. Benannt nach William B. Leishman, der sie 1900 entdeckte. Die Symptome bestehen vor allem aus vielfältigen Erkrankungen der Haut. Die Erkrankung wird Leishmaniose genannt.

Leptospiren: Schraubenbakterium (grch. *leptos* „zart, fein, schmal" + *speira* „Windung, Schlinge"). Werden u. a. für die Schweinehüterkrankheit bei Schweinen und Rindern verantwortlich gemacht. Die Symptome sind u. a. Muskel- und Kopfschmerzen, Fieber, auch Symptome einer Hirnhautentzündung

Letalität: „Tödlichkeit" einer Erkrankung (lat. *letalis* „tödlich")

Lokalisation: Ortsbestimmung (frz. *localisation*)

Lymphozyten: spezialisierte weiße Blutkörperchen, die im Lymphgewebe entstehen, mit der Aufgabe, Fremdpartikeln zu erkennen und die spezifische Immunabwehr bzw. Antikörperbildung zu aktivieren (lat. *lympha* „Wasser" + grch. *kytos* „Gefäß, Zelle")

Makrophage: Fresszelle, Bestandteil des angeborenen, unspezifischen Immunsystems (grch. *makros* „lang, groß" + *phagein* „essen")

Makrophagische Myofasciitis: Durch Makrophagen vermittelte Muskelbindegewebeentzündung an Impfstellen, ausgelöst durch aluminiumhaltige Wirkverstärker. (grch. *makros* „lang, groß" + *phagein* „essen" + *myos* „Muskel, Faszie" + lat. *fascis* „Bündel" + *-itis* „Entzündung")

Mannheimia Haemolytica: anaerobes Bakterium, das vor allem für die enzootische Bronchopneumonie (sog. Rindergrippekomplex) verantwortlich gemacht wird. Walter Mannheim ist ein deutscher Bakteriologe (grch. *haima* „Blut" + *lysis* „Auflösung")

Marker: Merkmal, Kennzeichen (engl. *mark* „kennzeichnen")

Mastitis: Brustdrüsenentzündung (grch. *mastos* „Brust" + *-itis* „Entzündung")

Metastudie: Meta-Studien kombinieren eine Vielzahl von Studien zu einer Zusammenschau (grch. *meta* „mitten, zwischen")

Mikrosporie: übertragbare Hautpilzerkrankung mit Fadenpilzen der Gattung Microsporum (grch. *mikros* „klein, kurz, gering" + *spora* „Same")

Mitochondrien: „Energiekraftwerke“ der Zellen (grch. *mitos* „Faden“ + *chondros* „Korn“)

MKS: Abkürzung für Maul- und Klauenseuche

MMF: Abkürzung für Makrophagische Myofasciitis

MMFS: Abkürzung für Makrophagisches Myofasciitis Syndrom

Moderhinke: Klauenentzündung der Schafe und anderer Wiederkäuer (*moder* „Verwesung, Fäulnis, Zersetzung“ + *hinken)*

Monitoring: engl. „Überwachung, Beobachtung“

Monografie: Einzeldarstellung, einen einzelnen Gegenstand wissenschaftlich behandelnde Schrift (grch. *monos* „allein“ + *graphein* „schreiben“)

monokausal: von nur einer Ursache ausgehend (grch. *monos* „allein“ & lat. *causa* „Ursache“)

Monozyten: größte der weißen Blutkörperchen (Leukozyten) mit charakteristisch großem Zellkern, gehören zum Immunsystem (grch. *monos* „allein einzig“ + *kytos* „Höhlung, Gefäß, Zelle“)

Morbidität: Krankheitshäufigkeit bezogen auf eine bestimmte Bevölkerungsgröße (von lat. *morbidus* „krank, ungesund“)

Mortalität: Sterblichkeit oder Sterberate bezogen auf eine bestimmte Bevölkerungsgröße innerhalb eines bestimmten Zeitraums (lat. *mortalitas* „das Sterben“)

multipel: vielfältig, vielfach (lat. *multiplex*)

Multiple Sklerose (MS): Entmarkungskrankheit des zentralen Nervensystems mit unspezifischen neurologischen Symptomen (lat. *multiplex* „vielfach, vielfältig“ + grch. *sklerosis* „Verhärtung“)

Muskeltremor: Muskelzittern, Wackeln infolge unwillkürlichen, abwechselnden Zusammenziehens u. Erschlaffens gegenseitig wirkender Muskeln (lat. *tremor* „das Zittern, Beben“)

Myeloide Zellen: Zellen des Knochenmarks, aus denen die Granulozyten und Monozyten hervorgehen (grch. *myelos* „Mark“)

Mykoplasmen: kleine Bakterien ohne Zellwand, mit veränderlicher, bläschenartiger Form (grch. *mykes* „Pilz“ + *plasma* „Gebilde“)

Myxomatose: seuchenhaft auftretende, tödliche Viruskrankheit bei Kaninchen (grch. *myxa* „Schleim“)

nasal: die Nase betreffend, zu ihr gehörig (lat. *nasalis* „Nase“)

Nekrose: Absterben von Gewebe (grch. *nekros* „tot, gestorben, Toter“)

neurologisch: auf das Nervensystem bezogen (zu grch. *neuron* „Sehne, Band, Nerv“ + *logos* „Wort, Kunde, Lehre“)

Neurotoxisch: giftige Wirkung auf das Nervengewebe (grch. *neuron* „Nerv“ u. lat. *toxicum* „Pfeilgift“)

neutrophil: Zellen, Zellbestandteile oder Gewebebestandteile, die sich sowohl mit sauren als auch mit basischen Farbstoffen färben lassen (lat. *neutralis* „keiner Partei angehördend“ + grch. *philein* „lieben“)

NOD-ähnlicher Rezeptor-3 (NLRP): spezielle Klasse von Rezeptoren des Immunsystems, die schädliche Fremdsubstanzen erkennen und eine Immunantwort auslösen können.

Ödem: Flüssigkeitsansammlung im Gewebe (grch. *oidema* „Schwellung“)

oral: auf den Mund bezogen (lat. *os* „Mund, Öffnung“)

Orbivirus: kugelförmige Virengattung mit radspeicherartigen Strukturen, die bei vielen Säugetieren, aber auch bei Reptilien, Fischen, Krustentieren und Insekten gefunden wird (lat. *orbis* „Kreis, Windung“)

Östrogen: weibliches Geschlechtshormon (grch. *oistron* „Stachel; Leidenschaft“ + *gennan* „erzeugen“)

Parainfluenzavirus: Virusgattung, die u. a. bei Rindern und Hunden vorkommt und für grippeähnliche Symptome verantwortlich gemacht wird (grch. *para* „neben, vorbei“ + lat. *influere* „hineinfließen“)

Parkinsonkrankheit: Neurologische Krankheit, mit fortschreitenden Lähmungen, Muskelzittern, reduzierter Bewegungsfähigkeit. Erstmals 1817 vom engl. Arzt James Parkinson beschrieben

Parvovirose: bei Hunden auftretende Krankheit mit Fieber, Appetitlosigkeit, Teilnahmslosigkeit und blutigen Durchfällen, für welche das relativ kleine Canine Parvovirus verantwortlich gemacht wird (lat. *parvo* „klein“)

Passiv-Impfung: siehe „Immunserum“

Pasteurella trehalosi: Virus, das für Schafsrotz verantwortlich gemacht wird, grippeähnliche Symptome bei Schafen. Louis *Pasteur* war ein französischer Bakteriologe im 19. Jahrhundert, *Trehalose* ist ein Zweifachzucker, auch Pilzzucker oder Mykose genannt.

Pathophysiologie: Lehre von den krankhaften Veränderungen im Körper (grch. *pathos* „Leiden" + *physis* „Natur" + *logos* „Lehre")

Paul-Ehrlich-Institut (PEI): Deutsche Zulassungsbehörde für Impfstoffe

PCR: Abkürzung für „Polymerase Chain Reaction" (Polymerase Kettenreaktion). Verfahren zur Vermehrung von spezifischen genetischen Sequenzen (Abschnitten). Wird auch zum Virennachweis verwendet.

Peer Review: Verfahren zur Qualitätssicherung von wissenschaftlichen Publikationen. Dabei werden Gutachter aus dem gleichen Fachgebiet wie die Autoren herangezogen, um die Eignung zur Veröffentlichung zu beurteilen (engl. *peer* „Fachkollege, Gleichrangiger, Ebenbürtiger" + *review* „Überprüfung, Nachprüfung, Bewertung")

PEI: Abkürzung für „Paul-Ehrlich-Institut"

perakut: extrem heftig einsetzend (lat. *per* „durch, hindurch" + *acutus* „scharf, spitz")

Persistenz: Fortbestand, Beharrlichkeit, Ausdauer (lat. *persistere* „verharren")

Pleuropneumonie: Lungenentzündung mit gleichzeitiger Lungenfellentzündung (grch. *pleura* „Rippe, Seite" + *pneuma* „Atem")

Pneumonie: Lungenentzündung (grch. pneuma „Atem")

Porc: Schwein (frz. *le porc*)

Post-mortem: nach dem Tode geschehend (lat. *post* „nach, hinter"+ *mortalitas* „Sterblichkeit")

postulieren: etwas annehmen, das unbeweisbar, aber glaubhaft ist (lat. *postulare* „fordern")

Promille: Tausendstel (lat. *pro mille* „für tausend")

Protein: Eiweiß, aus Aminosäuren bestehender Baustein des Lebens (grch. *protos* „das Erste")

PRRS: Abkürzung für „Procine Reproductive and Respiratory Syndrome“ (deutsch: „Fortpflanzungs- und Atemwegs-Syndrom der Schweine“, Krankheit, für die das PRRS-Virus verantwortlich gemacht wird.

Punchingball: Übungsball für Boxer (engl. *punch* „mit der Faust schlagen, stoßen“ + *ball* „Ball“)

Q-Fieber: grippeähnliche fieberhafte Erkrankung. („Q“ steht für engl. *query* „Fragezeichen“ und für „Queensland“)

Rabies: engl. für „Tollwut“

randomisieren: nach dem Zufallsprinzip auswählen (engl. *randomize*)

Reisolationstechnik: diverse Methoden zum Nachweis eines Erregers in einer Probe

Repellentien: Mittel, die, auf die Haut aufgetragen, durch ihren Geruch stechende u. saugende Insekten abwehren (engl. „Abwehrmittel“)

Reputation: Ruf, Ansehen (lat. *reputare* „rechnen, erwägen“)

Resorption: Aufsaugung, Aufnahme von Wasser u. gelösten Stoffen durch lebende Zellen (lat. *resorbere* „wieder aufsaugen“)

respiratorisch: auf Atmung beruhend, zu ihr gehörend (lat. *respirare* „Atem holen“)

revidieren: prüfen, überprüfen, überdenken (lat. *revidere* „wieder hinsehen“ zu *videre* „sehen“)

RHD: Abkürzung für „Rabbit Haemorrhagic Disease“ (deutsch: „Hämorrhagische Kaninchenkrankheit“ oder „Chinaseuche“), gefährliche Erkrankung mit Blutgerinnungsstörungen und Erstickungskrämpfen mit sehr schneller Todesfolge, für die das Calicivirus verantwortlich gemacht wird. „Hämorrhagie“ steht für „Blutung“ (grch. *haima* „Blut“ + *rhegnynai* „zerreißen“)

Rhinitis atrophicans: Schnüffelkrankheit, chronische Erkrankung der Nasenschleimhaut (Rhinitis) der Schweine mit Muskelschwund (Athropie), für die neben den Haltebedingungen verschiedene Bakterien verantwortlich gemacht werden. (grch. *rhinos* „Nase“ + *-itis* „Entzündung“ + grch. *a* „nicht“ + *trophe* „Nahrung“)

Rhinopneumonitis: Atemwegserkrankung des Pferdes, für die verschiedene Erreger verantwortlich gemacht werden (grch. *rhinos* „Nase“ + *pneumon* „Lunge“ + *-itis* „Entzündung“)

Rhinotracheitis: Entzündung der Nase und Luftröhre, für das Viren verantwortlich gemacht werden (grch. *rhinos* „Nase“ + *tracheia* „Luftröhre“ + *-itis* „Entzündung“)

Robert-Koch-Institut (RKI): Bundesseuchenbehörde

Rotlauf: fieberhafte, als Infektionskrankheit geltende, mit Magen- und Darmentzündung und blauroter Verfärbung der Haut einhergehende Erkrankung der Schweine

Ruminitis: Entzündung der Schleimhaut des Pansens bei Wiederkäuern (lat. *ruminare* „wiederkäuen“ + *-itis* „Entzündung“)

Salmonellen: Darmbakterien, die für diverse Erkrankungen verantwortlich gemacht werden, benannt nach dem amerikanischen Bakteriologen D. E. Salmon (1850-1914)

Schalmtest: Test zum Messen des Zellgehaltes (Bakterien) in der Milch

Screening: an einer großen Anzahl von Objekten oder Personen in der gleichen Weise durchgeführte Untersuchung (engl. „Sichten, Klassifizieren, Durchleuchten“)

Sekundärinfektion: zweitrangige, nachträglich hinzukommende Infektion (lat. *secundarius* „von der zweiten Sorte, neben“)

Selektion: Auslese, Auswahl (lat. *selectio*)

Serokonversion: Anstieg des Antikörperspiegels im Blut (lat. *serum* „Molke“ = nicht gerinnender Blutanteil; + lat. *conversio* „Umkehrung, Umwandlung“)

serös: Blutserum enthaltend, ihm ähnlich, serumartig (lat. *serum* „Molke“)

Serotyp: Untergruppe eines bestimmten Erregertyps (lat. *serum* „Molke“)

signifikant: bedeutsam, mit statistischer Aussagekraft, beweisfähig (lat. *significare* „etwas anzeigen“)

Staupe: als Infektionskrankheit geltende schwerwiegende Erkrankung verschiedener Säugetiere, vor allem aber Hunde, mit hohem Fieber, Abgeschlagenheit, Durchfall, Erbrechen oder Atemwegsymptomen (neuniederl. *stuip* „Krampf, Laune“ bzw. mittelniederl. *stuype* „Zuckung, Schüttelanfall“)

StIKo Vet: Abkürzung für „Ständige Impfkommission Veterinär", am FLI angesiedelte Expertenkommission, die Impfempfehlungen ausspricht

subakut: gemäßigter, weniger heftiger Krankheitsverlauf (lat. *sub* „unter[halb], von unten")

subkutan: unter der Haut befindlich, unter die Haut [injiziert] (lat. *sub* „unter" + *cutis* „die Haut")

Subkutis: Unterhaut (lat. *sub* „unter" + *cutis* „die Haut")

Syndrom: Zusammentreffen einzelner, für sich allein uncharakteristischer Symptome zu einem kennzeichnenden Krankheitsbild (grch. *syndrome* „Zusammenlauf")

synergistisch: zusammenwirkend, sich gegenseitig fördernd, „das Ganze ist mehr als die Summe seiner Teile" (grch. *syn* „zusammen" + *ergon* „Werk")

systemischer Lupus erythematodes (SLE): Schmetterlingsflechte, Autoimmunerkrankung, die alle Organe befallen kann (lat. *lupus* „Wolf" + grch. *erythema* „Röte" + *-odes* „ähnlich wie")

Tenesmus: fortwährender, schmerzhafter Stuhl- oder Harndrang (grch. *teinein* „spannen")

Thrombozytopenie: Mangel an Thrombozyten (Blutplättchen) im Blut (grch. *thrombos* „geronnene Masse, Klumpen, dicker Tropfen" + lat. *zytus* „Zelle", von grch. *kytos* „Höhlung, Urne" + *penia* „Mangel")

Totimpfstoff: Impfstoff mit nicht vermehrungsfähigen Impferregern

Toxin: Gift, im engeren Sinne ein Bakteriengift (lat. *toxicum* „Pfeilgift", von grch. *toxon* „Pfeil")

toxisch: giftig (lat. *toxicum* „Pfeilgift", von grch. *toxon* „Pfeil")

Transferrin: eine Zucker-Eiweiß-Verbindung, die im Blut für den Transport von Eisen zuständig ist. (lat. *trans* „hinüber, jenseits" + *ferrum* „Eisen"; passt aber auch zu *transferre* „hinübertragen")

Trichophytie: Pilzerkrankung der Haut und der Behaarung (grch. *trichos* „Haar" + *phyton* „Pflanze")

Tumornekrosefaktoren (TNF): hauptsächlich von Makrophagen ausgeschütteter Signalstoff des Immunsystems, der Entzündungssymptome auslöst und regelt (lat. *tumor* „Geschwulst, Anschwellung" + grch. *nekros* „tot, gestorben; Toter")

UAW: Abkürzung für „unerwünschte Arzneimittelwirkung"

Ulceration: Geschwürbildung (lat. *ulcus* „Geschwür")

ulzerativ: geschwürig zerfallend, eiternd, durch ein Geschwür verursacht (lat. *ulcus* „Geschwür")

Vaccine, Vakzine: Impfstoff (lat. *vacca* „die Kuh"). Der erste Impfstoff der Neuzeit wurde aus Kuhpockenlymphe gewonnen.

Vasculitiden: durch Autoimmunreaktionen bedingte Entzündungen von Blutgefäßen (lat. *vasculum* „kleines Gefäß" + *-itis* „Entzündung")

Vektor: Überträger (lat. *vector* „Träger")

Verlammung: Fehlgeburt bei Schafen

Verum: im Gegensatz zum Placebo (=Scheinmedikament) enthält ein Verum den tatsächlichen Wirkstoff (lat. „das Wahre")

Veterinär: zur Tiermedizin gehörend (lat. *veterinus* „tragend, ziehend")

Virulenz: Ansteckungsfähigkeit bzw. Fähigkeit, eine Krankheit hervorzurufen (lat. *virus* „Gift, Schleim, Geifer")

WHO: Abkürzung für World Health Organization („Weltgesundheitsorganisation")

WNV: Abkürzung für West-Nil-Virus, wird hauptsächlich bei Vögeln nachgewiesen, kommt aber auch bei Säugetieren vor, wird für grippeähnliche Symptome verantwortlich gemacht

Zirkelschluss: ist das Ergebnis, wenn während einer Beweisführung das zu Beweisende bereits vorausgesetzt wird

Zyste: durch eine Membran abgeschlossener Hohlraum im Gewebe mit flüssigem Inhalt (grch. *kystis* „Blase")

Zytokine: Eiweiße mit wichtigen Steuerungs- und Regelungsaufgaben, z. B. als Teil des Immunsystems oder für das Wachstum von Zellen (lat. *cytus* „Zelle" + grch. *kinesis* „Bewegung")

impf-report

Kaum eine andere Diskussion wird so emotional und so kontrovers geführt wie die Diskussion um die Impfentscheidung. Da wurde es wirklich Zeit für eine allgemeinverständliche, sachliche – und vor allem garantiert industrieunabhängige – regelmäßige Publikation. Kurz, es wurde Zeit für den *impf-report!*

Seit 2005 ist der *impf-report* im deutschen Sprachraum die führende industrieunabhängige Zeitschrift für Mediziner und interessierte Laien. Viele unserer quellenfundierten Recherchen und Analysen finden Sie nirgendwo anders. Der impf-*report* ist unentbehrlich für alle, die sich über aktuelle Entwicklungen und neue Argumente rund um die Impfentscheidung informieren wollen.

Der *impf-report* erscheint viermal im Jahr, hat 64 informative Seiten ohne Fremdwerbung. Die Einzelausgabe kostet € 9,95 und das Jahresabo nur € 40 Euro inklusive Versandkosten (innerhalb von Deutschland).

Der *impf-report* erscheint im Tolzin Verlag. Kontakt- und Bestelldaten finden Sie auf Seite 2 dieses Buches und auf www.impf-report.de.

Fordern Sie noch heute Ihre kostenlose Leseprobe an!

Hans U. P. Tolzin

Macht Impfen Sinn?

Impfungen sind massive medizinische Eingriffe in ein gesundes Immunsystem. Weder für die Wirksamkeit noch für die Sicherheit gibt es von Herstellern oder Behörden Garantien. Auch Laien können Pro und Kontra einer Impfung gegeneinander abwägen, wenn ihnen die wesentlichen Informationen vorliegen.

Der Autor, Medizinjournalist und Herausgeber der kritischen Zeitschrift *impf-report*, stellt mit seinem Buch „Macht Impfen Sinn?" einen umfassenden Bericht über seine Suche nach überzeugenden Argumenten für das Impfen vor. Im Grunde lässt sich die Impfentscheidung auf drei wesentliche Fragen reduzieren:

1. Gibt es überzeugende Beweise für einen gesundheitlichen Vorteils von Geimpften gegenüber Ungeimpften?
2. Ist das Restrisiko einer Impfung kalkulierbar?
3. Ist die Impfung angesichts des tatsächlichen Erkrankungsrisikos und alternativen Vorsorge-Möglichkeiten überhaupt notwendig?

Jede dieser drei Fragen wird allgemeinverständlich und mit zahlreichen offiziellen Quellen belegt besprochen. Ergänzt wird der Ratgeber durch zahlreiche Erkrankungs- und Todesfallstatistiken, die den vermeintlichen Nutzen von Massenimpfungen in ein neues Licht rücken. Ein Leitfaden unterstützt Sie schließlich bei Ihrer persönlichen Impfentscheidung.

> *„Ich rate zur Zeit keinem Arzt, sich bezüglich des Impfens mit Tolzin in ein wissenschaftliches Streitgespräch einzulassen. Er weiß sicher mehr als jeder Arzt!"*
>
> Dr. med. Johann Loibner, Sachverständiger für Impfschäden

Paperback | Tolzin Verlag 2012 | 320 Seiten | € 19,90

Weitere Infos und Bestellung unter: https://tolzin-verlag.com

Hans U. P. Tolzin

Die Tetanus-Lüge

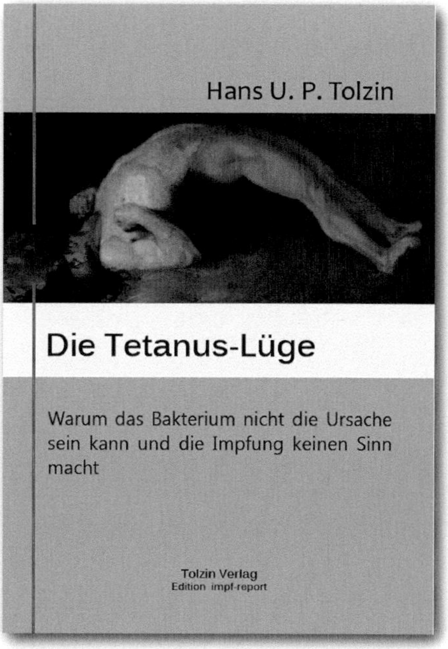

Tetanus stellt für die meisten Eltern das Schreckgespenst schlechthin dar und ist auch in impfkritisch eingestellten Familien in der Regel die letzte Impfung, die fällt.

Tatsächlich sind jedoch weder Nutzen noch Unbedenklichkeit der Impfung jemals belegt worden. Im Gegenteil: Jahr für Jahr werden allein in Deutschland Hunderte von Impfkomplikationen und im Durchschnitt 15 Todesfälle – vor allem von Säuglingen – gemeldet, ohne dass die zuständigen Behörden aktiv werden. Dazu kommt eine völlig unbekannte Dunkelziffer.

Darüber hinaus wurde bei der Erforschung der Ursache(n) von Tetanus unwissenschaftlich gearbeitet. Die darauf basierenden Hypothesen wurden niemals korrigiert. Im Grunde wissen wir heute nicht viel mehr über die Ursachen der Krankheit als vor 130 Jahren, als man damit begann, nach dem vermeintlichen Tetanus-Erreger zu suchen.

Wie die Statistiken zeigen, ist auch das Erkrankungsrisiko lange nicht so hoch, wie von den Behörden behauptet. Durch eine schulmedizinische und homöopathische Wundversorgung nach den Regeln der Kunst kann die Tetanus-Gefahr sogar weitgehend gebannt werden.

Dieses Buch ist eine Zusammenfassung der vier Tetanus-Ausgaben der Zeitschrift *impf-report*, dessen Herausgeber der Autor ist.

> *„Dieses Buch bringt Licht in eine Krankheit, über die ein normaler Arzt fast nichts weiß“*
>
> Dr. med. Johann Loibner, Sachverständiger für Impfschäden

Paperback | Tolzin Verlag 2010 | 296 Seiten | € 19,90

Weitere Infos und Bestellung unter: https://tolzin-verlag.com

Hans U. P. Tolzin

Die Seuchen-Erfinder

Trotz aller medizinischer Errungenschaften werden wir anscheinend immer häufiger von neuen, vermeintlich tödlichen Seuchen heimgesucht. Gesundheitsämter, Mikrobiologen und nicht zuletzt die Medien versetzen die Bevölkerung regelmäßig mit der Entdeckung neuer „Killer-Keime" in Angst und Schrecken. Doch aufmerksamen Zeitgenossen sind spätestens im Zuge der sogenannten „Schweinegrippe" zahlreiche Widersprüche der Experten und Behörden aufgefallen.

Hans U. P. Tolzin, Medizinjournalist und Herausgeber der kritischen Zeitschrift *impf-report*, hat einige Ausbrüche dieses und des letzten Jahrhunderts akribisch analysiert und stellt mit diesem Buch erstmals eine Zusammenfassung seiner Ergebnisse vor. Er geht z. B. der Frage nach, ob es die behaupteten Seuchen wirklich gegeben hat (ob sich also die Erkrankungsraten messbar erhöht haben), wie bei der Diagnosestellung vorgegangen wurde, ob statistische Tricks zum Einsatz kamen, ob alternative Ursachen vielleicht plausibler sind als die offiziell behaupteten.

Der Autor kritisiert offen die Neigung vieler Mediziner und der Behörden, Medikamentennebenwirkungen und Kunstfehler von vornherein als mögliche Ursache auszuschließen und ihren naiven Glauben an fragwürdige Labortests, für deren Eichung die notwendigen verbindlichen internationalen Standards völlig fehlen.

> *„Lesen Sie dieses Buch – es kann Sie von unberechtigten Ängsten befreien und möglicherweise von erheblichem Nutzen für Ihre Gesundheit sein!"*
>
> Dr. med. Claus Köhnlein, Autor des Bestsellers „Virus-Wahn"

Paperback | Tolzin Verlag 2012 | 290 Seiten | € 19,90

Weitere Infos und Bestellung unter: https://tolzin-verlag.com

Angelika Müller, Hans U. P. Tolzin

Ebola unzensiert

Fakten und Hintergründe, von denen Sie nichts wissen sollen

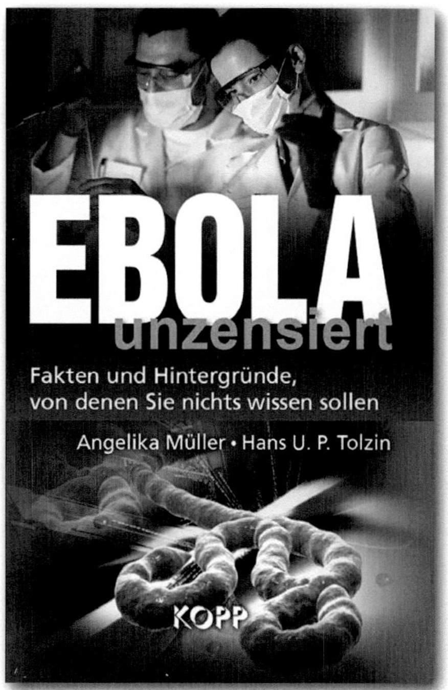

Wussten Sie,

- dass es in Westafrika während der Ebola-Krise nicht mehr Todesfälle aufgrund fieberhafter Infektionen gegeben hat als vorher?
- dass die Ebola-Diagnose vielmehr auf einem manipulativen Umgang mit Labortests basiert – und damit völlig willkürlich ist?
- dass die meisten „Infizierten" die Krankheit ohne sichtbare Symptome durchmachen und danach über natürliche Immunität verfügen?
- dass so gut wie alle schulmedizinischen Medikamente, die in den Tropen verabreicht werden, selbst Ebola-Symptome verursachen?
- dass Ebola als Rechtfertigung dafür dient, die westafrikanische Bevölkerung als Versuchskaninchen für völlig neuartige experimentelle Medikamente und Impfstoffe zu benutzen?
- dass insbesondere die USA und ihre Seuchenbehörde CDC in den letzten Jahren das Erfinden von Seuchen als geopolitische Waffe perfektioniert haben?
- dass Westafrika über die vielleicht weltweit umfangreichsten Reserven an Bodenschätzen verfügt – und die Weltmächte seit Jahrzehnten miteinander um deren Kontrolle ringen?
- dass die angeblich zu 100 Prozent erfolgreich verlaufene Studie mit dem Impfstoff rVSV-ZEBOV nachweislich auf Wissenschaftsbetrug basiert?

Dieses Buch präsentiert Seite um Seite nachprüfbare Fakten. Überzeugen Sie sich selbst. Bilden Sich sich Ihre eigene Meinung!

Gebunden | Kopp Verlag 2015 | 240 Seiten | € 9,90 (reduziert!)

Weitere Infos und Bestellung unter: https://tolzin-verlag.com